Das überzeugende Vorstellungsgespräch
für Führungskräfte

Christian Püttjer und **Uwe Schnierda** kennen die Wünsche und Hoffnungen, aber auch Sorgen und Nöte von Bewerberinnen und Bewerbern seit über 25 Jahren. Ihre umfassenden Erfahrungen aus der Optimierung von Bewerbungsunterlagen, aus Einzelcoachings und aus Seminaren bringen sie in ihre praxisnahen Ratgeber ein, die exklusiv im Campus Verlag erscheinen. Die konkreten Tipps, die klare Sprache und die motivierende Unterstützung von Püttjer & Schnierda haben schon über einer Million Leserinnen und Lesern weitergeholfen.

Weitere Informationen und Materialien zum Download finden Sie auf www.karriereakademie.de

Püttjer & Schnierda

Das überzeugende Vorstellungsgespräch für Führungskräfte

Wie Sie Headhunter, Personalprofis und Top-Manager überzeugen

Campus Verlag
Frankfurt/New York

MIX
Papier | Fördert gute Waldnutzung
FSC® C089473

ISBN 978-3-593-51053-8 Print
ISBN 978-3-593-44163-4 E-Book (PDF)
ISBN 978-3-593-44167-2 E-Book (EPUB)

4., überarbeitete und aktualisierte Auflage 2019

Umschlaggestaltung: Thierry Wijnberg nach einem Entwurf von hauser lacour
Umschlagmotiv: © Shutterstock: Rido
Satz: Publikations Atelier, Dreieich
Druck und Bindung: Beltz Grafische Betriebe GmbH, Bad Langensalza
Beltz Grafische Betriebe ist ein Unternehmen mit finanziellem Klimabeitrag (ID 15985-2104-1001).
Printed in Germany

Campus Verlag® / www.campus.de

Danksagung

Wir danken den Tausenden von Führungskräften, die sich seit über 25 Jahren an uns wenden, um sich durch uns persönlich oder telefonisch coachen, beraten und trainieren zu lassen. Unsere umfangreichen und fundierten Handlungsmöglichkeiten in der Karriere- und Bewerbungsberatung von Führungskräften verdanken wir unter anderem ihrer Bereitschaft, uns offen mitzuteilen, bei welchen Fragen sie im Rahmen von Vorstellungsgesprächen, Stressinterviews, Management-Audits oder Assessment-Centern ins Schleudern, Stolpern oder Schwitzen kamen.

Wir wünschen den leistungs- und aufstiegsorientierten Leserinnen und Lesern dieses Praxisratgebers, dass sie - genauso wie die von uns im direkten Kontakt beratenen Führungskräfte - von unseren konkreten Formulierungshilfen, zahlreichen Beispielen aus der Berufspraxis und strategischen Tipps profitieren können.

Christian Püttjer & Uwe Schnierda

Inhalt

Einleitung:
Die »Hammer und Nagel«-Frage 11
Lösungen direkt aus der Coachingpraxis 11
Im Trend: Sieben Kernkompetenzen, die Sie beweisen müssen 13
Liefern Sie die richtigen Einstellungsargumente 15

Ihr Coaching wartet:
Fünf Schritte zum neuen Job 17
Strategisch und operativ auf Job-Interviews vorbereiten 18

Schritt I
Strategien für Ihren Erfolg im Vorstellungsgespräch 21

1. Wie coachen wir Führungskräfte? 23
So steigern Sie die Wirkung Ihrer Worte 23
Profitieren Sie von unseren 20 wichtigsten Tipps 24
Trainieren Sie Ihren souveränen Auftritt 34

2. Ihre ausführliche Erfolgsbilanz:
Was haben Sie bisher geleistet? 39
Erkennen Sie Ihr Potenzial: Sie haben viel zu bieten 39
Argumente ohne Ende: Erstellen Sie Ihre Erfolgsbilanz 43

3. Die neue Stelle im Fokus: Welche Einstellungsargumente
gehören in die Selbstpräsentation? 48
So arbeiten Sie eine passgenaue, stärkenorientierte und
glaubwürdige Selbstpräsentation aus 48
Wirksame Anti-Stress-Hilfe: Ihre Selbstpräsentation als Mind-Map 58

4. Headhunter, Vorstände und Personalprofis:
Kennen Sie die speziellen Vorlieben? 63
Stellen Sie sich auf Ihre Gesprächspartner ein 63

5. Begründungsbedarf: Warum wollen Sie wechseln? ... 69
Ungünstig: Tatsächliche Wechselgründe ... 69
Besser: Akzeptierte Wechselgründe ... 70
Strategie: Der Blick nach vorn ... 75

6. Im Trend: Skalenfragen, Unterschiedsfragen und situative Fragen ... 78
Auf einer Skala von 1 bis 10 ... 78
Was ist für Sie der Unterschied zwischen ...? ... 80
Wie würden Sie reagieren, wenn ...? ... 81

Schritt II
Ihre Trainingseinheiten ... 83

7. Schlüsselfrage: Warum sollten wir gerade Sie einstellen? ... 85
Typische Fehler: Vorzeitiges Aus! ... 85
Beispielfragen und -antworten: Schlüsselfrage ... 88

8. Kernkompetenz 1: Wie gut ist Ihre Branchen- und Fachkompetenz? ... 96
Typische Fehler: Vorzeitiges Aus! ... 97
Beispielfragen und -antworten: Branchen- und Fachkompetenz ... 99

9. Kernkompetenz 2: Verfügen Sie über Lösungskompetenz? ... 111
Typische Fehler: Vorzeitiges Aus! ... 112
Beispielfragen und -antworten: Lösungskompetenz ... 114

10. Kernkompetenz 3: Wie ausgeprägt ist Ihre Innovationskompetenz? ... 121
Typische Fehler: Vorzeitiges Aus! ... 122
Beispielfragen und -antworten: Innovationskompetenz ... 124

11. Kernkompetenz 4: Wie belegen Sie Ihre unternehmerische Kompetenz? ... 131
Typische Fehler: Vorzeitiges Aus! ... 132
Beispielfragen und -antworten: Unternehmerische Kompetenz ... 134

12. Kernkompetenz 5: Welche Belege können Sie für Ihre Führungskompetenz liefern? ... 147
Typische Fehler: Vorzeitiges Aus! ... 148
Beispielfragen und -antworten: Führungskompetenz ... 150

13. Kernkompetenz 6: Wie steht es um Ihre kommunikative Kompetenz? ... 158
Typische Fehler: Vorzeitiges Aus! ... 159
Beispielfragen und -antworten: Kommunikationskompetenz ... 161

14. Kernkompetenz 7: Was bringen Sie an internationaler Kompetenz mit? ... 170
Typische Fehler: Vorzeitiges Aus! ... 171
Beispielfragen und -antworten: Internationale Kompetenz ... 173

15. Das Job-Interview auf Englisch ... 178
Englische Beispielfragen und -antworten ... 180

16. Stress- und Fangfragen, unzulässige und unsinnige Fragen ... 186
Typische Fehler: Vorzeitiges Aus! ... 186
Beispielfragen und -antworten: Stress- und Fangfragen, unzulässige und unsinnige Fragen ... 189

17. Welche Informationen erfragen Sie? ... 194
Ihre Fragen sind wichtig ... 194
Wann Sie härter nachfragen sollten ... 196

18. Wo liegen Ihre Gehaltsvorstellungen? ... 199
Typische Fehler: Vorzeitiges Aus! ... 199
Beispielfragen und -antworten: Gehaltsvorstellungen ... 202

Schritt III
Nach dem ersten und vor dem zweiten Gespräch ... 209

19. Zwischenbilanz: Was spricht für und was gegen die neue Stelle? ... 211
Werten Sie Vorstellungsgespräche systematisch aus ... 211

20. Nachfass-Mail: Wie sorgen Sie für positive Stimmung? ... 214
Betonen Sie die Ernsthaftigkeit Ihres Interesses ... 214

21. Mit welchen weiteren Auswahlschritten müssen Sie rechnen? ... 217
Auswahlhürden für Führungskräfte ... 217

22. Fallstudie: Analysieren und präsentieren unter Stress ... 222
Typische Fehler ... 223
Fallstudie mit typischen Aufgabenstellungen ... 224

23. Kundengespräche: Emotionen im Griff ... 233
Typische Fehler ... 234
Typische Aufgabenstellungen in Reklamationsgesprächen ... 236

24. Spezielle Fragen im zweiten Vorstellungsgespräch ... 242
Typische Fehler: Vorzeitiges Aus! ... 242
Beispielfragen und -antworten: Das zweite Gespräch ... 245

Schritt IV
Treffen Sie Ihre persönliche Entscheidung ... 253

25. Risiken minimieren, Chancen ergreifen ... 255
Wer führt, trifft Entscheidungen ... 255

Schritt V
Die ersten 100 Tage – überzeugen in der Probezeit ... 259

26. Machen Sie eine Gegenspieleranalyse ... 261
Neue Aufgaben, neue Ziele, neue Kollegen ... 261
Eine gründliche Analyse hilft ... 262
Vom 100-Tage-Plan zur Handlung ... 263

Schlusswort: Lassen Sie die Korken knallen! ... 266
Jetzt kennen Sie Ihr Profil in allen sieben Kernkompetenzen ... 266
Genießen Sie Ihre Erfolge ... 267

Register ... 268

Einleitung: Die »Hammer und Nagel«-Frage

»Wie wichtig ist Humor für Sie?«, »Was machen Sie gar nicht gern?«, »Auf einer Skala von 1 bis 10, wobei 10 für den besten Wert steht: Welchen Zahlenwert geben Sie Ihrem Chef beziehungsweise Ihrer Chefin?« und »Ein Hammer und ein Nagel kosten zusammen 1,10 Euro. Der Hammer kostet einen Euro mehr als der Nagel. Wie viel kostet der Nagel?« – alle diese vier Fragen wurden Kundinnen und Kunden von uns in Vorstellungsgesprächen, mit denen Führungskräfte ausgewählt wurden, neben vielen anderen Fragen, schon einmal gestellt.

Für uns skizziert diese kleine Auswahl einen Teil des breiten Spektrums an möglichen Fragen, die in Vorstellungsgesprächen beantwortet werden sollen. Und auf die sich Bewerberinnen und Bewerber durchaus vorbereiten können.

Übrigens, die Lösung für die »Hammer und Nagel«-Frage finden Sie gleich am Ende dieses Einleitung. Und Beispiele für überzeugende Antworten auf die drei vorgestellten und über 200 weitere möglichen Fragen bekommen Sie im weiteren Verlauf dieses Praxisratgebers und Trainingsprogramms für Führungskräfte.

Grundsätzlich verläuft ein Vorstellungsgespräch aus unserer Sicht sowohl für das suchende Unternehmen als auch für die neue Führungskraft dann erfolgreich, wenn eine »doppelte Passung« festgestellt wird. Mit der doppelten Passung meinen Personalprofis, dass neue Mitarbeiterinnen und Mitarbeiter erstens zur ausgeschriebenen Position und zweitens zur Unternehmenskultur passen sollen.

Lösungen direkt aus der Coachingpraxis

An dieser Stelle setzt unsere Beratungstätigkeit für Führungskräfte an. Wir wissen aus unserer langjährigen Coachingpraxis, dass es bei der Selbstdarstellung der eigenen Fähigkeiten,

Kenntnisse und Stärken einen großen Gestaltungsspielraum gibt. Und wir werden Ihnen in diesem Ratgeber zeigen, wie Sie diesen Spielraum in Ihrem Sinne nutzen können. Es gibt sehr viele Ansatzpunkte, um die Wirkung Ihrer Worte in Vorstellungsgesprächen – und damit letztendlich auch die Chance auf eine Einstellung – deutlich zu erhöhen.

Erfolge thematisieren und konkretisieren

Beispielsweise erleben wir es regelmäßig, dass Führungskräfte die Erfolge der Vergangenheit und ihren eigenen Anteil daran nicht ausreichend thematisieren und konkretisieren und sich auf diese Weise ungewollt als »Durchschnittsperformer« darstellen. Auch kommt es immer wieder vor, dass die vielfältigen Aufgaben im bisherigen Job mit einer taktisch falschen Schwerpunktbildung dargestellt werden, was zu Lasten der zu bewältigenden Hauptaufgaben im neuen Unternehmen geht. Dadurch entsteht dann unabsichtlich der Eindruck eines von den künftigen Aufgaben überforderten Kandidaten. Und es ist auch typischerweise zu beobachten, dass wichtige persönliche Antriebsmomente – wie das Interesse, Arbeitsprozesse zu optimieren, die Freude, die Qualität von Produkten zu verbessern, oder die Begeisterung, innovative Dienstleistungen zu vermarkten – in der »künstlichen« Situation Vorstellungsgespräch völlig unter den Tisch fallen und infolgedessen dem Bewerber eine eher passive Grundhaltung und mangelndes Engagement zugerechnet werden.

Wir werden Sie für diese und viele weitere unbeabsichtigte Stolpersteine in der Selbstdarstellung, die in der Konsequenz oft zu einer Ablehnung führen, in unserem Strategiekapitel »Wie coachen wir Führungskräfte?« (ab Seite 23) gründlich sensibilisieren. Ihr geschärftes Problembewusstsein für ein – fahrlässig – negatives Selbstmarketing in Vorstellungsgesprächen ist der erste wichtige Schritt.

Inhaltlich überzeugen

Aber an dieser Stelle bleiben wir nicht stehen. Schließlich reicht es nicht aus, Fehler in Vorstellungsgesprächen zu vermeiden, um andere von sich zu überzeugen. Wir werden Ihnen daher ebenso die aktuellen Anforderungen an Führungskräfte in Personalauswahlverfahren vorstellen und Ihnen mithilfe unserer Beispielantworten ganz plastisch vor Augen führen, wie auch Sie es schaffen können, in Vorstellungsgesprächen inhaltlich zu überzeugen, indem Sie sich als passgenaue, stärkenorientierte und glaubwürdige Führungskraft präsentieren.

Im Trend: Sieben Kernkompetenzen, die Sie beweisen müssen

Systematisierung der Anforderungen

Zu unserer eigenen Vorbereitung auf Coachings analysieren wir täglich Stellenausschreibungen für Führungskräfte, um letztendlich möglichst viele Schnittstellen zwischen den beruflichen Profilen unserer Kunden und den jeweiligen Stellenprofilen der ausschreibenden Unternehmen herauszuarbeiten. Daher war es für uns naheliegend zu überlegen, welche der vielen unterschiedlichen Anforderungen an Führungskräfte Gemeinsamkeiten aufweisen. Schließlich hat eine aktuelle Systematisierung der Anforderungen auch für Sie den Vorteil, dass Sie nicht bei jeder einzelnen Frage, die Sie gestellt bekommen, ganz von vorne damit beginnen müssen zu überlegen, worauf sie eigentlich abzielt.

Profitieren durch Insiderwissen

Erleichternd für unseren Wunsch nach Systematisierung und Vereinfachung kam hinzu, dass viele unserer Kunden uns vor und nach Auswahlverfahren mit Insiderwissen in Form von kurzen Gedächtnisprotokollen, ausführlichen Powerpoint-Präsentationen oder umfangreichen Leitfäden zur Führungskräftegewinnung versorgten. Dieses kostbare Wissen, das wir selbstverständlich vertrauensvoll behandeln, hat seinen geistigen Ursprung in den an Auswahlprozessen beteiligten externen Personalberatungen (Headhuntern) oder stammt direkt aus den firmeninternen Personalabteilungen.

An diesem Insiderwissen möchten wir Sie gerne teilhaben lassen. Wir haben festgestellt: So unterschiedlich die Anfor-

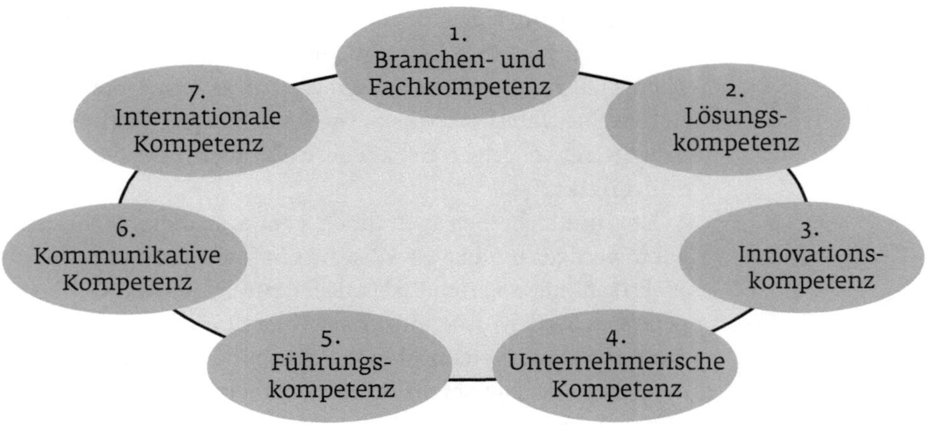

Anforderungen an Führungskräfte: Sieben Kernkompetenzen

derungen bezogen auf die jeweilige Stelle, Branche und Unternehmensgröße auch sein mögen, und so verschieden die geforderten Kompetenzen im Einzelfall gewichtet werden - es gibt aufseiten der Unternehmen eine große Übereinstimmung hinsichtlich der aktuellen Vorgaben, denen Führungskräfte genügen sollen. Beschreiben und unterscheiden lassen sich diese sieben Kernkompetenzen, deren Ausprägung in Vorstellungsgesprächen und sich eventuell anschließenden weiteren Auswahlschritten wie Assessment-Center überprüft werden soll, wie folgt:

Diese sieben Kernkompetenzen, denen Führungskräfte in unterschiedlicher Gewichtung genügen sollen, erheben selbstverständlich nicht den Anspruch auf wissenschaftliche Vollkommenheit. Die hier gewählte Rangfolge der sieben Kompetenzen variiert verständlicherweise von Unternehmen zu Unternehmen. Es gibt Überschneidungen zwischen den einzelnen Kernkompetenzen, sie sind teilweise unscharf und lassen sich nicht bis ins letzte Detail durchdefinieren. Auch die Hoffnung mancher »Personalexperten«, dass ein in Zahlen ausgedrückter Mindestpunktwert bezogen auf die einzelnen Kompetenzen oder ein Gesamtpunktwert bezogen auf alle Kompetenzen die Frage »Hat diese Kandidatin oder dieser Kandidat das Zeug zur Führungskraft?« endlich mit letzter Gewissheit beantworten könnte, wird sicherlich enttäuscht werden.

Vielfalt ist ein Wert an sich

Schließlich ist es unter Personalberatern, Persönlichkeitspsychologen und Führungskräftetrainern längst unumstritten, dass es nicht einen allgemeingültigen Führungsstil, ein absolutes Führungsideal oder eine vollkommene Führungspersönlichkeit gibt. Wie im richtigen Leben, so gilt ebenso beim Thema Führung, dass Vielfalt ein Wert an sich ist. Unterschiedlich gelebte Unternehmenskulturen und unterschiedliche Aufgabenfelder benötigen glücklicherweise auch unterschiedliche Führungskräfte.

Uns, und sicherlich auch Ihnen, geht es an dieser Stelle denn auch weniger um exakte Wissenschaft als vielmehr um die Praktikabilität und Handhabbarkeit der aufgeführten Kernkompetenzen bei der Vorbereitung auf Vorstellungsgespräche. Und diese von Ihnen gewünschte Praktikabilität leistet das Modell der sieben Kernkompetenzen mit Sicherheit. Schließlich erleben wir es in unserer Coachingpraxis täglich: Diejenigen Führungskräfte, die wissen, welche Absichten sich hinter bestimmten

Fragestellungen verbergen, können mit ihren Antworten überzeugen und schneiden deshalb in Auswahlverfahren besser ab als diejenigen, die planlos im Frage-Nebel stochern, weil sie nicht erkennen können, worum es eigentlich geht.

Aus diesem Grund ist das Herzstück dieses Ratgebers eine gründliche Auseinandersetzung mit den mehr als 200 wichtigsten Fragen in Vorstellungsgesprächen für Führungskräfte (ab Seite 83). Diese Fragen sind den sieben genannten Kernkompetenzen zugeordnet, und Sie werden im weiteren Verlauf anhand zahlreicher Formulierungshilfen und Beispielantworten erfahren, wie Sie durch taktisch geschicktes Antworten das Vorhandensein der Kernkompetenzen bei sich belegen können.

Liefern Sie die richtigen Einstellungsargumente

Die beste Selbstdarstellung gewinnt

Wir sind uns schon jetzt sicher, dass Sie viel zu bieten haben. Aber in Auswahlverfahren ist es so, dass nicht derjenige oder diejenige die Stelle bekommt, der am besten geeignet ist, sondern die Führungskraft, die sich am besten darstellen kann. Diesen Zustand können Sie bedauern, ändern können Sie ihn aber genauso wenig wie wir. Was Sie aber ändern können, ist die Darstellung Ihrer individuellen Kenntnisse und Fähigkeiten und vor allem Ihrer vielfältigen und umfangreichen Erfahrungen.

Wir sind in unseren Coachings immer wieder begeistert davon, wie viel Führungskräfte zu bieten haben. Den wenigsten geht es darum, sich bloß formal mit Titeln wie Junior Manager, Gruppenleiter, Projektleiterin, Abteilungsleiterin, Senior Manager, Hauptabteilungsleiter, Bereichsleiterin, Niederlassungsleiter, Geschäftsführerin, Managing Director, Vorstand, CFO (Chief Financial Officer), CIO (Chief Information Officer) oder CEO (Chief Executive Officer) zu schmücken.

Begeisterung vermitteln

Was Führungskräfte vielmehr auszeichnet, ist allgemein gesprochen eher die Begeisterung daran, Ideen in Handlungen umzusetzen. Unserer Beobachtung nach ziehen Führungskräfte ihre persönliche Befriedigung an der Arbeit daraus, täglich aufs Neue zu überzeugen, zu gestalten, aufzubauen oder zu optimieren. Und wenn es gelingt, diese Antriebsmomente in Form der richtigen Einstellungsargumente zu bringen, wird ein Vorstellungsgespräch quasi zum Selbstläufer.

Leider verlaufen Vorstellungsgespräche häufig nicht so positiv. Führungskräfte, die sich darauf verlassen, dass die Personalprofis auf der Unternehmensseite oder dazwischengeschaltete Headhunter mit den richtigen Fragen schon dafür sorgen werden, dass es zum Dialog kommt, haben den Trend übersehen, dass heutzutage der Bewerber oder die Bewerberin selbst Einstellungsargumente liefern muss.

Mit Praxisbeispielen überzeugen

Insbesondere bei den von Führungskräften verlangten persönlichen Fähigkeiten wie Engagement, analytisches Denken, konzeptionelles Arbeiten, Innovationsvermögen, Kontaktfreude oder Durchsetzungsstärke ist der Begründungsbedarf besonders hoch. Hier können Sie nur überzeugen, wenn Sie passende Beispiele aus Ihrer bisherigen Berufspraxis einfließen lassen.

Wir werden Ihnen erläutern, wie Sie es schaffen, dass man Ihnen nicht nur zuhört, sondern Ihnen sogar gerne zuhört. Sie werden erfahren, wie Sie sich so präsentieren, dass Ihre beruflichen Stärken in der zeitlich limitierten Situation Vorstellungsgespräch schneller als bisher deutlich und wie von selbst in Verbindung mit den Anforderungen Ihrer neuen Wunschposition gebracht werden.

Viel Erfolg beim Vorstellungsgespräch!

Lösungen und Antworten

Zur »Hammer und Nagel«-Frage: Achtung, tappen Sie nicht in die beliebte Falle, denn der Nagel kostet nicht 10 Cent und der Hammer einen Euro mehr, sondern lediglich 5 Cent. Denn nur 5 Cent für den Nagel und 1,05 € für den Hammer machen zusammen 1,10 €.

Um Fragen zu Ihrem Humor und zu den Dingen, die Sie gar nicht gerne machen schlüssig zu beantworten, empfehlen wir Ihnen das Kapitel »Kernkompetenz : Wie steht es um Ihre kommunikative Kompetenz?« (Seite 158).

Und mehr zum Einsatz von Skalenfragen und sinnvolle Antworten darauf erfahren Sie im Kapitel »Im Trend: Skalenfragen, Unterschiedsfragen und situative Fragen« (Seite 78).

Ihr Coaching wartet: Fünf Schritte zum neuen Job

Damit Sie in Ihren Vorstellungsgesprächen nicht mühsam nach Worten, Argumenten und Beispielen suchen müssen, wartet nun ein anspruchsvolles Coachingprogramm auf Sie. Dabei gehen wir in vier Schritten vor. Diese vier Schritte entsprechen unserem Vorgehen im Coaching von Führungskräften.

ÜBERSICHT

Schritt I: Strategien für Ihren Erfolg im Vorstellungsgespräch

- → Beachten Sie unsere 20 wichtigsten Tipps.
- → Erstellen Sie Ihre ausführliche Erfolgsbilanz.
- → Arbeiten Sie eine passgenaue Selbstpräsentation aus.
- → Berücksichtigen Sie die Vorlieben Ihrer Gesprächspartner.

Schritt II: Ihre Trainingseinheiten

- → Die Schlüsselfrage
- → Die sieben Kernkompetenzen
- → Das Job-Interview auf Englisch
- → Stress- und Fangfragen, unzulässige und unsinnige Fragen
- → Ihre Fragen
- → Gehaltsfragen

Schritt III: Nach dem ersten und vor dem zweiten Gespräch

- → Erstellen Sie eine Zwischenbilanz.
- → Sorgen Sie durch eine Nachfass-Mail für positive Stimmung.

→ Bereiten Sie sich auf spezielle Fragen im zweiten Gespräch vor.

Schritt IV: Treffen Sie Ihre persönliche Entscheidung

→ Risiken minimieren, Chancen ergreifen

Schritt V: Die ersten 100 Tage – überzeugen in der Probezeit

→ Gegenspieler analysieren und 100-Tage-Plan definieren

Strategisch und operativ auf Job-Interviews vorbereiten

Strategische Vorbereitung

Schritt I: Gehen Sie Ihre Vorbereitung auf Vorstellungsgespräche zunächst strategisch an. Setzen Sie sich im ersten Schritt mit den häufigsten und schwerwiegendsten Fehlern auseinander, die Führungskräfte in Job-Interviews begehen, damit Ihr Bewusstsein für Kommunikationsstörungen geschärft wird. Sie bekommen 20 wichtige Tipps, direkt aus unserer Coachingpraxis für Führungskräfte. Damit Sie es in Ihren Job-Interviews besser machen können als unvorbereitete Bewerber, brauchen Sie Argumentationsmaterial. Und dieses Material bekommen Sie, indem Sie gründlich zurückschauen und sowohl Ihre Erfolge als auch Ihre Arbeitsaufgaben der letzten Jahre ausführlich analysieren und bilanzieren. Mit dieser Vorbereitungsleistung haben Sie dann die Basis dafür geschaffen, Ihr berufliches Können im Vorstellungsgespräch in Form einer passgenauen Selbstpräsentation darzustellen. Um Ihre Erfahrungen im Gespräch flexibel kommunizieren zu können, geben wir Ihnen dann abschließend Tipps dafür, worauf Sie im Umgang mit unterschiedlichen Gesprächspartnern achten sollten.

Intensives Training

Schritt II: Wir konfrontieren Sie im zweiten Schritt mit über 200 Fragen für Führungskräfte, die Sie überzeugend beantworten müssen. Damit Sie Ideen für Ihre eigenen Antworten bekommen, stellen wir Ihnen sowohl ungeeignete als auch geeignete Antworten vor. Durch die Gegenüberstellung werden Sie schnell verstehen, welche Antworten überzeugen und welche nicht. Passen Sie die geeigneten Beispielantworten so an, dass Ihr individuelles Profil deutlich wird. Idealerweise formulieren Sie Ihre Antworten nicht nur in Gedanken, sondern sprechen sie laut aus und schreiben sie auf! Unverzichtbar dabei sind Ihr Lebenslauf und die jeweilige Stellenausschreibung, behalten Sie bei Ihrem Training beides ständig im Blick. Mit etwas Übung werden Sie dann die Schnittstellen zwischen Ihrer jetzigen Tätigkeit und den neuen Aufgaben konkret und fokussiert herausarbeiten können. Starten Sie nach einigen Tagen auch einen zweiten oder dritten Durchgang, lassen Sie sich die Fragen dann vielleicht von einem Freund oder Bekannten stellen. Sie können sich wie in einem Vorstellungsgespräch gegenüber an einen Tisch setzen. Ihr Trainingspartner fragt, und Sie antworten. Vielleicht nehmen Sie sich sogar mit einer Videokamera auf. Anschließend können Sie gemeinsam die Qualität Ihrer Antworten überprüfen, indem Sie die vorgestellten 20 Fehler in der Selbstdarstellung von Führungskräften heranziehen und überprüfen, ob Sie die Fehler in Ihren Antworten vermieden und es besser gemacht haben.

Strukturierte Auswertung

Schritt III: Das erste Vorstellungsgespräch liegt nun hinter Ihnen. Sicherlich haben Sie schon eine erste Vorstellung davon, ob Sie mit dem neuen Arbeitgeber und den neuen Aufgaben zurechtkommen werden. Damit Sie sich bei dieser wichtigen Entscheidung auf eine breite Basis an Fakten stützen können, sollten Sie das Gespräch strukturiert auswerten. Dabei helfen Ihnen unsere Fragen in diesem Abschnitt. Sollten Sie grundsätzlich an der neuen Stelle interessiert sein, bietet es sich an, eine Nachfass-Mail zu versenden. Dann wissen die Vertreter auf der Firmenseite, dass Sie es ernst meinen. Wie diese Nachfass-Mail ausformuliert werden könnte, erläutern wir Ihnen anhand eines Beispiels. Dann geht es weiter mit Ihrer Vorbereitungsarbeit. Wir stellen Ihnen spezielle Fragen vor, die Sie im zweiten Gespräch erwarten könnten.

Die Entscheidung

Schritt IV: Nach zwei oder drei positiv verlaufenen Gesprächen liegt nun die endgültige Entscheidung an Ihnen. Wenn Sie ein Vertragsangebot bekommen, sollten Sie noch einmal gründlich und in Ruhe abwägen, ob Sie die neue Herausforderung annehmen möchten. Nicht selten kommt es auch vor, dass

Sie sich zwischen zwei interessanten Angeboten entscheiden müssen. In jedem Fall ist diese abschließende Entscheidung für Ihr weiteres (Berufs-)Leben von großer Wichtigkeit und sollte daher wohldurchdacht sein.

Schritt V: Die Regeln der Büropsychologie gelten insbesondere in der Probezeit. Damit Sie in den wichtigen ersten 100 Tagen schnell Ergebnisse vorweisen, Erfolge präsentieren und so Ihre Handlungsmöglichkeiten ausbauen können, sollten Sie einen 100-Tage-Plan fixieren und sich überlegen, mit wem Sie strategische Allianzen zur Erreichung Ihrer Ziele eingehen können, wollen oder müssen.

Wir erläutern Ihnen, wie Sie Ihre Kommunikationsstärke, Ihr Verhandlungsgeschick und Ihre Kompromissbereitschaft vom ersten Tag an effektiv einsetzen, um gut in Ihren Job als Führungskraft zu starten.

Schritt I

Strategien für Ihren Erfolg im Vorstellungsgespräch

1. Wie coachen wir Führungskräfte?

Vorstellungsgespräche sind Rhetorik pur. Wer hier die Grundregeln der wirksamen Gesprächspsychologie kennt und einsetzt, kann sich als Person mit seinen Leistungen optimal präsentieren. Allerdings erleben wir es regelmäßig, dass Führungskräfte zwar eine gute Arbeit machen, aber wirklich Schwierigkeiten damit haben, ihr Engagement und ihre Erfolge in der rhetorischen Sondersituation Vorstellungsgespräch taktisch darzustellen. Welche 20 Fehler Sie auf jeden Fall vermeiden sollten und wie Sie es besser machen können, erläutern wir Ihnen in diesem Kapitel.

So steigern Sie die Wirkung Ihrer Worte

Unser Ziel ist es, Ihnen in diesem Ratgeber nachvollziehbar zu veranschaulichen, wie Sie die Wirkung Ihrer Worte in Vorstellungsgesprächen steigern können. Um dieses Ziel zu erreichen, gibt es für Sie verschiedene Trainingsmöglichkeiten.

Sie können entweder gleich zum Fragenteil wechseln und die thematisch gegliederten Fragenblöcke durcharbeiten. Vergleichen Sie dann für jede einzelne Frage Ihre individuelle Antwort mit der von uns vorgestellten ungeeigneten und überzeugenden Antwort. Auf diese Weise bekommen Sie praxisnah eine Vorstellung davon, wie Führungskräfte formulieren sollten, um in Vorstellungsgesprächen als kompetente Macherin beziehungsweise als kompetenter Macher akzeptiert zu werden.

Aus Fehlern und Erfolgen anderer lernen

Eine weitere Möglichkeit ist die gedankliche Auseinandersetzung mit unseren 20 wichtigsten Tipps, die wir direkt im Coaching von Führungskräften entwickelt haben. Allein der Umfang der Tipps macht klar, dass die Vorbereitung von Führungskräften auf Vorstellungsgespräche eine komplexe Herausforderung ist. Glücklicherweise machen nicht alle Führungskräfte die gleichen Fehler - doch fast jeder hat die eine oder andere Schwäche, wenn es um diese ungewohnte Situation des Job-Interviews geht. Die einen wissen vielleicht nicht genau, wie sie ihre Antworten passgenau auf die neue Stelle abstimmen können, die anderen haben eventuell noch nie ihre persönlichen Erfolge in Form eines kurzen Storytellings dargestellt. Es kommt auch durchaus vor, dass die Antworten inhaltlich zwar sehr gut sind, aber zu flapsig oder zu ausführlich formuliert werden. Mit unseren 20 Tipps können Sie sich auf diese Stolpersteine im Vorstellungsgespräch vorbereiten und sie geschickt umgehen.

Profitieren Sie von unseren 20 wichtigsten Tipps

Um mit unseren Tipps effektiv zu arbeiten, empfehlen wir Ihnen, sie zunächst einmal gründlich zu lesen, um sie dann, bezogen auf Ihre eigenen Erfahrungen, zu reflektieren und auf sich wirken zu lassen. Konkrete Beispiele zur Umsetzung der 20 Tipps finden Sie, wie jeweils aufgeführt, im Fragenkatalog des Trainingsteils (ab Seite 83).

Tipp 1: Fokussieren Sie!

Ihre neuen Aufgaben sind nicht die momentanen Aufgaben

Problematisch Viele Führungskräfte beziehen sich im Vorstellungsgespräch zu stark auf ihre momentanen Aufgaben. Dies liegt daran, dass die aktuellen Aufgaben aus dem Tagesgeschäft oder auch aktuelle Projekte im Gedächtnis präsenter sind. Es kann dann aber der Eindruck entstehen, dass die Führungskraft auf die neuen Aufgaben nicht ausreichend vorbereitet ist.

Besser Nehmen Sie die Stellenausschreibung zur Hand und arbeiten Sie die Schnittstellen zwischen künftigen Aufgaben und Ihren momentanen Aufgaben heraus. Sie sollten auch Erfahrungen aus Ihrer vorhergehenden Stelle aufzählen, wenn diese einen direkten Bezug zur neuen Stelle haben.

Sie wünschen sich eine beispielhafte Umsetzung dieses Tipps? Lesen Sie die Antworten auf die Fragen 9, 35 und 99.

Tipp 2: Bleiben Sie auf der Erfolgsspur!

Thematisieren Sie Ergebnisse, Lösungen und Erfolge

Problematisch Viele Führungskräfte sind Profis in Elendskommunikation, aber Amateure in Erfolgskommunikation. Dies liegt daran, dass Führungskräfte im Unternehmen häufig die Rolle des Feuerwehrmanns/der Feuerwehrfrau haben. Sie werden immer dann gerufen, wenn es Krisen, Probleme und Ärger gibt. Diese negative Stimmung darf aber nicht den Weg ins Vorstellungsgespräch finden.

Besser Vorstellungsgespräche dienen dem ersten Kennenlernen. Wer bei der ersten Kontaktaufnahme überzeugen will, sollte Ergebnisse, Lösungen und Erfolge in den Vordergrund stellen. Es dürfen auch Probleme thematisiert werden, aber nur als Teil von Herausforderungen, die letztendlich auch gelöst worden sind.

Sie wünschen sich eine beispielhafte Umsetzung dieses Tipps? Lesen Sie die Antworten auf die Fragen 45, 47 und 52.

Tipp 3: Spielen Sie mit!

Auch Fragen nach Ihren Schwächen oder Stärken sind ernst gemeint

Problematisch Einige Führungskräfte reagieren geradezu allergisch auf vermeintliche »Personalerspielchen«. Fragen nach den persönlichen Schwächen und Stärken oder der weiteren Karriereplanung werden dann mit ironischem Unterton oder aggressiven Gegenfragen beantwortet. Dadurch entsteht eine unproduktive Kampfstimmung zwischen Personalern und Bewerbern.

Besser Eine souveräne Führungskraft zeigt, dass sie sowohl mit Fachfragen als auch mit Personalerfragen zurechtkommt. Sie beantwortet daher Fragen nach den Schwächen oder Stärken ebenfalls glaubwürdig, aber dennoch taktisch. Auf diese Weise dokumentiert die Führungskraft, dass sie das Ritual Vorstellungsgespräch als solches erkannt hat und grundsätzlich akzeptiert.

Sie wünschen sich eine beispielhafte Umsetzung dieses Tipps? Lesen Sie die Antworten auf die Fragen 119, 141 und 142.

Tipp 4: Weniger ist manchmal mehr!

Bringen Sie Ihr Gegenüber zum Nachfragen

Problematisch Führungskräfte haben üblicherweise so viele Erfahrungen gemacht, dass sie ganze Tage und Nächte über ihr Berufsleben reden könnten. Dies ist im Vorstellungsgespräch dann problematisch, wenn auf jede Frage mit mindestens zehn Sätzen geantwortet wird. Es besteht die Gefahr, dass die Firmenseite die Antworten ständig abbrechen und dem Bewerber ins Wort fallen muss.

Besser Ausführliche Antworten sind auf jeden Fall wichtig, besonders am Anfang eines Gesprächs. Die Grundregel lautet aber: etwa drei bis fünf Sätze pro Antwort, idealerweise mit geeigneten Beispielen. Spannend machen sich Bewerber, die ab und an gezielt kurze Antworten geben und bestimmte Schlagworte in den Raum stellen. Dann fangen die Zuhörer von sich aus an nachzuhaken.

Sie wünschen sich eine beispielhafte Umsetzung dieses Tipps? Lesen Sie die Antworten auf die Fragen 59, 63 und 85.

Tipp 5: Gewöhnen Sie sich ans Storytelling!

Eine passende Geschichte wirkt stärker als 100 Argumente

Problematisch Insbesondere naturwissenschaftlich geprägte Führungskräfte (Ingenieure, IT-Spezialisten, Chemiker, Physiker) möchten gerne mit Fakten überzeugen, aber auch Controller, Juristen und Finanzexperten müssen aufpassen, dass sie nicht in die Faktenfalle geraten. Das Motto »100 Argumente sind 100-mal stärker als ein Argument« greift aber nicht. Im Gegenteil, die Zuhörer langweilen sich und fangen an abzuschalten.

Besser Rufen Sie sich in Erinnerung, wie komplexe Sachverhalte in den Medien präsentiert werden. Ein gut präsentierter Einzelfall kann die Stimmung in einer Talkshow vollständig in die eine oder in die andere Richtung lenken. Auch im Bewerbungsverfahren hat das Storytelling seinen Platz. Überlegen Sie sich konkrete Erfolge aus Ihrem Erfahrungsschatz. Schildern Sie in Form einer kleinen Story an passender Stelle, was Sie in einer fordernden Situation gedacht, entschieden und dann gemacht haben.

Sie wünschen sich eine beispielhafte Umsetzung dieses Tipps? Lesen Sie die Antworten auf die Fragen 97, 149 und 156.

Tipp 6: Sorgen Sie für eine doppelte Passung!

Sie müssen zur Stelle, aber auch zum Unternehmen passen

Problematisch Häufig verlieren Führungskräfte bei ihrer Argumentation das neue Unternehmen aus dem Blick. Sie reden viel über die Anforderungen der neuen Stelle und wenig über das, was das neue Unternehmen auszeichnet.

Besser Argumentieren Sie von den Aufgaben der neuen Stelle her, aber lassen Sie auch ab und an einfließen, warum Sie gerade bei diesem Unternehmen arbeiten möchten. Ist es das Standing des neuen Unternehmens in der Branche? Sind es die innovativen Produkte? Oder ist es das konstruktive Miteinander?

Sie wünschen sich eine beispielhafte Umsetzung dieses Tipps? Lesen Sie die Antworten auf die Fragen 13, 14 und 71.

Tipp 7: Bekennen Sie sich zu Ihrer Rolle als Impulsgeber!

Machen Sie Ihren persönlichen Anteil an Erfolgen deutlich

Problematisch Nicht wenige Führungskräfte bewerben sich, weil man ihnen gekündigt hat. Unterschwellige Versagens- und drohende Abstiegsängste können dazu führen, dass die Bewerber im Vorstellungsgespräch erschöpft, frustriert und teilnahmslos wirken. Wenn dann auch noch vorwiegend in der Wir-Form geantwortet wird (»In der Abteilung haben wir uns überlegt, dass …«, »Wir haben dann geprüft, ob …«, »Wir wollten erreichen, dass …«), läuft der Bewerber Gefahr, als passiver Mitläufer eingeschätzt zu werden.

Besser Überlegen Sie sich vor dem Gespräch Beispiele für Ihren persönlichen Anteil an Team-, Abteilungs- oder Unternehmenserfolgen. Formulieren Sie dabei gezielt in der Ich-Form (»Ich habe dafür gesorgt, dass …«, »Ich habe angeregt, dass …«, »Ich hatte das Ziel, dass …«). Es kommt dabei auf die richtige Reihenfolge an. Nachdem Ihr Eigenanteil an Erfolgen deutlich geworden ist, können Sie auch Ihr Team wieder stärker ins Gespräch bringen. Auf diese Weise wird Ihre Motivations- und Begeisterungsfähigkeit nachvollziehbar.

Sie wünschen sich eine beispielhafte Umsetzung dieses Tipps? Lesen Sie die Antworten auf die Fragen 49, 70 und 96.

Tipp 8: Nutzen Sie Gestaltungsspielräume!

Erklären Sie Brüche im Lebenslauf taktisch

Problematisch Brüche in Lebensläufen sind heutzutage auch bei Führungskräften normal. Manche hatten nach einer Kündigung eine Phase der erzwungenen Selbstständigkeit, bei anderen ging ein früherer Arbeitgeber nach kurzer Zeit insolvent. Auch in alte Wunden wie ein Studienabbruch oder eine Kündigung in der Probezeit wird im Vorstellungsgespräch gerne der Finger gelegt. Dann sind lange Rechtfertigungen im Büßerton problematisch.

Besser Offensichtliche Brüche im Lebenslauf sollten in Vorstellungsgesprächen kurz bestätigt werden - und dann sollte dargestellt werden, wie es für den Bewerber weiterging. Gerade Führungskräfte überzeugen damit, wie sie nach Niederlagen wieder aufgestanden sind und sich selbst für neue Ziele motiviert haben.

Sie wünschen sich eine beispielhafte Umsetzung dieses Tipps? Lesen Sie die Antworten auf die Fragen 187, 192 und 193.

Tipp 9: Veranschaulichen Sie Ihre Flexibilität!

Nichts ist beständiger als der Wandel

Problematisch Die Firmen haben Angst vor Bewerbern, die innerlich zum Stillstand gekommen sind. Aktivieren Sie nicht ungewollt diese Vorurteile. Dies gilt insbesondere für Führungskräfte, die viele Jahre für eine Firma gearbeitet haben.

Besser Wenn Sie viele Jahre für eine Firma gearbeitet haben, haben Sie dennoch ganz unterschiedliche Projekte geleitet, sich neues Wissen angeeignet, neue Mitarbeiter eingearbeitet und von neuen Kollegen etwas dazugelernt. Liefern Sie im Gespräch konkrete Beispiele für diese geistige Flexibilität.

Sie wünschen sich eine beispielhafte Umsetzung dieses Tipps? Lesen Sie die Antworten auf die Fragen 134, 136 und 137.

Tipp 10: Rechnen Sie mit Provokationen!

Immer souverän reagieren

Problematisch Bewerbungsgespräche für Führungskräfte enthalten - gewollt oder ungewollt - oft auch Stressfragen, Provokationen und Unterstellungen. Wer auf diese Belastungsprobe dünnhäutig reagiert und einen Gegenangriff startet, stellt sich ins Abseits.

Besser Machen Sie sich mit typischen Stressfragen und geeigneten Antworten darauf bereits im Vorfeld vertraut. Üben Sie sich in asiatischer Gelassenheit: Betrachten Sie Ihre Gesprächspartner als anspruchsvolle Kunden, die eine außerordentliche Investition in Sie tätigen möchten und deshalb vorher prüfen, ob Sie auch in schwierigem Gelände unbeirrt Ihren konstruktiven Kurs weiterverfolgen.

Sie wünschen sich eine beispielhafte Umsetzung dieses Tipps? Lesen Sie die Antworten auf die Fragen 191, 192 und 201.

Tipp 11: Fangen Sie auch in Runde zwei von vorne an!

Neue Gesprächsteilnehmer müssen neu überzeugt werden

Problematisch Ein gut verlaufenes erstes Vorstellungsgespräch ist ein Sieg, allerdings nur ein Etappensieg. Ist die Stimmung zwischen neuem Fachvorgesetzten und Bewerber gut, besteht die Gefahr, dass neu hinzugekommene Gesprächsteilnehmer, beispielsweise der Bereichsleiter oder der Vorstand, ausgegrenzt werden.

Besser Teile Ihrer Selbstpräsentation gehören auf jeden Fall auch an den Anfang des zweiten Vorstellungsgesprächs, insbesondere, wenn Gesprächsteilnehmer neu dazugekommen sind. Stellen Sie auch Rückbezüge zum ersten Gespräch her, damit Ihr Entscheidungsprozess nachvollziehbar wird.

Sie wünschen sich eine beispielhafte Umsetzung dieses Tipps? Lesen Sie die Antworten auf die Fragen 209, 210 und 214.

Tipp 12: Erfüllen Sie die Wünsche der Entscheider!

Vorstände und Geschäftsführer fragen anders

Problematisch Unsere Kunden berichten uns übereinstimmend, dass Vorstände oder Geschäftsführer an ihre neuen Führungskräfte häufig sehr direkte persönliche Fragen stellen, oft mit dem Ziel der Verunsicherung. Bewerber, denen dann die richtigen Worte fehlen, weil sie der Mut verlässt, haben schlechte Karten.

Besser Sie packen die Top-Entscheider, wenn Sie ausgewählte Beispiele für schwierige Situationen geben können, die Sie gelöst haben. Nach deren Grundverständnis ist der Führungsalltag nämlich keine Schönwetterveranstaltung. Sprechen Sie also über Sturm, Wellen und Gewitter, und machen Sie dabei klar, dass Sie dennoch immer das Ruder in der Hand behalten.

Sie wünschen sich eine beispielhafte Umsetzung dieses Tipps? Lesen Sie die Antworten auf die Fragen 114, 121 und 124.

Tipp 13: Haken Sie nach!

Ein (neuer) Schleudersitz macht Sie nicht glücklich

Problematisch Dieser Tipp richtet sich an besonders dynamische Führungskräfte, die schon einmal zwischenmenschlich Schiffbruch in einem Unternehmen erlitten haben, weil Geschäftsführung, Kollegen oder Mitarbeiter bei notwendigen Veränderungen nicht mitgezogen haben. Wünscht man sich Ihre Veränderungsfähigkeit im neuen Unternehmen, sollten Sie kritisch prüfen, ob damit auch wirklich alle einverstanden sind. Sonst befinden Sie sich bald wieder auf Jobsuche.

Besser Wenn Sie an sich und Ihr Berufsfeld den Anspruch haben, die Dinge wirklich bewegen zu wollen, brauchen Sie Unterstützung im neuen Unternehmen. Überprüfen Sie daher gründlich im Vorstellungsgespräch, auf wen Sie zählen können. Fragen Sie nach wichtigen Veränderungen in den letzten Jahren und Monaten und lassen Sie sich erklären, wer diese Veränderungen angeschoben hat und wo es Widerstände gegeben hat. Idealerweise haken Sie im zweiten Gespräch stärker als im ersten nach. Dann sind Sie von der Firmenseite nämlich schon akzeptiert worden.

Sie wünschen sich eine beispielhafte Umsetzung dieses Tipps? Lesen Sie den Abschnitt »Wann Sie härter nachfragen sollten« im Kapitel »Welche Informationen erfragen Sie?« ab Seite 194.

Tipp 14: Zeigen Sie sich engagiert!

Überzeugen Sie durch Ihre Macherqualitäten

Problematisch Die von den Firmen gesuchten Führungskräfte sind im positiven Sinne nie zufrieden, sie wollen immer weiter optimieren und ruhen sich nicht auf Erreichtem aus. Wird dieses geforderte Engagement im Vorstellungsgespräch nicht deutlich, entsteht der Eindruck eines kraftlosen Bewerbers, der sich auf dem bisher Erreichten ausruhen will.

Besser Sie setzen sich im Job-Interview für Führungskräfte durch, wenn Ihre Macherqualitäten deutlich werden. Geben Sie Beispiele dafür, wie Sie bisher Veränderungen initiiert und Arbeitsprozesse optimiert haben, wie Sie mit Widerständen umgegangen sind und welche Ergebnisse Sie erzielt haben. Mit Ihrem Engagement machen Sie sich zum Wunschkandidaten.

Sie wünschen sich eine beispielhafte Umsetzung dieses Tipps? Lesen Sie die Antworten auf die Fragen 80, 84 und 85.

Tipp 15: Konkretisieren Sie Ihren Führungsstil!

Harte Führung, weiche Führung, individuelle Führung

Problematisch Als Führungskraft bekommen Sie eine erhebliche Verantwortung für die Mitarbeiter des Unternehmens eingeräumt. Daher sollten Sie auf Fragen zu Ihrem Führungsstil nicht nur abstrakt antworten. Sonst vermutet die Firmenseite ein Ablenkungsmanöver, das vertuschen soll, dass Sie grundsätzlich unflexibel - also entweder zu hart oder zu weich - führen.

Besser Geben Sie konkrete Beispiele aus Ihrem erfolgreichen Führungsalltag. Als junge Führungskraft können Sie sich auf Ihre Projekt(mit)verantwortung beziehen oder erläutern, in welchen Aufgabenbereichen Sie Ihren Chef vertreten haben. Als gestandene Führungskraft sollten Sie deutlich machen können, dass Ihr Führungsstil im Lauf der Jahre differenzierter und flexibler geworden ist.

Sie wünschen sich eine beispielhafte Umsetzung dieses Tipps? Lesen Sie die Antworten auf die Fragen 108, 110 und 113.

Tipp 16: Konfrontationserfahrene Führungskraft gesucht!

Problematisch Der Wettbewerb, dem sich die Unternehmen stellen, ist im Globalisierungszeitalter hart, die Belastungen für die Mitarbeiter liegen oft an der Schmerzgrenze. Wer als künftige Führungskraft nicht verdeutlichen kann, dass sie oder er die daraus resultierenden Konflikte lösen beziehungsweise aushalten kann, ist wegen mangelnder Konfliktfähigkeit aus dem Rennen.

Illustrieren Sie Ihre Konfliktfähigkeit

Besser Sie überzeugen als konfrontationserfahrene Führungskraft dann, wenn Sie berufsbezogene Beispiele für Ihre Konfliktstärke geben können. Machen Sie klar, dass Sie den emotionalen Kern in vermeintlich rationalen Auseinandersetzungen genauso erkennen und einer Lösung zuführen können wie den rationalen Anteil an einem vordergründig emotionalen Konflikt.

Sie wünschen sich eine beispielhafte Umsetzung dieses Tipps? Lesen Sie die Antworten auf die Fragen 113, 115 und 117.

Tipp 17: Strategien umsetzen!

Präzisieren Sie Ihren Gestaltungswillen

Problematisch Entsteht der Eindruck, dass der Bewerber zwar von Strategien und Visionen spricht, diese aber mehr nach Fantasien und Wunschbildern klingen, sind von ihm die dazugehörigen Umsetzungsschritte nicht genügend thematisiert worden. Dann bekommt die Firmenseite Zweifel an seiner Umsetzungskompetenz.

Besser Führungskräfte müssen klarmachen, dass sie die strategische Klaviatur in der Praxis spielen können. Erst wenn Sie exemplarisch die Teilschritte einer gelungenen Strategie benennen, die ausgewählten Maßnahmen begründen und die durchgeführte Erfolgskontrolle einschließlich Feinabstimmung beschreiben, wirken Sie in Sachen Strategie kompetent.

Sie wünschen sich eine beispielhafte Umsetzung dieses Tipps? Lesen Sie die Antworten auf die Fragen 76, 78 und 84.

Tipp 18: Achten Sie auf Ihre Körpersprache!

Verteilen Sie Ihre Aufmerksamkeit geschickt

Problematisch Neue Führungskräfte präsentieren sich häufig einem größeren Kreis von Entscheidern. Es kommt dann oft vor, dass ein Vertreter der Firmenseite die Rolle des Wortführers hat. Dabei besteht die Gefahr, dass der Bewerber in einen körpersprachlichen Dialog mit dem Wortführer eintritt und den anderen Anwesenden unabsichtlich die kalte Schulter zeigt.

Besser Auch wenn Sie im Vorstellungsgespräch in größerer Runde auf Wortführer treffen, sollten Sie bei Ihren Antworten den Blickkontakt zu allen Anwesenden halten. Dies gelingt Ihnen mit etwas Übung. Teilen Sie Ihre Aufmerksamkeit, damit sich jeder einzelne Vertreter der Firmenseite von Ihnen persönlich angesprochen - und überzeugt - fühlt.

Sie wünschen sich eine beispielhafte Umsetzung dieses Tipps? Lesen Sie die Antworten auf die Fragen 211 und 214 .

Tipp 19: Setzen Sie gezielt Aufzählungsgesten ein!

Strukturiert sprechende Kandidaten überzeugen

Problematisch Eigentlich jede Stellenausschreibung für Führungskräfte enthält die Forderung nach der Fähigkeit zum analytischen Denken. Reden Bewerber dann unstrukturiert, weil sie schnell von einem halbfertigen Gedanken zum nächsten springen, führt dies zu Zweifeln daran, ob der Bewerber überhaupt analytisch denken - und vor allem auch handeln - kann.

Besser Der gezielte Einsatz von Aufzählungsgesten, die die Argumentation des Bewerbers körpersprachlich unterstützen, hinterlässt den Eindruck einer Schritt für Schritt denkenden und handelnden Führungskraft. Aufzählungsgesten können Sie parallel zu Ihren Wortäußerungen einsetzen, beispielsweise so: »Erstens (Sie zeigen Ihren Daumen) ist es wichtig, dass ... Zweitens (Sie zeigen Zeigefinger und Daumen) sollte auch berücksichtigt werden ... Und drittens (Sie zeigen Daumen, Zeigefinger und Mittelfinger) ist auch zu bedenken, dass ...« Schließlich sind Führungskräfte nicht nur als Macher, sondern auch als Denker gefragt. Sie überzeugen also, wenn Sie zeigen, dass Sie erst strukturiert denken und dann handeln.

Sie wünschen sich eine beispielhafte Umsetzung dieses Tipps? Lesen Sie die Antworten auf die Fragen 74, 121 und 136.

Tipp 20: Betonen Sie Erfolgswörter!

Bekräftigen, unterstreichen und akzentuieren Sie gekonnt

Problematisch Bei diesem letzten Tipp geht es nicht darum, was Sie sagen, sondern wie Sie es sagen. Erfolge haben alle Führungskräfte vorzuweisen, aber diese Erfolge sollten im Dialog mit der neuen Firma auch hervorgehoben werden. Wer seine

Erfolge im Eifer des Gefechts ohne Betonung aneinanderreiht oder schnell herunterrattert, hinterlässt keinen bleibenden Eindruck.

Besser Wählen Sie aus Ihrer Erfolgsbilanz die Highlights aus, die für die neue Firma von besonderer Bedeutung sein könnten. Beschreiben Sie, was Sie für die Erreichung der Ziele getan haben. Und dann sprechen Sie die Erfolgswörter gedehnt langsam aus oder wiederholen sie noch einmal gedehnt, beispielsweise so: »12 Prozent Umsatzsteigerung ... 12 Prozent, wirklich toll, da haben wir uns im Vertrieb erst einmal auf die Schultern geklopft.« Sie werden feststellen, dass der gezielte Wechsel zwischen schnellem und langsamem Sprechen Ihre Zuhörer förmlich fasziniert.

Sie wünschen sich eine beispielhafte Umsetzung dieses Tipps? Lesen Sie die Antworten auf die Fragen 84, 86 und 90.

Trainieren Sie Ihren souveränen Auftritt

Setzen Sie Ihr Wissen um!

Nun haben Sie eine erste Vorstellung davon, was wir konkret darunter verstehen, die Wirkung von Worten zu steigern. Erfolg gibt es aber nicht auf Knopfdruck, auch nicht Bewerbungserfolg. Deswegen geht es nun an die Umsetzung Ihres neu erworbenen Wissens. Dabei hilft Ihnen die folgende Übung.

ÜBUNG

Trainingziele definieren

Nachdem Sie die 20 Tipps gelesen haben, können Sie jetzt für sich zwei oder drei Trainingsziele festlegen, beispielsweise die Ziele »Auf die neue Stelle fokussieren«, »Erfolge und Lösungen einfließen lassen« und »An das Storytelling gewöhnen«, und beantworten Sie – mit diesen Trainingszielen im Hinterkopf – ganz bewusst einen Fragenblock, beispielsweise »Verfügen Sie über Lösungskompetenz?« (Seite 111).

Ihr erstes Trainingsziel: ....

....

Ihr zweites Trainingsziel: ....

....

Ihr drittes Trainingsziel: ....

....

Das kostet natürlich Anstrengung, aber nach einiger Zeit haben Sie verstanden, in welche Richtung Sie Ihre Selbstdarstellung optimieren können. Machen Sie dann einen zweiten Durchgang mit dem gleichen Fragenblock, aber mit drei anderen, selbst gesteckten Trainingszielen.

Seien Sie besser als die anderen

Vorstellungsgespräche im Allgemeinen und auch Vorstellungsgespräche für Führungskräfte verlaufen erst dann erfolgreich, wenn in kurzer Zeit das passgenaue, stärkenorientierte und glaubwürdige Profil der Bewerberin beziehungsweise des Bewerbers deutlich wird. Und damit dieses Ziel erreicht wird, sollten die 20 typischen Fehler im Wesentlichen nahezu ausgeschlossen werden. Eine 100-prozentige Umsetzung der Tipps erwarten wir dabei nicht von Ihnen. Der Erfolgsdruck, der dann womöglich auf Ihnen lasten würde, wäre eher kontraproduktiv. In unserer Coachingpraxis erleben wir dagegen immer wieder: Sie brauchen nicht die oder der Beste zu sein, es reicht aus, wenn Sie in der Selbstdarstellung etwas besser als die anderen sind. Und dieses Ziel ist mit vollem Einsatz auf jeden Fall zu erreichen. Hilfreich für Ihre Vorbereitung ist dabei die folgende Checkliste mit 20 Kommunikationstipps. Idealerweise kopieren Sie die Checkliste und legen sie bei der Arbeit mit diesem Ratgeber neben das Buch, um sie ständig im Blick zu haben. Überprüfen Sie dann Ihre Antworten auf die 220 Fragen aus dem Fragenkatalog mithilfe der Checkliste, um in Vorstellungsgesprächen die Wirkung bei den Entscheidern auf der Firmenseite zu erreichen, die Sie sich wünschen.

CHECKLISTE

Mit diesen 20 Erfolgstipps überprüfen Sie die Wirkung Ihres Selbstmarketings

Erfolgstipp 1: Fokussieren Sie! Haben Sie die Stellenausschreibung gründlich ausgewertet und Schnittstellen zwischen den neuen Aufgaben und Ihren bisherigen Aufgaben herausgearbeitet?

Erfolgstipp 2: Bleiben Sie auf der Erfolgsspur! Thematisieren Sie in Ihren Antworten ausreichend Ergebnisse, Lösungen und Erfolge Ihrer Arbeit?

Erfolgstipp 3: Spielen Sie mit! Können Sie Fragen nach Ihren Stärken oder Schwächen glaubwürdig, aber taktisch beantworten?

Erfolgstipp 4: Weniger ist manchmal mehr! Sind Ihre Antworten so lang, dass man Ihnen gerne zuhört? Und geben Sie bewusst auch einmal so kurze Antworten, dass nachgefragt wird?

Erfolgstipp 5: Gewöhnen Sie sich ans Storytelling! Können Sie konkrete Erfolge aus Ihrem Erfahrungsschatz in Form einer packenden Story präsentieren?

Erfolgstipp 6: Sorgen Sie für eine doppelte Passung! Wird nicht nur Ihre Begeisterung für die neue Stelle, sondern auch für das neue Unternehmen deutlich?

Erfolgstipp 7: Bekennen Sie sich zu Ihrer Rolle als Impulsgeber! Können Sie Ihren persönlichen Anteil an Team-, Abteilungs- oder Unternehmenserfolgen herausstellen?

Erfolgstipp 8: Nutzen Sie Gestaltungsspielräume! Sind Sie in der Lage, Brüche in Ihrem Lebenslauf sehr knapp darzustellen und zu verdeutlichen, wie Sie sich nach diesem Rückschlag erneut motiviert haben?

Erfolgstipp 9: Veranschaulichen Sie Ihre Flexibilität! Gibt es in Ihrem Selbstmarketing Beispiele dafür, wie Sie sich auf neue, fordernde Situationen flexibel eingestellt haben?

Erfolgstipp 10: Rechnen Sie mit Provokationen! Können Sie sich mental darauf einstellen, dass Ihre Gesprächspartner deshalb Stressfragen stellen, weil sie Ihre Belastungsfähigkeit live erleben möchten?

Erfolgstipp 11: Fangen Sie auch in Runde zwei von vorne an! Wiederholen Sie gezielt Teile aus Ihrer Selbstpräsentation, wenn Sie auf neue Gesprächsteilnehmer, insbesondere im zweiten Vorstellungsgespräch, treffen?

Erfolgstipp 12: Erfüllen Sie die Wünsche der Entscheider! Haben Sie Beispiele aus Ihrem Berufsalltag vorbereitet, mit denen Sie die Topentscheider beeindrucken können?

Erfolgstipp 13: Haken Sie nach! Wenn Sie für das neue Unternehmen nachhaltige Veränderungen initiieren sollen: Kann die Firma konkrete Beispiele dafür geben, wie in ähnlichen Situationen in der Vergangenheit vorgegangen wurde und welche Kollegen aus der Führungskräfteriege dabei aktiv mitgezogen haben?

Erfolgstipp 14: Zeigen Sie sich engagiert! Haben Sie ausreichend Beispiele für Ihre Macherqualitäten vorbereitet? Wie haben Sie Veränderungen angeschoben, Arbeitsprozesse optimiert, Widerstände aufgelöst?

Erfolgstipp 15: Konkretisieren Sie Ihren Führungsstil! Führung heißt Verantwortung übernehmen: Können Sie als junge Führungskraft ausreichend Beispiele für Ihre Führungsfähigkeiten geben? Und können Sie als gestandene Führungskraft verdeutlichen, dass Ihr Führungsstil im Lauf der Jahre differenzierter und flexibler geworden ist?

Erfolgstipp 16: Konfrontationserfahrene Führungskraft gesucht! Sind Sie in der Lage, plausible Beispiele dafür zu geben, wie Sie als Führungskraft Konflikte gelöst haben, und darzustellen, wie Sie dabei vorgegangen sind?

Erfolgstipp 17: Strategien umsetzen! Benennen Sie bei der Darstellung von Strategien auch Teilschritte? Begründen Sie ausgewählte Maßnahmen? Und gehen Sie auf Ihre Erfolgskontrolle und die Feinabstimmung ein?

Erfolgstipp 18: Achten Sie auf Ihre Körpersprache! Halten Sie zu allen Anwesenden im Gespräch abwechselnd Blickkontakt?

Erfolgstipp 19: Setzen Sie gezielt Aufzählungsgesten ein! Unterstützen Sie Ihre Fähigkeit, strukturiert zu denken und zu handeln, auch durch den Einsatz von dazu passenden Aufzählungsgesten?

Erfolgstipp 20: Betonen Sie Erfolgswörter! Können Sie Erfolgswörter in Ihrer Selbstdarstellung hervorheben, indem Sie sie betonen, langsamer aussprechen oder wiederholen?

2. Ihre ausführliche Erfolgsbilanz: Was haben Sie bisher geleistet?

Im gesamten Bewerbungsverfahren benötigen Sie Formulierungen, Argumente und Beispiele, um Ihr Können in Ihren Unterlagen, in Vorstellungsgesprächen und gegebenenfalls auch im Assessment-Center passgenau, stärkenorientiert und glaubwürdig darstellen zu können. Sie werden in den einzelnen Bewerbungsschritten, also auch im Job-Interview, mit mehr Überzeugungskraft argumentieren können, wenn Sie in der Vorbereitungsphase einen gründlichen Blick zurückwerfen und sich vergegenwärtigen, was Sie schon alles gemacht haben. Ein positiver Nebeneffekt dabei ist, dass Ihr Selbstbewusstsein deutlich steigen wird, weil Sie selbst überrascht sein werden, was Sie alles zu bieten haben.

Erkennen Sie Ihr Potenzial: Sie haben viel zu bieten

Wir werden Ihnen nun Schritt für Schritt anhand von Beispielen vorstellen, wie Sie Ihre bisherigen beruflichen Erfahrungen, Ihr Wissen und Ihre Erfolge in Form einer Erfolgsbilanz umfassend darstellen. Uns geht es dabei darum, dass Sie es schaffen, nicht nur Ihre aktuellen Aufgaben und Verantwortungsbereiche - die üblicherweise im Gedächtnis deutlich präsent sind - aufzulisten, sondern auch die Tätigkeiten, die Sie früher gerne und gut gemacht haben.

Erfolgskommunikation versus Elendskommunikation

Hinzu kommt noch der wichtige Aspekt der Erfolgskommunikation, auf den wir Sie im Kapitel »Wie coachen wir Führungskräfte?« (Seite 23) hingewiesen haben. Im Bewerbungsverfahren ist es ganz wichtig, sich von Problemen, Schwierigkeiten und Widerständen, die bei der täglichen Arbeit von Führungskräften dazugehören, zu lösen. Die negative Stimmung, die aus der von uns als Elendskommunikation bezeichneten Problemorientierung herrührt, beeinflusst Vorstellungsgespräche ebenfalls negativ. Eine positive Stimmung, die Sie zum Wunschkandidaten macht, ergibt sich erst aus einer - realistischen

- Erfolgskommunikation. Und diese Erfolge werden wir jetzt gemeinsam mit Ihnen auflisten.

Damit Sie eine plastische Vorstellung davon bekommen, wie Sie selbst vorgehen können, zeigen wir Ihnen anhand eines Abteilungsleiters Finanzen und Controlling beispielhaft, wie sich eine Erfolgsbilanz ausarbeiten lässt.

BEISPIEL

Die momentane Position

Ein Abteilungsleiter Finanzen und Controlling, der sich um eine Stelle als Leiter Finanz- und Rechnungswesen bewirbt, könnte seine momentane Position so darstellen:

1. **Abteilung**
   → Abteilung Finanzen und Controlling

2. **Offizielle Berufsbezeichnung**
   → Abteilungsleiter Finanzen und Controlling

3. **Personalverantwortung**
   → bis zu zwölf Mitarbeiter

4. **Tagesaufgaben**
   → Finanzen: Leitung Rechnungswesen und Buchhaltung
   → Betriebswirtschaftliche Steuerung im Hinblick auf Cashflow-Ziele
   → Controlling: Leitung Planung, Reporting, Analyse
   → Ausarbeitung von Handlungsempfehlungen
   → Beratung des Managements
   → Investitionsbeurteilung
   → Bestandscontrolling
   → Produktionscontrolling

5. **Projekte/besondere Aufgaben**
   → Projektleitung 1: Optimierung der Koordination zwischen Produktion, Logistik, Materialwirtschaft und Vertrieb,
   Erfolg: Kostensenkung durch Prozessoptimierung
   → Projektleitung 2: Ausarbeitung von Controllingtools für ein tagesaktuelles Bestandscontrolling, Erfolg: Senkung der Bestandskosten

Der Abteilungsleiter Finanzen und Controlling hat vorher als Gruppenleiter im Controlling gearbeitet. Seine Erfahrungen und Erfolge könnte er so bilanzieren.

BEISPIEL

Die vorhergehende Position

1. **Abteilung**
   → Vertriebscontrolling
2. **Offizielle Berufsbezeichnung**
   → Gruppenleiter im Controlling
3. **Personalverantwortung**
   → bis zu vier Mitarbeiter
4. **Tagesaufgaben**
   → Erstellung des monatlichen Vertriebsreportings
   → Durchführung von Wirtschaftlichkeitsanalysen
   → Analyse und Reporting des Forderungs- und Cashmanagements
   → Stellvertreter des Abteilungsleiters
5. **Projekte/besondere Aufgaben**
   → Stellvertreter des Abteilungsleiters (wegen Urlaub oder Abwesenheit)
   → Projekt 1: Neudefinition von Produktivitätskennzahlen, Erfolg: effektiveres Vertriebsreporting
   → Projekt 2: Datenoutsourcing für externen Dienstleister in Osteuropa, Erfolg: Kostensenkung
   → Betreuung von BWL-Praktikanten einschließlich Bachelor-Thesis

Und vor der Tätigkeit als Gruppenleiter im Controlling hatte der Abteilungsleiter Finanzen und Controlling die Position Finance & Accounting inne, in der er die folgenden Aufgaben zu bewältigen hatte.

BEISPIEL

Die Position vor der vorhergehenden Position

1. **Abteilung**
   → Finanz- und Rechnungswesen
2. **Offizielle Berufsbezeichnung**
   → Junior Manager Finance & Accounting
3. **Personalverantwortung**
   → als Projektleiter (Teilprojektleiter) bis zu 3 Projektmitarbeiter
4. **Tagesaufgaben**
   → Abwicklung von Cashmanagement und Zahlungsverkehr
   → Budgetprüfung
   → Forecast und Plan-Ist-Abweichungen
   → Erstellung und Analyse finanzierungsrelevanter Informationen
   → Erarbeitung von Cashflow- und Ad-hoc-Reports
   → Übernahme von Zinsmanagement und -abrechnung
   → Erarbeitung von Entscheidungsvorlagen für das Management
5. **Projekte/besondere Aufgaben**
   → Reporting direkt an den CFO
   → Projekt 1: Budgetprüfung für laufende Prozessverbesserung, Erfolg: Prozessoptimierung
   → Projekt 2: Einführung eines elektronischen Rechnung-Workflows, Erfolg: tagesaktuelle Daten

Abgerundet wird die Erfolgsbilanz durch die Darstellung von Weiterbildungsmaßnahmen, PC- und Fremdsprachenkenntnissen und die Teilnahme an Messen, Kongressen und Tagungen. Der Abteilungsleiter Finanzen und Controlling aus unserem Beispiel hat diese Zusatzkenntnisse zu bieten.

BEISPIEL

Weiterbildungsmaßnahmen, PC- und Fremdsprachenkenntnisse, Messen, Kongresse und Tagungen

1. **Weiterbildungen**
   → Projektmanagement
   → Rhetorik für Führungskräfte
   → Make-or-Buy-Analysen
   → Kalkulationstemplates in MS Excel
   → English (Business Focus)

2. **PC-Kenntnisse**
   → Microsoft Office (ständig in Anwendung)
   → SAP ERP (CO, CO-PA, SD), BW, SEM BPS (ständig in Anwendung)
   → Maestro Ressourcen-Planungssystem (ständig in Anwendung)

3. **Fremdsprachenkenntnisse**
   → Englisch sehr gut
   → Spanisch Grundkenntnisse

   → **4. Messen, Kongresse und Tagungen**
   → Messe: Branchenmesse Trade & Industry
   → Tagungen: Jahrestagung der Deutschen Gesellschaft für Controlling
   → Kongress: Zeitmanagement für Führungskräfte

Nachdem Sie mithilfe der Beispiele eine Vorstellung davon bekommen haben, wie sich berufliche Erfahrungen und Erfolge systematisch erfassen lassen, geht es jetzt mit Ihrer persönlichen Erfolgsbilanz weiter.

Argumente ohne Ende: Erstellen Sie Ihre Erfolgsbilanz

Vorab noch der Hinweis, dass Sie sich momentan nicht beschränken sollten. Zunächst geht es uns darum, dass Sie die von Ihnen in Ihrem bisherigen Berufsleben bearbeiteten Aufgaben und Projekte lückenlos darstellen. Der passgenaue Zuschnitt Ihrer Erfolgsbilanz, im Sinne einer Vorbereitung auf ein einzelnes Vorstellungsgespräch bei einer ganz bestimmten Firma, erfolgt erst im anschließenden Kapitel »Die neue Stelle im Fokus: Welche Einstellungsargumente gehören in die Selbstpräsentation?« (Seite 48).

Was haben Sie alles erreicht?

Dokumentieren Sie jetzt Ihr berufliches Können, indem Sie Ihre berufliche Entwicklung der letzten Jahre noch einmal Revue passieren lassen. Damit Sie genügend Material für die Ausarbeitung Ihrer Erfolgsbilanz haben, können Sie auch Arbeitszeugnisse und Zwischenzeugnisse heranziehen oder Projektberichte und Protokolle von Sonderaufgaben auswerten. Nutzen Sie auch die Jobbörsen im Internet. Geben Sie dort sowohl Ihre aktuelle als auch die vorhergehende Positionsbezeichnung ein und drucken Sie jeweils bis zu sieben Stellenausschreibungen aus. Dann bekommen Sie viele Anregungen dafür, wie Sie Ihren Erfahrungsschatz in passende Worte fassen können.

Beschreiben Sie – wie vorgestellt – jetzt Ihre momentane Position, damit Ihre Erfolgsbilanz die gewünschte aussagekräftige Form bekommt.

ÜBUNG

Ihre momentane Position

1. Abteilung

....

2. Offizielle Berufsbezeichnung

....

3. Personalverantwortung

....

4. Tagesaufgaben

....

....

....

....

....

....

5. Projekte/besondere Aufgaben

....
....
....
....

Weiter geht es mit der Darstellung Ihrer vorhergehenden Position.

Ihre vorhergehende Position

ÜBUNG

1. Abteilung

....

2. Offizielle Berufsbezeichnung

....

3. Personalverantwortung

....

4. Tagesaufgaben

....
....
....
....
....
....

5. Projekte/besondere Aufgaben

....
....
....
....

Erfassen Sie auch die Position vor der vorhergehenden Position. Wenn Sie sehr lange in einem Unternehmen gearbeitet haben und dabei nicht formal aufgestiegen sind, können Sie sich an dieser Stelle auch überlegen, wie sich Ihre Arbeitsaufgaben im Lauf der Zeit erweitert und verändert haben, und diese Veränderungen dokumentieren.

ÜBUNG

Ihre Position vor der vorhergehenden Position

1. Abteilung

....

2. Offizielle Berufsbezeichnung

....

3. Personalverantwortung

....

4. Tagesaufgaben

....

....

....

....

....

....

5. Projekte/besondere Aufgaben

....

....

....

....

Abgerundet wird Ihre Erfolgsbilanz mit der Darstellung der von Ihnen besuchten Weiterbildungsmaßnahmen, der Auflistung Ihrer PC- und Fremdsprachenkenntnisse und der von Ihnen besuchten Messen, Kongresse und Tagungen.

ÜBUNG

Ihre Weiterbildungsmaßnahmen, PC- und Fremdsprachenkenntnisse, Messen, Kongresse und Tagungen

1. Ihre Weiterbildungsmaßnahmen

2. Ihre PC-Kenntnisse

3. Ihre Fremdsprachenkenntnisse

4. Von Ihnen besuchte Messen, Kongresse und Tagungen

Die Erfolgsbilanz als Gedächtnisstütze

Glückwunsch, Ihre Erfolgsbilanz steht nun! Wie anfangs bemerkt, werden Sie sicherlich selbst positiv überrascht sein, was Sie alles schon gemacht haben, in welchen Bereichen Sie Erfolge erzielt haben und wie Sie Ihr Wissen und Ihre Verantwortungsbereiche gezielt erweitert haben. Damit ist der erste wichtige Schritt zur inhaltlichen Begründung Ihrer Bewerbung getan. Ihre Anstrengungen bei der Ausformulierung Ihrer Erfolgsbilanz lohnen sich durchaus. Denn Sie können Ihre Erfolgsbilanz nun immer wieder heranziehen, wenn Sie bei der Beantwortung der im Fragenkatalog aufgeführten Fragen nicht auf Anhieb passende Ideen haben und auf der Suche nach weiteren Einstellungsargumenten sind.

3. Die neue Stelle im Fokus: Welche Einstellungsargumente gehören in die Selbstpräsentation?

Dass zu einem erfolgreich verlaufenden Vorstellungsgespräch eine kurze »Selbstpräsentation« der individuellen beruflichen Erfahrungen und Stärken gehört, hat sich unter Führungskräften genauso wie unter Fachspezialisten oder Hochschulabsolventen mittlerweile herumgesprochen. Wir sind sehr stolz darauf, dass wir es waren, die Mitte der 1990er Jahre dieses wichtige Überzeugungselement entwickelt haben und es seitdem an Bewerberinnen und Bewerber weitergeben können. Wir haben unsere Tipps und Hinweise für die Ausarbeitung einer passgenauen, stärkenorientierten und glaubwürdigen Selbstpräsentation für Führungskräfte im Lauf der Jahre selbstverständlich optimiert und verfeinert. Was dabei im Einzelnen zu beachten ist und welche positiven Wirkungen eine gut vorbereitete Selbstpräsentation in Vorstellungsgesprächen entfaltet, erfahren Sie in diesem Kapitel.

So arbeiten Sie eine passgenaue, stärkenorientierte und glaubwürdige Selbstpräsentation aus

Die Selbstpräsentation ist, seitdem wir sie in unserer Beratungspraxis entwickelt haben, zu einem festen Bestandteil nahezu jeden Vorstellungsgesprächs geworden. Den Grund für diese rasante Erfolgsgeschichte sehen wir in dem seit etwa 15 Jahren zunehmenden Trend, dass immer mehr Firmen im Rahmen ihrer Personalauswahl von Bewerbern eine Selbsteinschätzung ihrer eigenen Fähigkeiten und Kenntnisse verlangen.

Passgenau, stärkenorientiert und glaubwürdig

Es ist nicht mehr wie früher, als es für Bewerber ausreichte, darauf hinzuweisen, dass sie über ein nicht näher definiertes, ausbau- und entwicklungsfähiges Potenzial verfügen. Im Gegenteil, heute ist es so, dass Bewerberinnen und Bewerber von sich aus begründen können müssen, wo sie ihre individuellen beruflichen Stärken und Neigungen sehen und in welchen konkreten Arbeitsgebieten sie sie einsetzen wollen. Kurz gesagt, heutzutage überzeugen nur diejenigen Bewerber, die im Vorstellungsgespräch passgenaue, stärkenorientierte und glaubwürdige Einstellungsargumente liefern können. Und ein perfektes Instrument für diese Zwecke ist die Selbstpräsentation.

Hilfreiche Videos

Auch das Magazin *Focus* hat mit uns zusammen eine 15-teilige Videoserie zum Thema »Das erfolgreiche Vorstellungsgespräch« produziert. Insbesondere die zwei Folgen »Ihr Werdegang: Die gelungene Selbstpräsentation« und »Körpersprache bei der Selbstpräsentation« legen wir Ihnen ans Herz, damit Sie weitere Anregungen für die Ausgestaltung Ihrer individuellen Selbstpräsentation bekommen. Sie können sich die Trainingsvideos auf unserer Homepage www.karriereakademie.de anschauen.

Worum geht es nun bei der Selbstpräsentation? Was ist bei der Ausarbeitung einer gelungenen Selbstpräsentation zu beachten? Und wie lassen sich Schnittstellen mit den neuen Aufgaben in der Selbstpräsentation betonen?

Worum geht es bei der Selbstpräsentation?

Typische Fragen

Ihre Selbstpräsentation ist ein Kurzvortrag auf die zentrale Frage im Vorstellungsgespräch: »Warum sollten wir gerade Sie einstellen?« Diese Frage wird manchmal ganz direkt ausgesprochen, es gibt aber auch Umschreibungen dafür. Diese lauten beispielsweise:

- → »Würden Sie sich der Runde bitte kurz vorstellen?«
- → »Könnten Sie Ihren Werdegang einmal stichwortartig für uns zusammenfassen?«
- → »Gibt es einen roten Faden in Ihrer beruflichen Entwicklung, der auf die ausgeschriebene Stelle hinführt?«
- → »Würden Sie uns bitte kurz Ihre beruflichen Erfahrungen präsentieren?«
- → »Was sollten wir über Sie wissen?«
- → »Skizzieren Sie bitte kurz, was Sie für die Stelle mitbringen.«
- → »Aus welchen Gründen haben Sie sich bei uns beworben?«
- → »Welche Qualifikationen bringen Sie mit?«

Gemeinsam ist all diesen Fragen, dass die Firmenseite Ihnen im Vorstellungsgespräch Raum dafür gibt, Ihr individuelles berufliches Stärkenprofil etwas länger zu erläutern. Sie haben die einmalige Chance, eine Selbsteinschätzung Ihres Könnens zu liefern und so dem Gespräch einen ganz bewussten Informationsinput zu geben, der üblicherweise gerne von den Zuhörern auf der Firmenseite aufgegriffen wird. Man wird im Anschluss an Ihre Selbstpräsentation gezielt zu den Aspekten, Erfahrungen oder Projekten nachfragen, die Sie in den Raum gestellt haben. Auf diese Weise entwickelt sich im Idealfall ein Dialog zwischen Bewerber und Firma, für den Sie das Fundament gelegt haben. Wie dieses Fundament konkret aussieht, liegt also in Ihrer Hand. Eine strategisch überaus wichtige Maßnahme!

Nicht aus der Ruhe bringen lassen

Es gibt auch Firmen, die es Ihnen bereits bei der Selbstpräsentation etwas schwerer machen werden. Dann wird weniger allgemein gefragt und darum gebeten, dass Sie sich kurz vorstellen. Es geht gleich etwas forscher zur Sache, Sie werden mit Fragen der folgenden Art konfrontiert, die Sie aber ebenfalls mithilfe Ihrer Selbstpräsentation souverän beantworten werden.

- »Warum sind Sie heute hier?«
- »Warum möchten Sie gerade bei uns arbeiten?«
- »Was könnten Sie zum künftigen Unternehmenserfolg in Ihrer neuen Position beitragen?«
- »Was reizt Sie an der ausgeschriebenen Stelle?«
- »Was unterscheidet Sie von anderen Bewerbern?«
- »Was erwarten Sie von einer Anstellung bei uns?«
- »Was bieten Sie, was Ihre Mitbewerber nicht bieten?«
- »Beschreiben Sie Ihre momentanen beruflichen Aufgaben und entwickeln Sie dabei eine Vision für Ihren Arbeitsbereich.«
- »Liefern Sie uns eine strukturierte Selbstpräsentation unter Berücksichtigung der folgenden Fragen: Wo und wie konnten Sie in letzter Zeit Veränderungen initiieren? Welche Erfahrungen waren für Sie als Führungskraft besonders wichtig? Welche Veränderungsziele haben Sie sich für die Zukunft vorgenommen?«

Was ist bei der Ausarbeitung einer gelungenen Selbstpräsentation zu beachten?

Struktur und Präsentationstricks

In unseren Coachings stellen wir regelmäßig fest, dass die Präsentation von Fachthemen für Führungskräfte zum Arbeitsalltag gehört und ihnen daher meist leichter gelingt. Für eine Präsentation des eigenen Könnens gibt es im Berufsalltag dagegen eher selten Gelegenheiten. Deshalb sind manche Führungskräfte von dieser Aufgabenstellung oft erst einmal überfordert. Daher werden wir Ihnen nun die Struktur und die Kommunikationstricks vorstellen, die Ihnen bei der Vorbereitung Ihrer Selbstpräsentation helfen werden.

Wenn Sie sich erst einmal Beispiele für gelungene Selbstpräsentationen in Vorstellungsgesprächen anschauen möchten, finden Sie diese im zweiten Abschnitt dieses Ratgebers, in den Trainingseinheiten, und zwar im Kapitel »Schlüsselfrage: Warum sollten wir gerade Sie einstellen?« (Seite 85). Nun die Hinweise für die Ausarbeitung einer überzeugenden Selbstpräsentation.

Struktur wählen Ihre Selbstpräsentation können Sie in drei bis vier Abschnitte unterteilen. Wir empfehlen grundsätzlich, mit den aktuellen Aufgaben Ihrer momentanen Position zu beginnen (Abschnitt 1). Gehen Sie dann - kurz - auf Ihre vorhergehende Stelle ein, insbesondere dann, wenn Sie dort Aufgaben erledigt haben, die von Ihnen auch in der neuen Stelle bearbeitet werden sollen (Abschnitt 2). Anschließend könnte - ebenfalls sehr kurz - die Grundlage Ihrer beruflichen Entwicklung, beispielsweise ein Studium, eine Berufsausbildung oder eine aktuelle Fortbildung, folgen (Abschnitt 3). Und dann endet Ihre Selbstpräsentation mit einer kurzen Schlusszusammenfassung (Abschnitt 4).

Das richtige Maß

Beschreiben statt bewerten Mit einer Darstellung der eigenen Fähigkeiten und Kenntnisse tun sich die meisten Menschen sehr schwer, auch Führungskräfte. Dies liegt daran, dass es kaum jemand gewohnt ist, über sich selbst zu sprechen. Wann klingen Formulierungen deutlich übertrieben? Und wann verkaufen Bewerber ihren umfangreichen Erfahrungsschatz womöglich unter Wert? Um diese Probleme zu lösen, können Sie beschreibende Formulierungen in Ihrer Selbstpräsentation einsetzen. Sie werden Ihre Erfahrungen, Ihr Können und Ihre

Erfolge sprachlich neutral und daher glaubwürdig darstellen können, wenn Sie Sätze wie die folgenden verwenden, die wir der Praktikabilität halber gleich den einzelnen Abschnitten der Selbstpräsentation zugeordnet haben.

ÜBERSICHT

Vier Abschnitte der Selbstpräsentation

Abschnitt 1: Die momentanen Aufgaben

→ »Bei meinem momentanen Arbeitgeber bin ich zuständig für ..., ... und ... .«
→ »In meiner jetzigen Position als ... bin ich verantwortlich für ..., ... und ... .«
→ »Ich nehme die Aufgaben ..., ... und ... wahr.«
→ »Mein komplexes Aufgabengebiet umfasst ..., ... und ... .«
→ »Zu meinen aktuellen Aufgaben gehören ..., ... und ... .«
→ »Dabei bin ich berichtspflichtig gegenüber ... und ... .«
→ »Ich arbeite schwerpunktmäßig mit den Abteilungen ..., ... und ... zusammen.«
→ »Ich habe die Projekte ... und ... initiiert.«
→ »Ich habe die Arbeitsprozesse in den Bereichen ... und ... optimiert.«
→ »Das von mir initiierte Kostensenkungsprogramm führte zu nachhaltigen Einsparungen in den Bereichen ... und ... .«

Abschnitt 2: Die vorherigen Aufgaben (mit Bezug zur neuen Stelle)

»Ich habe seinerzeit die Aufgaben eines ... wahrgenommen.«
→ »Durch meine Erfolge in den Bereichen ... und ... konnte ich zum ... aufsteigen.«
→ »Die Beschäftigung mit ... und ... ermöglichte es mir, meinen Verantwortungsbereich auszuweiten.«
→ »Ich habe damals meinen Vorgesetzten vertreten und die Tätigkeiten ... und ... verantwortet.«
→ »Gut gefallen hat mir die Möglichkeit, Arbeitsprozesse zu optimieren, und zwar in den Bereichen ... und ... .«
→ »Als Teilprojektleiter habe ich zu den Themen ... und ... Projektgruppen gesteuert.«

- »In dieser Zeit konnte ich erste Erfahrungen in der internationalen Projektarbeit sammeln, und zwar zu den Aufgabenstellungen ... und ... .«

Abschnitt 3: Die Grundlagen Ihres beruflichen Werdegangs (Studium/Ausbildung/Fortbildung)

- »Grundlage meines Werdegangs ist mein Studium zum ...«
- »Nach meinem Studium habe ich den Einstieg in die Industrie über meine Werkstudententätigkeit/als Direkteinstieg/über ein Traineeprogramm geschafft.«
- »Meine kaufmännische Karriere habe ich mit einer Ausbildung zum ... begonnen.«
- »Erste technische Grundlagen habe ich mir in meiner Ausbildung zum ... /meinem Studium der ... angeeignet.«
- »Aktuell habe ich berufsbegleitend ein MBA-Studium abgeschlossen, um meine Kenntnisse in den Bereichen ..., ... und ... zu aktualisieren und zu vertiefen.«

Abschnitt 4: Zusammenfassung

- »Meine Erfahrungen in ..., ... und ... möchte ich nun gebündelt bei Ihnen in der Position ... einsetzen.«
- »Da ich also – wie skizziert – in den Bereichen ..., ... und ... über sehr umfassende Erfahrungen verfüge, kann ich mir gut vorstellen, bei Ihnen in der Position als ... für den gewünschten Schwung zu sorgen.«
- »Abschließend möchte ich noch einmal betonen, dass ich bei Ihnen als Manager ... anfangen möchte, weil ich Freude daran habe ..., ... und ... zu machen.«
- »Meine Erfahrungen in ..., ... und ... werden mir sicherlich dabei helfen, dafür zu sorgen, dass das von Ihnen gewünschte Wachstum auch erreicht werden kann. Dieser Herausforderung möchte ich mich gerne voll und ganz stellen.«
- »Ich weiß, dass die von Ihnen gewünschte Aufbauarbeit in den Bereichen ..., ... und ... einigen Einsatz von mir verlangen wird. Diesen Einsatz bringe ich aber gerne, da Aufbauarbeit auch immer Handlungsspielräume schafft. Und ich handle und gestalte nun einmal sehr gerne.«

- → »So weit mein Werdegang in Stichworten, gerne beantworte ich Ihnen weitere Fragen dazu.«
- → »Abschließend möchte ich betonen, dass ich meine Stärken in den Bereichen ..., ... und ... sehe und auch unter Beweis gestellt habe. Diese Stärken könnten Ihnen bei der Restrukturierung/Sanierung/Optimierung der Abteilung/des Bereichs/des Unternehmens sicherlich nützlich sein.«

Analyse der Stellenausschreibung und Ihrer Erfolgsbilanz

Schlagworte und Schlüsselbegriffe einsetzen Nachdem Sie nun viele nützliche Formulierungen für Ihre Selbstpräsentation kennen gelernt haben, fragen Sie sich sicherlich, wie Sie die Platzhalter in den Beispielsätzen mit Inhalt füllen können. Hier empfehlen wir Ihnen, Schlagworte und Schlüsselbegriffe aus Ihrem künftigen Arbeitsbereich einzusetzen. Passende Schlagworte und Schlüsselbegriffe finden Sie unter anderem in der jeweiligen Stellenausschreibung des Unternehmens. Es handelt sich dabei sowohl um die künftigen Tätigkeiten aus dem Tagesgeschäft als auch um besondere Projektaufgaben. Weitere Anregungen für Schlagworte und Schlüsselbegriffe finden Sie in Ihrer ausgearbeiteten Erfolgsbilanz, in Ihrem Lebenslauf, in Ihren Arbeitszeugnissen, in Stellenausschreibungen anderer Firmen für ähnliche Positionen, in Projektberichten, in Ergebnisprotokollen oder in Ihrem Arbeitsvertrag. Gewöhnen Sie sich daran, Ihre beruflichen Fähigkeiten und Kenntnisse mithilfe beschreibender Formulierungen und geeigneter Schlagworte und Schlüsselbegriffe zu erläutern. Sie werden feststellen, dass Sie mit einer hohen Informationsdichte argumentieren können. Auf diese Weise wird in kurzer Zeit klar – und in Vorstellungsgesprächen ist die Zeit eigentlich immer zu knapp –, wie groß Ihr Spektrum an Erfahrungen und Erfolgen ist. Der Vorteil für Sie liegt dabei auf der Hand: Ihre Gesprächspartner können an die von Ihnen gegebenen Informationen anknüpfen und gezielt nachfragen. Damit kommt ein »Informationsaustausch« im besten Sinne des Wortes in Gang.

Wohldosierte Emotionen

Motivation deutlich machen Führungskräfte haben dann Erfolg in Vorstellungsgesprächen, wenn sie nicht nur darüber sprechen, was sie machen oder gemacht haben, sondern auch darüber, was sie gerne machen. Grundsätzlich empfehlen wir, eine Selbstpräsentation nur wohldosiert mit Emotionen zu unterfüttern. Zu starke Emotionen, ganz gleich ob positiv oder negativ, lenken die Entscheider auf der Firmenseite womöglich von den Kernpunkten Ihres beruflichen Profils ab. Aber ohne Begeisterung und Leidenschaft geht es bei Führungskräften auch nicht. Je nach Unternehmenskultur und persönlichen Vorlieben können Sie daher folgende Formulierungen in Ihre Selbstpräsentation einbauen, idealerweise im zweiten oder letzten Drittel Ihrer Kurzvorstellung:

- »Mir gefällt es, international zu arbeiten, weil ich als Einkaufsleiter auf diese Weise mit ganz unterschiedlichen Verhandlungspartnern und Verhandlungsstilen in Kontakt gekommen bin.«
- »Ich schätze die Arbeit in mittelständischen Unternehmen sehr, da ich hier als Vertriebs- und Marketingleiterin die Dinge direkt in Angriff nehmen und voranbringen kann.«
- »Ich habe auch bisher in einem Konzern gearbeitet, bin daher mit den Abstimmungs- und Informationsprozessen vertraut. Es gefällt mir sehr, die fantastischen Ressourcen, die ein Konzern bietet, bei der Optimierung von Logistikkonzepten zu nutzen.«
- »Ein Kollege aus dem Führungszirkel bezeichnete mich einmal als ‚permanenten Optimierer', damit hatte er sicher recht, denn ich bin bei meiner Arbeit geradezu begeistert davon, wenn ich Veränderungen einleiten und umsetzen kann.«
- »Wichtig ist mir an dieser Stelle noch, darauf hinzuweisen, dass mein Herzblut an den neuen Absatzkonzepten wie Multi-Channel-Systemen, Event-Marketing oder Direktvertrieb mittels E-Mail hängt. Wenn ich sehe, welche Wirkungen hier erreicht werden können, beflügelt mich das bei meiner Arbeit geradezu.«
- »Ich möchte Ihnen verdeutlichen, dass ich bei Ihnen nicht nur arbeiten, sondern meine ganze Kraft und Erfahrung in die Position des ... einbringen möchte, so wie ich es auch bisher gemacht habe.«

Zahlen als Erfolgsargument

Erfolge betonen Damit Sie zum Profi in Sachen Erfolgskommunikation werden, sollten Sie bereits in Ihrer Selbstpräsentation auf ausgewählte Erfolge hinweisen. Bewerberinnen und Bewerber, die hier auf Zahlen verweisen können, sind klar im Vorteil. Dies gilt für die Steigerung von Marktanteilen, von Stückzahlen, von Gewinn, von Umsatz oder für die Senkung von Retouren, von Qualitätsmängeln, von Erinnerungs- und Mahnverfahren und von Kosten. Aber auch nicht quantifizierbare Erfolge sorgen für mehr Glanz in Ihrer Selbstpräsentation.

→ »Weiterhin könnte für Sie interessant sein, dass ich mit neuen Produktlinien den Umsatz in den relevanten Zielgruppen um 20 Prozent steigern konnte.«
→ »Es wird Sie sicherlich interessieren, dass die von mir durchgeführten Cost-Cutting-Programme für weitaus bessere Deckungsbeiträge gesorgt haben.«
→ »Mit der Restrukturierung des Warenwirtschaftssystems konnte ich die Kosten in diesem Bereich um etwa 15 Prozent senken.«
→ »Die von mir angeregten Maßnahmen am Point-of-Sale führten zu einer Gewinnsteigerung für ausgewählte Produkte in Höhe von mehr als 30 Prozent.«
→ »Als Leiter des Projekts Optisches Dialometer konnte ich die Präzision um den Faktor zwei erhöhen, was uns eine einmalige Stellung am Markt für Medizintechnik verschaffte.«
→ »Die Auslagerung von Routineaufgaben aus der Konstruktion hin zu externen Dienstleistern führte dazu, dass meine Abteilung sich auf Produktverbesserungen konzentrieren konnte.«
→ »Ein wichtiger Erfolg war für mich die Gestaltung der neuen Lizenzverträge, einschließlich der dazugehörigen Produktionsverträge. Auf diese Weise konnte ich sicherstellen, dass wir weiterhin qualitativ hochwertige Produkte in hoher Stückzahl im SB-Handel anbieten konnten.«

Wie lassen sich Schnittstellen mit den neuen Aufgaben in der Selbstpräsentation betonen?

Ihre Selbstpräsentation entfaltet dann noch mehr Wirkung bei Ihren Zuhörern auf der Firmenseite, wenn Sie darauf achten, dass Sie sie auf die neue Stelle fokussieren. Wir erleben es in unserer Beratungspraxis häufiger, dass Führungskräfte in einem Coaching zur Vorbereitung auf Vorstellungsgespräche überaus begeistert von den Aufgaben und Herausforderungen sprechen, die sie am aktuellen Arbeitsplatz bewältigen. Dies ist aber immer dann problematisch, wenn die momentanen Aufgaben nicht völlig mit den neuen Aufgaben übereinstimmen. Und eine solche 100-prozentige Übereinstimmung zwischen »heute« und »morgen« gibt es eigentlich nie.

Erfahrungen übertragen und anpassen

Daher achten wir stark darauf, dass die Schlagworte und Schlüsselbegriffe aus der Stellenausschreibung in die Selbstpräsentation einfließen. Wenn Sie beispielsweise beim momentanen Arbeitgeber im Bereich des Lean Manufacturing gearbeitet haben und dabei die Methoden Kaizen und Kanban eingesetzt haben, der neue Arbeitgeber im Lean Manufacturing aber die Methoden Wertstromanalyse und 5S bevorzugt, dürfen Sie nicht formulieren: »Ich habe die Fertigungssteuerung im Sinne eines Lean Manufacturing optimiert und dabei Kaizen und Kanban eingesetzt.« Taktisch klüger wäre es zu sagen: »Ich habe die Fertigungssteuerung im Sinne eines Lean Manufacturing optimiert und dabei Kaizen und Kanban eingesetzt, die in der Wirkung etwa der Wertstromanalyse oder dem 5S entsprechen.« Weitere Beispiele dafür, wie sich Schnittstellen zwischen den momentanen Aufgaben und den künftigen herausarbeiten und begründen lassen, finden Sie in den gelungenen Beispielantworten im Kapitel »Schlüsselfrage: Warum sollten wir gerade Sie einstellen?« (Seite 85).

Passen Sie Ihren Wortschatz an

Achten Sie auch darauf, mit Ihrer Selbstpräsentation die »Wörterwelt« Ihrer Gesprächspartner zu treffen. Falsch wäre es, die Stellenausschreibung in der Selbstpräsentation einfach wortwörtlich zu wiederholen. Mit einer solchen Vorgehensweise würden Sie unkreativ und unglaubwürdig wirken. Genauso gefährlich ist es aber auch, überhaupt nicht beziehungsweise zu wenig auf die Anforderungen der jeweiligen Stellenausschreibung einzugehen. Arbeiten Sie daher darauf hin, die richtige Balance zwischen den neuen Aufgaben und Ihren bisherigen Erfahrungen, Kenntnissen, Erfolgen und

Stärken herzustellen. Dies gelingt Ihnen mit taktisch geschickt gewählten Schlagworten und Schlüsselbegriffen, die Sie dank der jeweiligen Stellenausschreibung ja deutlich vor Augen haben.

Wirksame Anti-Stress-Hilfe: Ihre Selbstpräsentation als Mind-Map

Der Angst keine Chance geben

Völlig stressfrei geht wohl kein Job-Interview über die Bühne. Stress wird in Vorstellungsgesprächen zum einen dadurch ausgelöst, dass man nicht genau einschätzen kann, wie der oder die Entscheider auf der Firmenseite reagieren, zum anderen aber auch dadurch, dass man sich oft nicht sicher ist, wie man seine Stärken gut vermitteln kann. Die Angst, dann mitten im Vorstellungsgespräch stecken zu bleiben, also Fragen viel zu knapp oder womöglich überhaupt nicht mehr zu beantworten, lähmt manche Führungskräfte regelrecht. Aber es gibt für diese Herausforderung eine bewährte Hilfestellung. Wir zeigen Ihnen nun abschließend zum Thema Selbstpräsentation, wie Sie auch in der Stresssituation Vorstellungsgespräch Ihre fachlichen und persönlichen Stärken mithilfe eines Mind-Maps immer »vor Augen« haben.

Die Angst vor dem Blackout im Job-Interview

Auch bei sonst selbstbewussten Gesprächsteilnehmern löst der Gedanke an ein Vorstellungsgespräch oft Stress aus. Man muss mit einer unbekannten Situation fertig werden und weiß nicht, wie die vermeintliche Gegenseite reagieren wird.

Woher kommt der Stress?

In solchen Stresssituationen werden Urängste wach, und nicht selten greifen dann auf einmal Reste der Überlebensinstinkte, die aller Moderne zum Trotz nach wie vor in uns stecken. In grauer Vorzeit waren Flucht- und Kampfreaktionen viel bestimmender für das tägliche Dasein als intellektuelle Höchstleistungen. Das Großhirn, das unser rationales Bewusstsein steuert, ist viel jüngeren Datums und kann vom älteren Stammhirn – dem sogenannten Reptilienhirn – in Ausnahmesituationen überstimmt werden. Rationales und analytisches Denken – und damit auch die Fähigkeit frei zu sprechen – werden in den Hintergrund gedrängt. Stattdessen treten instinktiv Flucht- und Angriffsverhalten in den Vordergrund.

In diese Instinktfalle können auch neuzeitliche Menschen in der Sondersituation Vorstellungsgespräch geraten. Gefangen in der Stresssituation, die oft noch mit körperlichen Verspannungen einhergeht, klemmt das ältere Stammhirn die für Sprachverarbeitung und rationales Denken zuständigen Gehirnbereiche einfach ab. Plötzlich sind Argumentationsketten durchschnitten, und auch die naheliegendsten Wortbeiträge und die simpelsten Erklärungen kommen nicht mehr über die Lippen.

Stressabbau durch Mind-Mapping

Bilder als Informationsanker

In unseren Coachings für Führungskräfte beobachten wir bei den Kunden, die bei der Selbstpräsentation den Faden verloren haben und sich mitten in einem Blackout befinden, dass sie nach Bildern suchen, um die Orientierung zurückzugewinnen. Das liegt daran, dass unter Stress viel leichter auf bildhafte Elemente zugegriffen werden kann. Diese bildhaften Elemente lassen sich im Vorfeld eines Vorstellungsgesprächs in Form eines Mind-Maps visualisieren.

Wir erarbeiten mit Führungskräften deswegen ein Mind-Map ihrer Erfahrungen, Erfolge, Kenntnisse und Stärken. Die aktuelle berufliche Position, ausgewählte Teile aus davorliegenden Anstellungen, die einen Bezug zur neuen Stelle haben, und das berufliche Fundament, bestehend aus Studium, Ausbildung, Fort- und Weiterbildungen, lassen sich üblicherweise problemlos auf einem DIN-A4-Blatt übersichtlich darstellen. Mind-Maps, die Haupt- und Unterstrukturen, kleine Zeichnungen und grafische Symbole enthalten, helfen definitiv dabei, Blackouts in Vorstellungsgesprächen zu vermeiden. Die darin enthaltenen visuellen Elemente sind ein hervorragender Informationsanker.

BEISPIEL

Eine Selbstpräsentation als Mind-Map

Nutzen auch Sie Visualisierungen in Form eines Mind-Maps, um in Vorstellungsgesprächen bei Blackouts richtig reagieren zu können. Wie sich unsere Tipps praktisch umsetzen lassen, zeigen wir Ihnen jetzt anhand einer Selbstpräsentation, für die wir ein Mind-Map ausgearbeitet haben.

Die Selbstpräsentation einer kaufmännischen Führungskraft, die sich um die Position eines Niederlassungsleiters bewirbt, könnte – als Antwort auf die Frage »Warum sollten wir gerade Sie einstellen?« – wie folgt lauten:

Mind-Map: Bewerbung um die Position Niederlassungsleiter

»Guten Tag, meine Damen und Herren, herzlichen Dank für Ihre Einladung und die Möglichkeit, mein berufliches Profil bei Ihnen vorzustellen. In meiner aktuellen Position als Vertriebs- und Marketingleiter habe ich mehrere Jahre in enger Abstimmung mit der Geschäftsführung den Vertrieb entwickelt, ein Vertriebscontrolling aufgebaut, Personal ausgewählt und entwickelt und das Kosten- und Qualitätsmanagement verantwortet. Das Tagesgeschäft, wie die Festlegung von Vertriebs- und Marketingstrategien, die Einführung von Produktinnovationen und die Erstellung von Markt- und Wettbewerbsanalysen, kenne ich gründlich. Weiter ist mir wichtig, mithilfe von Schlüsselprojekten ständig daran zu arbeiten, dass Produktmehrwerte geschaffen werden. Beispielsweise habe ich dafür gesorgt, dass die Produktion besser mit der Supply Chain abgestimmt wurde, aber auch dafür, dass der Service noch kundenspezifischer ausgestaltet wurde.

In meiner vorherigen Position als Verkaufsleiter habe ich, wie in der Stellenausschreibung gewünscht, ebenfalls organisatorische Veränderungsprozesse angeschoben. Schon damals habe ich festgestellt, dass es mir sehr liegt, Schwachstellen in Arbeitsprozessen herauszuarbeiten und gemeinsam mit den daran beteiligten Abteilungen praktikable Lösungen zu entwickeln. So habe ich seinerzeit dafür gesorgt, dass die Kommunikation zwischen der R & D und der Produktion deutlich verbessert wurde, mit dem neuen Produktportfolio konnte ich den Umsatz um 15 Prozent steigern.

Basis meiner beruflichen Entwicklung ist meine Ausbildung zum Industriekaufmann und mein sich daran anschließendes FH-Studium der Betriebswirtschaftslehre.

Zusammenfassend möchte ich auf meine umfassenden Erfahrungen in der strategischen und operativen Vertriebsarbeit verweisen und noch einmal betonen, dass es mich persönlich begeistert, wenn ich mit meiner Arbeit aktiv dafür sorgen kann, dass ein Unternehmen weiter nach vorne gebracht wird. Ich freue mich auf das weitere Gespräch mit Ihnen.«

Vor dem Vorstellungsgespräch hatte der Bewerber dieses Mind-Map ausgearbeitet und die Schlag- und Schlüsselworte – und auch den letzten Satz – auswendig gelernt:

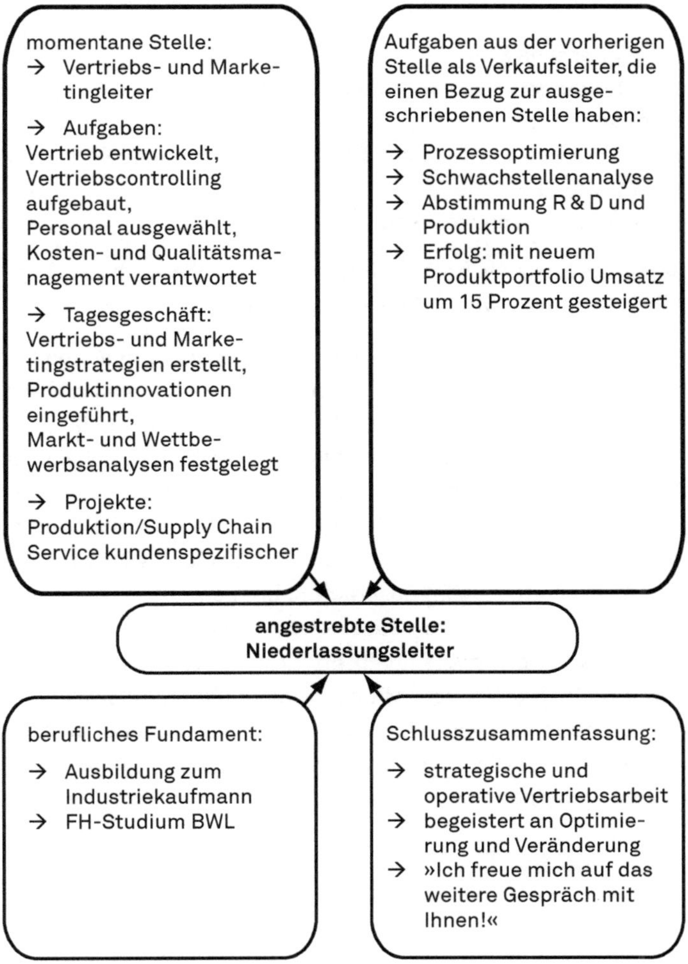

ÜBUNG

Mind-Map ausarbeiten

Vergegenwärtigen Sie sich bitte Ihre Selbstpräsentation und visualisieren Sie sie in Form eines Mind-Maps. Orientieren Sie sich dabei an dem Beispiel oben. Achten Sie darauf, die Kenntnisse, Erfolge, Stärken und Erfahrungen auszuwählen, die für Ihren neuen Arbeitgeber von besonderem Interesse sein könnten.

Überlegen Sie sich für Ihr Mind-Map eine Grundstruktur, die aus vier Oberpunkten bestehen könnte. Beispielsweise:

1. momentane Stelle,
2. Erfahrungen aus der früheren Stelle, die einen Bezug zur neuen Stelle haben,
3. berufliches Fundament: Studium, Ausbildung, Fort- und Weiterbildungen,
4. Schlusszusammenfassung.

Gestalten Sie Ihr Mind-Map farbig, arbeiten Sie auch mit grafischen Symbolen wie Pfeilen, Ausrufezeichen oder Smileys.

Nachdem Sie Ihr Mind-Map visualisiert haben, formulieren Sie bitte Ihre Selbstpräsentation mehrere Male mündlich anhand der vorgegebenen Stichworte. Sie werden feststellen, dass Sie die Visualisierung Ihrer individuellen Stärken schon nach kurzer Zeit gut verinnerlicht haben. Dieses neue Selbst-»Bewusstsein« wird Sie in Ihren Vorstellungsgesprächen deutlich unterstützen und Ihnen dabei helfen, die richtigen und wichtigen Argumente punktgenau im Gespräch zu bringen.

Idealerweise arbeiten Sie zwei Versionen aus: eine klassische Version, die zweieinhalb bis drei Minuten lang ist, und eine einminütige Version. Mit der längeren Variante sorgen Sie für Substanz zu Beginn Ihrer Vorstellungsgespräche, und die kürzere können Sie immer dann einsetzen, wenn Sie auf neue Gesprächsteilnehmer treffen, die Ihr Profil noch nicht kennen.

4. Headhunter, Vorstände und Personalprofis: Kennen Sie die speziellen Vorlieben?

Ihre Gesprächspartner auf der Firmenseite werden in erster Linie Personalverantwortliche, künftige Fachvorgesetzte, Geschäftsführer, Vorstände oder Inhaber sein. Führungskräfte werden auch regelmäßig von externen Personalberatern, sogenannten Executive-Search-Consultants, auch Headhunter genannt, angesprochen. Dann stellen die Headhunter den ersten Kontakt her und führen einen ersten Abgleich zwischen Bewerberprofil und Stellenprofil durch, bevor sie dem Auftraggeber ihrer Meinung nach interessante Kandidaten vorstellen. Daneben können Sie auch auf Betriebsräte, Personalratsmitglieder oder Gleichstellungsbeauftragte treffen. Wichtig ist, dass Sie alle am Entscheidungsprozess Beteiligten gleichermaßen ernst nehmen und sich nicht bloß auf die Wortführer konzentrieren. Damit Sie Ihre Gesprächsstrategie flexibel gestalten können, bereiten wir Sie in diesem Kapitel auf die Vorlieben der wichtigsten Gesprächspartner vor.

Stellen Sie sich auf Ihre Gesprächspartner ein

Wem Sie im Bewerbungsverfahren und speziell im Vorstellungsgespräch begegnen, hängt immer von dem suchenden Unternehmen ab. Die unterschiedlichen Entscheider haben oft auch verschiedene Vorgehensweisen bei der Personalauswahl. Im Folgenden erfahren Sie, wo die Unterschiede liegen, und wie Sie sich optimal auf die diversen Fragesteller vorbereiten können.

Headhunter

Nachfragen erlaubt

Das Spektrum der Headhunter, die für externe Personalberatungen arbeiten, ist sehr weit gespannt. Es gibt die bekannten großen Personalberatungen, aber auch sehr viele spezialisierte kleinere. Guten Headhuntern, und die bilden die Mehrzahl, geht es wie uns. Sie und wir möchten, dass Sie einen neuen Führungsjob finden, in dem Sie Ihr volles Potenzial entfalten können und sich wohlfühlen. Dennoch sollten Sie sich bei der Zusammenarbeit mit einem oder mehreren Headhuntern immer wieder vor Augen führen, dass es gelegentlich zu einem Zielkonflikt kommen kann. Denn es gibt auch Headhunter, die sehr unter Druck stehen und vor allem eins möchten: eine Erfolgsprämie für eine erfolgreiche Vermittlung. Haken Sie deshalb ruhig einmal mehr nach, wenn Ihnen etwas unklar ist. Geeignete Fragen, die Sie stellen können, finden Sie insbesondere in den Kapiteln »Welche Informationen erfragen Sie?« (Seite 194), »Spezielle Fragen im zweiten Vorstellungsgespräch« (Seite 242) und »Risiken minimieren, Chancen ergreifen« (Seite 255).

Beeindrucken Sie die Headhunter, die den Kontakt mit Ihnen aufnehmen, mit einer passgenauen schriftlichen und mündlichen Selbstpräsentation Ihrer beruflichen Erfolge und Stärken. Bei der schriftlichen Selbstpräsentation hilft Ihnen unser spezieller Ratgeber ***Perfekte Bewerbungsunterlagen für Führungskräfte***; dort finden Sie aussagekräftige Beispielanschreiben, Beispiellebensläufe und Erfolgsbilanzen für Führungskräfte im original DIN-A4-Format. Und wenn es um die mündliche Selbstpräsentation gegenüber Headhuntern geht, sollten Sie die Kapitel »Ihre ausführliche Erfolgsbilanz: Was haben Sie bisher geleistet?« (Seite 39) und »Die neue Stelle im Fokus: Welche Einstellungsargumente gehören in die Selbstpräsentation?« (Seite 48) gründlich durcharbeiten. Die Erfahrung zeigt: Erst dann, wenn Headhunter wissen, was Sie wollen, können sie Ihre beruflichen Wünsche und Vorstellungen auch an die jeweiligen Auftraggeber, also die suchenden Firmen, weitergeben.

Vorstände, Geschäftsführer, Inhaber

Häufig ist es so, dass Vorstände, Geschäftsführer oder Inhaber erst in der zweiten Runde des Vorstellungsgesprächs auftauchen. Dies ist verständlich, schließlich hat das Topmanagement auch genügend andere Aufgaben zu erledigen und überlässt die persönliche Vorauswahl daher gerne der Personalabteilung und/oder solchen Fachvorgesetzten, die in der Firmenhierarchie ein oder zwei Stufen über der Einstiegsposition des neuen Mitarbeiters angesiedelt sind. Bewerben Sie sich auf eine Abteilungsleiterstelle, könnten Sie also in Runde eins auf einen

Ansprechpartner aus der Personalabteilung und auf einen Bereichsleiter (dazwischen steht die Stelle des Hauptabteilungsleiters) treffen.

Qualität und Kosten im Blick

Da das Topmanagement besonders daran interessiert ist, wie Sie Arbeitsabläufe optimieren oder Kosten senken werden, werden Sie mit Fragen konfrontiert, die Sie in den Kapiteln »Wie ausgeprägt ist Ihre Innovationskompetenz?« (Seite 121) und »Wie belegen Sie Ihre unternehmerische Kompetenz?« (Seite 131) finden. Zeigen Sie mit Ihren Antworten, dass für Sie als Führungskraft der stetige Wandel eine Selbstverständlichkeit ist und dass Sie grundsätzlich auf einen Ausgleich zwischen der besten aller Lösungen und der kostengünstigsten hinarbeiten. Verdeutlichen Sie dem Topmanagement weiter, dass Sie wichtige berufliche Entscheidungen, also auch Ihre Entscheidung für oder gegen die neue Firma, nicht als Schnellschuss aus der Hüfte heraus, sondern prozesshaft treffen. Dies gelingt Ihnen, indem Sie in Ihre Antworten einfließen lassen, dass Sie die wesentlichen Informationen aus dem ersten Gespräch gründlich reflektiert haben. Arbeiten Sie hierzu das Kapitel »Spezielle Fragen im zweiten Vorstellungsgespräch« (Seite 242) durch.

Fachvorgesetzte

Fach- und Branchenkenntnisse

Künftige Fachvorgesetzte legen auf jeden Fall Wert darauf zu erfahren, ob Sie über die gewünschten Fach- und Branchenkenntnisse sowie Sprach- und PC-Kenntnisse verfügen. Entsprechende Fragen finden Sie in unseren Kapiteln »Wie gut ist Ihre Branchen- und Fachkompetenz?« (Seite 96) und »Was bringen Sie an internationaler Kompetenz mit?« (Seite 170). Belegen Sie Ihre Antworten mit Beispielen dafür, dass Sie mit den üblichen Routineaufgaben des Tagesgeschäfts bestens vertraut sind. Benutzen Sie auf jeden Fall die Schlüsselwörter für die Erledigung der Fachaufgaben, die auch in der Stellenausschreibung auftauchen, und verwenden Sie ebenso ergänzende und ähnliche Beschreibungen, die Sie in Stellenausschreibungen anderer Firmen für die gleichen Tätigkeiten finden.

Da Sie als Führungskraft dafür sorgen werden, dass sowohl Ihr Wissen als auch die Kenntnisse Ihrer künftigen Mitarbeiter in Handlungen umgesetzt werden, punkten Sie bei Fachvorgesetzten im Vorstellungsgespräch, wenn Sie Beispiele für Ihre Lösungskompetenz geben. Das ist der Bereich, den wir mit »Macherqualitäten« bezeichnen. Geeignete Formulierungen und Antworten, die Ihre neuen Fachvorgesetzten überzeugen, finden Sie im Kapitel »Verfügen Sie über Lösungskompetenz?« (Seite 111).

Personalprofis

Systematische Auswahl

Ab einer bestimmten Firmengröße gibt es Personalabteilungen, die professionell und strukturiert vorgehen. Mitarbeiterpotenziale sollen systematisch erfasst und gefördert werden. Neue Führungskräfte und Mitarbeiter sollen daraufhin überprüft werden, ob sie in die bestehende Unternehmenskultur passen und ob von ihnen auch künftig noch Überdurchschnittliches zu erwarten ist. Entsprechende Fragen finden Sie in den Kapiteln »Welche Belege können Sie für Ihre Führungskompetenz liefern?« (Seite 147) und »Wie steht es um Ihre kommunikative Kompetenz?« (Seite 158). Machen Sie mit Ihren Antworten klar, dass Sie sich mit Ihrem Führungsstil intensiv auseinandergesetzt haben und dass die nichtfachlichen Aspekte Ihrer Tätigkeit, die sogenannten Soft-Skills - beispielsweise die Fähigkeit zur Selbstmotivation, die Konfliktfähigkeit, die Belastbarkeit und die Kommunikationsfähigkeit - nicht bloß Worthülsen, sondern wichtige und gelebte Bestandteile Ihrer beruflichen Kompetenz sind.

Amateure

Aus unserer Beratungspraxis wissen wir von unseren Kunden, dass die Personalsuche - ob durch Headhunter oder firmeneigene Personalprofis - zumeist professionell durchgeführt wird. Es werden Informationen über den Zwischenstand gegeben, Termine für Vorstellungsgespräche zügig und unter Berücksichtigung der Wünsche der Kandidaten vereinbart. Entscheidungen für oder gegen einen Kandidaten, insbesondere nach Abschluss der wichtigen zweiten oder dritten Gesprächsrunde, werden so schnell wie möglich mitgeteilt.

Aber wir haben natürlich auch das vollständige Gegenteil erlebt. Bewerber werden zunächst eingeladen, doch im Gespräch stellt sich dann heraus, dass das Bewerberprofil überhaupt nicht zu der zu vergebenden Stelle passt, was eigentlich von Anfang an hätte klar sein müssen. Nicht selten kommt es vor, dass Gespräche sanft dahinplätschern bis plötzlich auf die Uhr geschaut wird, Hektik ausbricht und alles beendet ist, bevor ein wirklicher Informationsaustausch überhaupt begonnen hat. Oder der gesamte Entscheidungsprozess verläuft so zäh und langwierig, dass man in diesem Zeitraum mit etwas gutem Willen eigentlich eher drei und nicht bloß eine Führungskraft hätte einstellen können.

Was sagen die Amateure über die Firma aus?

Wenn Sie auf Personalamateure in den Firmen treffen, muss dies nicht grundsätzlich schlecht sein. Die Hauptsache dabei ist, dass die Amateure wissen, dass sie in der Zukunft auf Ihre Hilfe im Unternehmen angewiesen sind. Mit anderen Worten: Respektiert man Ihre fachliche, persönliche und Führungskompetenz, kann eine freundlich zerstreute Personalarbeit eventuell hingenommen werden. Treffen Sie dagegen auf inkompetente und selbstherrliche Amateure, sollten Sie der entsprechenden Firma schnell die kalte Schulter zeigen – es sei denn, Sie werden als Geschäftsführer eingestellt, der den vollständigen Rückhalt der Inhaber hat. Dann wissen Sie von Anfang an, wo Sie mit Ihrer künftigen Sanierungsarbeit anfangen werden. Im Abschnitt »Wann Sie härter nachfragen sollten« im Kapitel »Welche Informationen erfragen Sie?« (Seite 194) erfahren Sie mehr dazu.

CHECKLISTE

Schritt 1: Strategien für Ihren Erfolg im Vorstellungsgespräch

- ◯ Sind Ihnen unsere 20 wichtigsten Tipps vertraut?
- ◯ Haben Sie zwei oder drei Trainingsziele definiert?
- ◯ Haben Sie Ihre ausführliche Erfolgsbilanz erstellt?
- ◯ Können Sie eine passgenaue, stärkenorientierte und glaubwürdige Selbstpräsentation vorweisen?
- ◯ Haben Sie Ihre Selbstpräsentation auch als Mind-Map vorbereitet?

- ◯ Haben Sie Ihre Selbstpräsentation auf das jeweilige Unternehmen zugeschnitten?
- ◯ Ist Ihre Selbstpräsentation gut strukturiert?
- ◯ Beschreiben Sie, anstatt zu bewerten?
- ◯ Setzen Sie Schlagworte und Schlüsselbegriffe ein?
- ◯ Wird Ihre Motivation deutlich?
- ◯ Betonen Sie Ihre Erfolge?
- ◯ Wissen Sie, wer Ihnen im Vorstellungsgespräch gegenübersitzen wird? Kennen Sie die Vorlieben Ihrer Gesprächspartner?

5. Begründungsbedarf: Warum wollen Sie wechseln?

Eine zentrale Frage, die uns in unseren Bewerbungscoachings immer wieder gestellt wird, lautet: »Wie begründe ich meinen Stellenwechsel bei der telefonischen Kontaktaufnahme oder im Vorstellungsgespräch?« Diese Frage ist berechtigt, denn sie steht bei der Einschätzung einer Führungskraft durch einen neuen Arbeitgeber immer im Raum: Gab es Ärger am alten Arbeitsplatz? Ist das Verhältnis zu den Vorgesetzten zerstört? Oder hat sich der Bewerber mit der Geschäftsleitung überworfen? Wenn Sie unnötige Spekulationen vermeiden wollen, sollten Sie taktisch formulieren.

Nicht alle Führungskräfte suchen eine neue Stelle, weil sie sich beruflich weiterentwickeln oder einen echten Karrieresprung in Angriff nehmen möchten. Dies wissen auch Personalprofis und werden daher hellhörig, wenn Bewerber den Wunsch nach einer neuen Stelle nicht plausibel begründen können. Aus unserer Beratungspraxis wissen wir, dass Führungskräften diese Begründung in Telefongesprächen mit Personalberatern und auch in persönlichen Vorstellungsgesprächen oft sehr schwer fällt.

Ungünstig: Tatsächliche Wechselgründe

Verschiedene Gründe

Es gibt die unterschiedlichsten Gründe, warum Führungskräfte einen neuen Arbeitsplatz suchen:

- → Ein Kollege bekommt die intern ausgeschriebene Stelle, auf die man sich selbst beworben hat. Dies geschieht bereits zum zweiten, dritten, vierten Mal.
- → Mit dem neu eingestellten Vorgesetzten ist eine Zusammenarbeit unmöglich geworden.
- → Gehaltserhöhungen lassen sich nicht im angestrebten Maße durchsetzen.

- → Man hat dem Bewerber – zu seiner Gesichtswahrung – nahegelegt, sich wegzubewerben, ansonsten würde in nächster Zeit die Kündigung erfolgen.
- → Die Firma ist übernommen worden und im Rahmen der Umstrukturierung »rollen Köpfe«.
- → Die ständige Belastung durch Überstunden ohne finanziellen oder zeitlichen Ausgleich ist von der Leistungsfähigkeit her mittelfristig nicht mehr zu bewältigen.
- → Der Vorgesetzte, der bisher unterstützt und gefördert hat, hat sich wegbeworben.
- → Der wirtschaftliche Zusammenbruch der Firma ist nur noch eine Frage der Zeit.
- → »Management-by-Mobbing« ist der bevorzugte Führungs- und Umgangsstil im Unternehmen.

Kontraproduktive Ehrlichkeit

Alle diese Begründungen sind berufliche Realität und damit eigentlich nachvollziehbar, werden von potenziellen neuen Arbeitgebern jedoch nicht gerne gehört. Wenn es Konflikte oder Streit mit Vorgesetzten oder Kollegen am momentanen Arbeitsplatz gegeben hat, steht immer die Frage im Raum, welchen Anteil der Bewerber daran hatte. Zu schnell entsteht dadurch der Verdacht, eine neue Stelle werde nur als »Lückenbüßer« betrachtet, um unangenehmen Stimmungen oder Situationen auszuweichen. Deutlich günstiger ist es, wenn Sie den anstehenden Stellenwechsel als geplanten und konsequenten Schritt in Ihrer beruflichen Entwicklung darstellen und ihn auf diese Weise nachvollziehbar machen. Keine Sorge: Mit guten Argumenten lassen sich bei allen Führungskräften entsprechend glaubwürdige Begründungen erarbeiten.

Besser: Akzeptierte Wechselgründe

Als Grundregel gilt, dass innerhalb von zehn Berufsjahren zwei bis vier Stellenwechsel akzeptiert werden, wenn der Bewerber zielgerichtet gewechselt hat, um seine Fähigkeiten auszubauen und so seine berufliche Entwicklung voranzutreiben.

Wir benutzen die folgenden drei Argumentationslinien, um einen Stellenwechsel in Vorstellungsgesprächen plausibel zu machen.

Schritt zur Seite

Argumentationslinie 1: »Erfahrungen einbringen« Bildlich gesprochen gehen Führungskräfte in ihrer beruflichen Entwicklung hier einen Schritt zur Seite, beispielsweise bewirbt sich ein Leiter Einkauf & Logistik eines Automotive-Unternehmens nun bei einem anderen Automotive-Unternehmen. Diese Führungskräfte berufen sich dann darauf, dass sie zwar schon über Führungs-, Branchen- und Fachwissen und umfangreiche Erfahrungen verfügen, aber nicht zum Stillstand kommen, sondern auch in den nächsten Jahren weiter dazulernen möchten. Den Wechselwunsch begründet diese Bewerbergruppe also idealerweise damit, dass sie ihr umfangreiches Wissen und ihre vielfältigen Erfahrungen zwar bereits in ihrem Wunscharbeitsfeld einsetzt, sie nun aber in einer anderen Firma mit ähnlichen Produkten oder Dienstleistungen einsetzen und vertiefen möchte.

BEISPIEL

Erfahrungen einbringen

Eine Bewerberin, die einige Jahre als Marketingleiterin gearbeitet hat und nun den Arbeitgeber wechseln möchte, könnte ihren Stellenwechsel im Gespräch so begründen: »Ich bin in meiner jetzigen Firma bereits für das strategische Marketing und die operative Umsetzung verantwortlich. Dabei sind die strategische Markenführung, die Entwicklung von Kampagnen zur Neukundengewinnung und die Konzeption und Umsetzung von Online-Marketingmaßnahmen schon jetzt ein wesentlicher Teil meiner Arbeit, den ich gerne mache und in der neuen Position bei Ihnen als Leiterin Marketing fortsetzen möchte.«

Realistische Gründe für den Wechsel

Argumentationslinie 2: »Branchenwechsel« Manchmal soll nicht nur der Arbeitgeber, sondern auch die Branche gewechselt werden, beispielsweise weil die Arbeitsbedingungen in der momentanen Branche durchgehend zu fordernd und belastend sind. Denkbar ist diese Konstellation für Führungskräfte in den Bereichen Controlling, Vertrieb, Marketing oder Personal. In diesen Arbeitsbereichen kommt es häufig nicht so stark auf bestimmte Branchenkenntnisse an. Hier wirkt ein Wechselwunsch plausibel, wenn es nachvollziehbare Anhaltspunkte dafür gibt, in welcher Form der Bewerber mit der neuen Wunschbranche bereits in Kontakt gekommen ist, also die Gründe für seinen Branchenwechsel realistisch benennen kann. Hier hilft beispielsweise der Verweis auf Kontakte am Arbeitsplatz zu Lieferanten oder Kunden oder auch auf den hervorragenden Ruf des neuen Arbeitgebers.

BEISPIEL

Branchenwechsel

Ein Bewerber, der als Teamleiter Controlling in einem Medienkonzern arbeitet und nun auf die gleiche Position bei einem mittelständischen Maschinenbauer wechseln möchte, könnte die Frage nach seinem Wechselwunsch so beantworten: »Mein Aufgabenbereich umfasst momentan die Überwachung der Budgets, das Erstellen von Reportings und die Unterstützung bei der Erstellung der monatlichen, quartalsweisen und jährlichen Abschlüsse nach HGB.

Nach meinem BWL-Studium habe ich zunächst einige Jahre als Junior-Controller bei einem Handelskonzern gearbeitet. Dann habe ich gezielt in Richtung Medienkonzern gewechselt, um mich dort erst als Projektleiter Controlling und dann als Teamleiter Controlling beruflich breit aufzustellen. Nun möchte ich wiederum einen Wechsel vollziehen, um als Teamleiter Controlling meine Erfahrungen in der Koordination der laufenden Reportingaufgaben, im Forecast und der fundierten Analyse künftig für Sie einzusetzen.«

Beruflicher Aufstieg

Argumentationslinie 3: »Karrieresprung« Führungskräfte, die aufsteigen möchten, haben es besonders leicht. Sie können sich darauf berufen, dass Sie nachvollziehbar gute Arbeit geleistet haben, beispielsweise indem sie schildern, wie sie mit daran gearbeitet haben, Umsatz- und Gewinnziele zu erreichen oder zu übertreffen, Reklamationsquoten zu senken oder Qualitätsvorgaben zu kontrollieren und einzuhalten. Wer einige Jahre gute Arbeit geleistet hat und nun mehr Verantwortung im Sinne von Team-, Abteilungs- oder Bereichsleitung übernehmen möchte oder sogar als Niederlassungsleiter/in oder Geschäftsführer/in tätig werden möchte, sollte diesen Wechselwunsch ruhig aussprechen. Sollte im Vorstellungsgespräch die Nachfrage kommen, warum der Karriereschritt nicht beim momentanen Arbeitgeber möglich ist, reicht es aus, kurz zu erklären, dass alle interessanten Stellen für die nächsten Jahre besetzt sind.

Karrieresprung

BEISPIEL

Bewirbt sich eine Gruppenleiterin Logistik um die Position Leiterin Logistik und Versand oder ein Technischer Bestandsmanager um die Position Leiter Qualitätssicherung, soll es auf der Karriereleiter einen deutlichen Sprung nach oben gehen. Wenn auch Sie sich für die dritte Argumentationslinie »Karrieresprung« entschieden haben, wird Ihr Wechselwunsch plausibel klingen, wenn Sie konkrete Belege für berufliche Erfolge beim alten Arbeitgeber vorweisen können. Dazu gehören beispielsweise Umsatzsteigerungen, Qualitätsverbesserungen, Kostensenkungen, Verschlankungen von Arbeitsprozessen oder die Erhöhung von Produktionskapazitäten.

Die Begründung für einen glaubwürdigen Wechselwunsch für die oben beispielhaft genannte Gruppenleiterin Logistik könnte dann folgendermaßen lauten: »Meine nachweisbaren Erfolge in der Optimierung der Kundenbelieferung hinsichtlich Terminen und Qualität möchte ich künftig bei Ihnen als Leiterin Logistik und Versand einsetzen. Ich führe im Logistikmarkt regelmäßig Wettbewerberanalysen durch und konnte so einerseits immer wieder Kosten senken und andererseits durch Lieferantenaudits für eine durchgängige Qualität sorgen. Die Koordination der Tätigkeiten im Betriebsbereich gehörte bereits zu meinen Aufgaben, wenn der Versandleiter im Urlaub oder krank war. In der Projektgruppe Lagerbestandscontrolling habe ich ebenfalls mitgearbeitet, meine Erfahrungen im Bestandsmanagement sind also praxiserprobt. Mit meiner stark Hands-on-orientierten Arbeitsweise habe ich gute Erfahrungen in der Steuerung gewerblicher Logistikmitarbeiter gemacht. Meine Führungserfahrungen und meine Erfahrungen in der Steuerung und Optimierung logistischer Abläufe möchte ich künftig gebündelt bei Ihnen einsetzen.«

Keine Problemkommunikation

Eine dieser drei vorgestellten Argumentationslinien sollten auch Sie verfolgen, wenn es um die Begründung für Ihren Stellenwechsel geht. Erarbeiten Sie sich plausible Begründungen dafür, warum der angestrebte Wechsel für Sie eine konsequente Weiterentwicklung oder sogar einen echten Karrieresprung bedeutet und auf welche Weise die neue Firma von Ihren Erfolgen oder Kenntnissen profitieren kann. Der Blick nach vorn bewahrt Sie davor, ungewollt Fehlentwicklungen oder Konflikte der Vergangenheit zu thematisieren. Um eigene Argumente für diese Strategie zu finden, sollten Sie die folgende Übung gründlich durcharbeiten.

ÜBUNG

Den Wechsel begründen

In dieser Übung geht es darum, die Entscheider auf der Firmenseite davon zu überzeugen, dass der von Ihnen anvisierte Stellenwechsel eine Fortsetzung Ihrer beruflichen Erfolgsstory ist. Suchen Sie zunächst aus den drei von uns vorgestellten Argumentationslinien die heraus, die am ehesten auf Sie zutrifft. Nun brauchen Sie glaubwürdige Belege aus Ihrer bisherigen Berufspraxis, die diese Argumentation untermauern.

Probieren Sie jetzt aus, wie sich Ihr Wechselwunsch glaubwürdig und zukunftsorientiert begründen lässt. Überlegen Sie sich zwei bis drei konkrete Formulierungen, um Ihren Wechselgrund glaubhaft und sich zum interessanten Bewerber machen zu können.

Ihr erstes Beispiel: ....
....

Ihr zweites Beispiel: ....
....

Ihr drittes Beispiel: ....
....

Strategie: Der Blick nach vorn

Vermeiden: Selbstanklage und Vergangenheitsfixierung

Wir wissen aus unserer Beratungstätigkeit, dass - zumindest in Ansätzen - immer auch Probleme am alten Arbeitsplatz ein Wechselgrund sind. Wenn daher einer der von uns zu Beginn dieses Kapitels genannten tatsächlichen Wechselgründe auf Sie zutrifft, dann gehen Sie darauf in Telefongesprächen mit Personalexperten oder in Vorstellungsgesprächen bitte nicht ein. Zu große Ehrlichkeit hilft im Bewerbungsprozess nämlich nicht weiter. Im Gegenteil: Durch ungewollte Selbstanklagen und eine ausgeprägte Vergangenheitsfixierung hinterlassen Sie unabsichtlich einen negativen Eindruck.

Um Ihnen zu verdeutlichen, wie Vorwürfe gegen andere, zum Beispiel »amateurhafte Geschäftsführer«, »mangelnde Unterstützung bei der Arbeit«, »Insolvenz wegen Missmanagement der Firmenleitung«, aus Sicht von Dritten bewertet werden, führen Sie sich bitte Freunde und Bekannte vor Augen, die eine langjährige Partnerschaft beendet haben. Meinen Sie, eine neue Partnerin beziehungsweise ein neuer Partner ist in der Kennenlernphase begeistert über die detailgetreue Schilderung aller Probleme, die zur Trennung vom alten Partner führten? Wohl kaum, denn viele Gründe für den Bruch liegen im Verborgenen oder sind oft so komplex, dass Außenstehende nicht in der Lage und nicht bereit sind, alle problematischen Details nachzuvollziehen.

Vermittlung nach außen

Bei der Beendigung einer Partnerschaft gelten also genauso wie bei der Beendigung von Arbeitsverhältnissen besondere Regeln bei der Vermittlung nach außen. Wenn Sie Erfolg haben wollen, achten Sie deshalb bereits beim Anruf von Headhuntern, aber auch in telefonischen Job-Interviews und in jeder Runde des Vorstellungsgesprächs, darauf, dass Sie nicht auf persönlich als unangenehm erlebte Problemsituationen eingehen.

Nehmen Sie stattdessen immer eine inhaltliche Position ein, das heißt, argumentieren Sie, wie anhand der drei Argumentationslinien vorgestellt, aus den Anforderungen der neuen Position heraus und belegen Sie konkret, auf welche Weise Sie die Anforderungen erfüllen.

AUF EINEN BLICK

Wie begründen Sie den Stellenwechsel?

→ Die tatsächlichen Gründe und die von Personalverantwortlichen akzeptierten Gründe für einen Stellenwechsel stimmen in der Regel nicht überein.

→ Übertriebene Ehrlichkeit ist bei der Begründung des Stellenwechsels meistens kontraproduktiv, weil bei der Schilderung von Konflikten am alten Arbeitsplatz zu viele Emotionen im Spiel sind. Auch unter Personalexperten gilt: Zum Streit gehören immer zwei. Und das spricht leider bei den leisesten Zweifeln an Ihrer Person gegen eine Einstellungsentscheidung.

→ Sie überzeugen, wenn Sie verdeutlichen, dass Sie sich bei einem neuen Arbeitgeber beworben haben, weil Sie Ihre Kenntnisse und Fähigkeiten in der neuen Position gebündelt einsetzen können.

→ Machen Sie mit glaubwürdigen Beispielen deutlich, weshalb Ihre berufliche Entwicklung genau auf die ausgeschriebene Position hinführt.

→ Nutzen Sie eine unserer drei bewährten Argumentationsstrategien zu einer plausiblen Begründung Ihres Stellenwechsels:
   - Argumentationslinie 1: »Erfahrungen einbringen«
   - Argumentationslinie 2: »Branchenwechsel«
   - Argumentationslinie 3: »Karrieresprung«

→ Gewöhnen Sie sich an, innerhalb der von Ihnen als passend ausgewählten Argumentationslinie zum Wechselwunsch zukunftsorientiert zu kommunizieren. Dies gelingt Ihnen, indem Sie die Unternehmensziele und Ihre persönlichen Ziele nennen und darstellen, wie sich beide innerhalb der neuen Aufgaben zur Deckung bringen lassen.

6. Im Trend: Skalenfragen, Unterschiedsfragen und situative Fragen

Um Bewerbungsgespräche in Gang zu bringen und Antworten zu bekommen, die in die Tiefe gehen, setzten Personalmitarbeiter und Personalberater verschiedene Fragetechniken ein. Die von uns gecoachten Führungskräfte fragen uns häufiger, wie sie auf Skalenfragen, Unterschiedsfragen und situative Fragen überzeugend reagieren sollen.

Auf einer Skala von 1 bis 10

Typische Skalenfragen, bei denen 1 für den schwächsten und 10 für den stärksten Wert stehen, lauten:

→ »Wie definieren Sie auf einer Skala von 1 bis 10 Ihre Innovationskraft?«
→ »Wie schätzen Sie Ihre Vertriebsstärke auf einer Skala von 1 bis 10 ein?«
→ »Wie bewerten Sie Ihre Führungsstärke auf einer Skala von 1 bis 10?«

Sicherlich würden auch Sie künftige Mitarbeiterinnen oder Mitarbeiter als unglaubwürdig empfinden, die sich grundsätzlich die Höchstnote, bezogen auf unsere Beispiele also die 10, geben würden. Andererseits würden Sie auch kaum Bewerber einstellen wollen, die sich mit dem Wert 6 oder schlechter bewerten. Zumindest dann, wenn die nachgefragte Eigenschaft unverzichtbar für das künftige Berufsfeld ist. Daher empfiehlt es sich für die eigenen Antworten auf einer Skala zwischen 1 und 10 vorwiegend Werte zwischen 7 bis 9 auszuwählen.

Bewerberinnen oder Bewerber, die sich selbst durchgehend absolute Höchstnoten geben, geraten im Vorstellungsgespräch schnell unter Rechtfertigungsdruck. Dann bietet es sich nämlich an nachzufragen, warum noch niemand am alten Arbeitsplatz die gottähnlichen Qualitäten des Mitarbeiters entdeckt und gewürdigt hat.

Häufig wird bei Skalenfragen an die Antworten des Bewerbers angeknüpft. Allerdings etwas subtiler, da er oder sie sich ja auf einen Wert festgelegt hat. Liegt die Antwort also bei 8, könnte nachgefragt werden, was der Bewerber oder eine andere Person im betrieblichen Alltag ändern müssten, um den besseren Wert 9 zu erreichen.

Skalenfrage 1: Bewerten Sie Vorgesetzte

BEISPIEL

Frage: »Auf einer Skala von 1 bis 10, wobei 10 für den besten Wert steht: Welchen Zahlenwert geben Sie Ihrem Chef beziehungsweise Ihrer Chefin?«

Ungünstige Antwort: »Eine 4 bis 5, der Laden geht dermaßen den Bach runter, deshalb bewerbe ich mich ja auch weg. Aber der Vorstand ist ja vertraglich gut abgesichert, der wird weich fallen, wenn alles zusammenbricht.«

Gelungene Antwort: »Eine 10 wäre sicherlich der Idealzustand für meinen momentanen Vorgesetzten, also in der Realität kaum zu erreichen. Daher entscheide ich mich für eine 8.«

Skalenfrage 2: Nachgehakt

BEISPIEL

Anschlussfrage: »Warum gerade dieser Wert? Und was müsste Ihr Vorgesetzter ändern, um bei Ihnen von einer 8 auf eine 9 zu kommen?«

Ungünstige Antwort: »Ich glaube nicht, dass mein Vorgesetzter noch über die Fähigkeit verfügt, sich zu verändern. Und mit einer 8 ist er schon reichlich gut bedient. Sicherlich können Sie sich denken, dass ich die Firma nicht verlassen möchte, weil es mir dort so gut gefällt.«

Gelungene Antwort: »Im Produktmanagement lief es die ersten Jahre gut, dann wurden immer weniger Mittel für neue Projekte zur Prozessoptimierung zur Verfügung gestellt. Aus meiner Sicht wirkte dies zwar kurzfristig auf der Kostenseite, langfristig war es allerdings bedenklich.

Denn wenn Kunden erst einmal weg sind, weil der Preis- und Produktmix nicht stimmt, spricht sich dies schnell herum.

Und dann gehen weitere Kunden. Deshalb habe ich auch wiederholt das Gespräch mit meinem Vorgesetzten gesucht und Vorschläge unterbreitet, wie mit wenig Mitteln eine Optimierung zu erzielen wäre. Dies stieß aber auf tauben Ohren. Hätte mein Chef hier meine Vorschläge zumindest teilweise akzeptiert, würde meine Bewertung sicherlich eher der Note 9 entsprechen.«

Was ist für Sie der Unterschied zwischen …?

Zu weiteren neueren Fragetechniken, die in Vorstellungsgesprächen mit Führungskräften eingesetzt werden, zählen Unterschiedsfragen, die auch Differenzfragen genannt werden.

Wenn es um das Verhältnis zu Vorgesetzten, den Umgang mit Kollegen oder Kunden, um Fachkenntnisse, Branchenkenntnisse, IT-Kenntnisse oder Sprachkenntnisse geht, kommen Unterschiedsfragen gelegentlich zum Einsatz.

BEISPIEL

Erläutern Sie feine Unterschiede

→ »Was macht für Sie den Unterschied zwischen einem guten und einem sehr guten Chef aus?«
→ »Was müssten Sie noch dazulernen, um Ihre guten Englischkenntnissen zu verhandlungssicheren auszubauen?«
→ »Würden Sie mir bitte beschreiben, was normale Kollegen sind und was Sie unter einem guten Team verstehen?«

Ihre Antworten überzeugen in den genannten Beispielen dann, wenn Sie näher beschreiben können, was genau ein »sehr guter Chef«, »verhandlungssichere Englischkenntnisse« oder ein »gutes Team« für Sie bedeuten. Geben Sie Beispiele aus Ihrem beruflichen Alltag oder früheren beruflichen Positionen, um Ihre Ansichten, Erfahrungen, Meinungen und Wünsche zu konkretisieren.

Wie würden Sie reagieren, wenn ...?

Neben Skalenfragen und Unterschiedsfragen spielen situative Fragen eine wesentliche Rolle in Auswahlverfahren. Wir stellen Ihnen im Verlauf dieses Ratgebers zahlreiche situative Fragen einschließlich überzeugender Antworten vor. Schließlich geht es im Prinzip immer darum, was gerade Sie tun würden, um eine unbefriedigende Situation zu verbessern, einen kritischen Mitarbeiter zu überzeugen oder ein anvisiertes Unternehmensziel zu erreichen.

Ihre Vorschläge bitte!

BEISPIEL

- → Frage 91: Wie würden Sie ein Projekt ausgestalten, das die nachhaltige Gewinnung von Kunden zum Ziel hat?
- → Frage 124: Wie bringen Sie erfolgreiche Mitarbeiter dazu, noch mehr zu leisten?
- → Frage 160: Wenn Sie an Ihre internationalen Projekte denken: Was würden Sie heute anders machen?
- → Strategien für überzeugende Antworten finden Sie im weiteren Verlauf des Ratgebers, direkt im Anschluss an die Fragen 91, 124 und 160.

Schritt II

Ihre Trainingseinheiten

7. Schlüsselfrage: Warum sollten wir gerade Sie einstellen?

Mit Fragen wie »Könnten Sie sich bitte kurz vorstellen?«, »Würden Sie uns bitte Ihren beruflichen Hintergrund schildern?« oder auch ganz direkt »Warum sollten wir gerade Sie einstellen?« lässt sich ein Vorstellungsgespräch aus Firmensicht wirkungsvoll in Schwung bringen. Von Führungskräften wird erwartet, dass sie Schnittstellen zwischen ihren momentanen Aufgaben und den Aufgaben der neuen Position herausstellen, dass sie auf ausgewählte Erfolge verweisen und Beispiele für ihre außergewöhnliche Leistungsbereitschaft liefern. Die »Why me?«-Frage ist auch deshalb Bestandteil jedes Vorstellungsgesprächs, weil die Firmenseite im weiteren Verlauf des Gesprächs an einzelne Informationen anknüpfen und so gezielt nachhaken kann.

Typische Fehler: Vorzeitiges Aus!

Von Führungskräften wird erwartet, dass sie flüssig und schlüssig eine kurze Selbsteinschätzung ihres Könnens und Wissens liefern können. Aber Achtung, eine bloße Nacherzählung des beruflichen Werdegangs beginnend mit weit zurückliegenden Stationen wie Schule, Studium oder Ausbildung, ist ein grober taktischer Fehler. Die Aufmerksamkeitsspanne der Zuhörer auf der Firmenseite ist schließlich nicht unbegrenzt. Unvorbereitete Bewerber laufen weiter Gefahr, sich in Detailinformationen zu verlieren oder begeistert die Erfolge der Vergangenheit, beispielsweise aus der Einstiegsposition nach Studium oder Ausbildung, in aller Breite zu thematisieren. Wird bereits in der Selbstpräsentation viel zu wenig oder sogar überhaupt kein Bezug auf die Anforderungen der zu vergebenden Stelle hergestellt, steht das weitere Gespräch unter einem sehr schlechten Stern.

Negativbeispiel Der Klassiker in Vorstellungsgesprächen »Könnten Sie sich bitte kurz vorstellen?« darf auf keinen Fall so beantwortet werden:

»Ja äääh, gerne, womit fange ich denn am besten an. Also, mein Name ist Alexander Reibnitz, zunächst von meiner Seite vielen Dank für die Einladung und dass ich die Möglichkeit habe, mich bei Ihnen vorzustellen. Ich freue mich sehr, dass Sie sich heute die Zeit genommen haben, mir die Besonderheiten der Stelle und Ihr dynamisches Unternehmen näher zu beschreiben. Ach ja, mein Werdegang, nun, ich habe ja einige Erfahrungen vorzuweisen, die ich den letzten Jahren sammeln durfte. Nach dem Abitur habe ich zunächst studiert, und zwar Elektrotechnik, und anschließend einige Jahre bei einem Mittelständler gearbeitet. Tja, dann war es Zeit für einen Schritt nach oben, ich habe dann gewechselt und bin als Teamleiter zu einem Mitbewerber gegangen. Und jetzt möchte ich wieder einen Schritt nach oben gehen und bei Ihnen Abteilungsleiter in der Schnittstellen-Software werden.«

Kommentar zum Negativbeispiel Unvorbereitete Bewerber geraten bereits bei der wichtigsten aller Fragen unter Druck und reden sich um Kopf und Kragen - so auch hier. Die negativen Auswirkungen, die aus einer unsouveränen Beantwortung der Einstiegsfrage »Könnten Sie sich bitte kurz vorstellen?« erwachsen können, sind diesem Bewerber offensichtlich nicht klar. Der Bewerber wirkt von der Frage wie überfahren. Es wird schnell deutlich, dass er sich nicht damit vertraut gemacht hat, seinen beruflichen Werdegang mit hoher Informationsdichte und dem Fokus auf den beruflichen Highlights, die für die neue Stelle wesentlich sind, zu schildern. Stattdessen flüchtet sich der Bewerber in floskelhafte Einleitungen und abstrakte Belanglosigkeiten zum Unternehmen. Ein Bewerber um eine Führungsposition schießt sich mit einer derart inhaltslosen Antwort auf jeden Fall aus dem Rennen.

Antwort-Strategie: Das bringt Sie in den Job!

Die neue Stelle immer im Blick behalten

Führungskräfte haben in der Regel derart viel zu bieten, dass sie immer Gefahr laufen, sich in Details zu verlieren. Am Anfang der Selbstpräsentation sollten deshalb die momentanen Aufgaben, aktuelle berufliche Erfolge und konkrete Beispiele für erfolgreiche Führungsleistungen stehen. Bei der kurzen Präsentation der »Leistungen der Gegenwart« haben vorbereitete Bewerber das eigentliche Ziel, also die neue Stelle, durchgehend im Blick. Sie arbeiten schon an dieser frühen Stelle im Vorstellungsgespräch möglichst viele Schnittpunkte zwischen ihrer momentanen und der vorhergehenden Position auf der einen Seite und der neuen Stelle auf der anderen Seite heraus. Die ideale Führungskraft macht also von Anfang an deutlich, dass sie in der neuen Stelle ohne größere Reibungsverluste voll durchstarten kann.

Positivbeispiel Für positive Aufmerksamkeit bei der Frage »Könnten Sie sich bitte kurz vorstellen?« würde mit Sicherheit diese Antwort sorgen:

»Guten Tag, meine Damen und Herren, mein Name ist Alexander Reibnitz, zunächst von meiner Seite vielen Dank für die Einladung und dass ich die Möglichkeit habe, mich bei Ihnen für die Stelle Abteilungsleiter Schnittstellen-Software vorzustellen. Auch zu meinen momentanen Aufgaben gehört die Verantwortung für die fachliche Führung eines Teams im Application Support. Im Wesentlichen betreue ich in dieser Schnittstellenfunktion zu angrenzenden Abteilungen die Koordination der IT-Prozesse. Ich sorge dafür, dass Informations- und Zahlungsverkehrsprozesse definiert, neu aufgebaut und kontinuierlich optimiert werden. Vor dieser Führungstätigkeit als Teamleiter habe ich einige Jahre als Programmierer unter LabView, Java und Linux Softwareentwicklungsprojekte im Bereich der Prozessautomatisierung betreut. In dieser Zeit konnte ich erste Leitungserfahrungen als Projektmanager sammeln, teilweise in internationalen Teams, also auch auf Englisch. Grundlage meines beruflichen Werdegangs ist mein Studium der Elektrotechnik, das ich seinerzeit an der Fachhochschule Köln durchlaufen habe. So weit mein Werdegang in Stichworten, gerne beantworte ich Ihnen weitere Fragen dazu.«

Kommentar zum Positivbeispiel Dieser Auftritt klingt völlig anders als die Selbstdarstellung aus dem Negativbeispiel. Rhetorisch geschickt macht der Bewerber klar, dass er sowohl über die gewünschte erste Führungserfahrung als auch über das gewünschte fachliche Know-how verfügt. Er bewirbt sich auf die Stelle Abteilungsleiter Schnittstellen-Software, hat aber bisher lediglich als Teamleiter gearbeitet. Da er den Fokus seiner Selbstdarstellung mit dem Satz »Auch zu meinen momentanen Aufgaben gehört die Verantwortung für die fachliche Führung eines Teams im Application Support« auf eine inhaltliche Argumentation ausrichtet, stellt sich von Anfang an der Eindruck ein, der Bewerber könnte sofort die neuen Aufgaben - und zwar als Abteilungsleiter - übernehmen. Nicht nur passende Erfahrungen aus der aktuellen Stelle, sondern auch die aus der davor liegenden Einstiegsposition werden angesprochen. So wird deutlich, dass der Bewerber auch fachlich einiges zu bieten hat. Er kennt sich mit den gewünschten Programmiersprachen aus und merkt gezielt an, dass er zusätzlich in internationalen Teams mit der Arbeitssprache Englisch gearbeitet hat. Eine gelungene Selbstpräsentation, mit der der Bewerber deutlich macht, dass er als Führungskraft seinen Mitarbeitern bei Bedarf sowohl organisatorisch als auch fachlich immer die richtige Hilfestellung geben kann.

Beispielfragen und -antworten: Schlüsselfrage

Bitte beantworten Sie zunächst die Fragen, bevor Sie einen Blick auf unsere Beispielantworten werfen. Gleichen Sie Ihre Antworten ab. Modifizieren Sie bei Bedarf Ihre Antworten anhand unserer gelungenen Beispiele. Überlegen Sie sich zusätzlich individuelle Belege mit Praxisbezug, mit denen Sie Ihre Antworten plausibel ausgestalten können.

Frage 1: Was haben Sie denn bisher gemacht?

Ungünstige Antwort auf Frage 1 Nach dem Studium wusste ich noch nicht genau, in welcher Branche ich eigentlich arbeiten wollte. Ich bin daher eher zufällig im Handel in der Filialsteuerung gelandet, das hat mir aber gefallen. Leider ist mein Arbeitgeber dann in Insolvenz geraten, und ich wusste eine Zeit lang nicht, wie es weitergehen soll. Glücklicherweise fand ich dann einen Anschlussjob, allerdings im Einkauf. Dann hatte ich Glück, ein Headhunter warb mich zu meinem heutigen Arbeitgeber ab, für den ich als Sales-Manager tätig bin, also im Vertrieb arbeite. Damit meine ich aber nicht nur das operative Geschäft, sondern natürlich auch Vertriebsstrategien.

Gelungene Antwort auf Frage 1 Bei meinem momentanen Arbeitgeber arbeite ich als Sales-Manager und bin dort für Markt- und Potenzialanalysen ausgewählter Exportmärkte verantwortlich. In Abstimmung mit dem Einkauf erarbeite ich mit meinem Team Vertriebsstrategien. Ich bin auch Ansprechpartner für die kaufmännische Betreuung der dazugehörigen Vertriebs- und Serviceagenturen. Ein weiterer Schwerpunkt ist die Planung und Durchführung von Messen, um Neukunden zu akquirieren und die Kontakte zu bestehenden Kunden zu vertiefen. Bei der Abstimmung mit dem Einkauf kommen mir meine Erfahrungen aus meiner vorhergehenden Aufgabe zugute. Dort habe ich die Preis- und Vertragsverhandlungen geführt, kenne also das Geschäft sozusagen von der anderen Seite. Nach meinem BWL-Studium habe ich in meiner Einstiegsposition für einen Handelskonzern in der Filialsteuerung gearbeitet. Dabei habe ich meine Kommunikations- und Durchsetzungsstärke entwickelt und ausgebaut, es kam schließlich darauf an, den Filialen so viel Eigenständigkeit wie möglich, aber auch so viel zentrale Steuerung wie nötig zu geben. Diese umfangreichen Erfahrungen in den Bereichen Einkauf und vor allem Sales möchte ich jetzt bei Ihnen in die ausgeschriebene Stelle einbringen.

Frage 2: Warum sollten wir Sie einstellen?

Ungünstige Antwort auf Frage 2 Das ist eine schwierige Frage, die Sie eigentlich klären müssten. Ich kann aus meiner Sicht nur noch einmal betonen, dass ich an der ausgeschriebenen Stelle und den damit verbundenen Chancen sehr interessiert bin.

Gelungene Antwort auf Frage 2 Ich sehe meine Stärken darin, ständig Prozesse und Abläufe nachhaltig zu verbessern. Für die von Ihnen ausgeschriebene Stelle als Manager Supply Chain bringe ich deshalb die entsprechende Lösungskompetenz mit, um mithilfe von Kaizen, Kanban und Wertstromanalysen sämtliche Prozesse entlang des Lieferflusses effektiv zu steuern. Ganz besonders reizt mich auch der Aspekt der Aufbauarbeit. Da Sie ein neues Werk einschließlich der dahinterstehenden logistischen Prozesse errichten möchten, könnte ich Ihnen hierbei mit meinen Erfahrungen aus dem Aufbau von Zuliefererlagern sicherlich nützlich sein. Abgerundet sehe ich mein Profil durch meine praxisbewährten SAP ERP- und Englischkenntnisse.

Frage 3: Was sollten wir über Sie wissen?

Ungünstige Antwort auf Frage 3 Wie Sie meinen Unterlagen entnehmen können, ist mein Erfahrungsschatz recht groß. Ich sehe mich breit aufgestellt, um auch künftige Herausforderungen zu meistern. Mein hoher Grad an Eigenmotivation und Leistungsbereitschaft spricht ebenfalls für mich. Ich denke schon, dass meine ergebnisorientierte und strukturierte Herangehensweise an Probleme für Sie nützlich sein wird. Ich laufe erst zur Höchstform auf, wenn andere nicht mehr weiterwissen.

Gelungene Antwort auf Frage 3 Für die Position Qualitätsmanager ist es aus meiner Sicht wichtig, sowohl die Normen und Standards der Branche zu kennen als auch über praktische Erfahrungen in den jeweiligen Verfahren wie FDA, MDD und ISO 13485 zu verfügen. Diesen breiten Erfahrungsschatz konnte ich mir in meinen bisherigen Positionen als Prüfingenieur, Entwicklungsingenieur und Qualitätsingenieur aufbauen. Dabei war der eine Stellenwechsel ja nicht geplant, weil die Firma leider umstrukturiert wurde und mein Arbeitsplatz entfiel. Im Nachhinein muss ich aber sagen, dass sich die Dinge für mich genau richtig entwickelt haben. Denn für die jetzt von Ihnen ausgeschriebene Stelle sind die Erfahrungen in internen und externen Audits, die ich als Prüfingenieur gesammelt habe, genauso wichtig wie die Planung und Durchführung europäischer Genehmigungsverfahren. Um die anspruchsvollen Aufgaben bei Ihnen zu meistern, ist eine strukturierte und ergebnisorientierte Arbeitsweise sicherlich nützlich, die ich mir im Lauf der Jahre in den jeweiligen Arbeitsfeldern angeeignet habe.

Frage 4: Warum sind Sie heute hier?

Ungünstige Antwort auf Frage 4 Nun ja, Sie haben mich eingeladen, und ich denke, wir gleichen unsere Vorstellungen miteinander ab.

Gelungene Antwort auf Frage 4 Ich möchte Sie davon überzeugen, dass die ausgeschriebene Stelle Geschäftsführer Tourismus gut zu meinen Kenntnissen und Erfahrungen passt. Die Koordination von Verbands- und kommunalen Ausschussaktivitäten kenne ich aus meiner aktuellen Stelle im Stadt- und Kulturmarketing. Auch in dieser Stelle kommt es darauf an, ständig darauf hinzuarbeiten, dass Wirtschaft, Verwaltung, Politik und Medien an einem Strang ziehen. Dies gelang mir durch regelmäßige Treffen und einen intensiven Austausch über die gemeinsamen Ziele. Auch die Fördermittel- und Sponsorenakquise ist mir vertraut, ich habe sowohl EU-Fördermittel eingeworben als auch Sponsoren aus der Privatwirtschaft für ausgewählte Leuchtturmprojekte des Tourismus begeistern können.

Frage 5: Aus welchen Gründen haben Sie sich bei uns beworben?

Ungünstige Antwort auf Frage 5 Nun, mein Betrieb hat die Folgen der Wirtschaftskrise nicht ganz unbeschadet überstanden, da treten bisherige Managementfehler ja in aller Deutlichkeit hervor. Und die Änderungsvorschläge, die ich ständig gemacht habe, wollte ja keiner hören. So kam eines zum anderen, ich sah Ihre Stellenausschreibung und dachte, dass ich es ja einmal versuchen könnte.

Gelungene Antwort auf Frage 5 Für die Stelle der Produktmanagerin bringe ich einige interessante Erfahrungen mit. Seit vier Jahren bin ich bei der Sportartikel GmbH verantwortlich für die Abstimmung der Produktlinien, was sowohl das funktionsorientierte Design, die Produktion der türkischen und asiatischen Zulieferbetriebe als auch die Zusammenarbeit mit Vertrieb und Marketing betrifft. In meiner vorhergehenden Stelle gehörten die Konzeption und Umsetzung von Marketingaktivitäten im Outdoorbereich zu meinen Hauptaufgaben. Für die Outdoor GmbH habe ich beispielsweise Point-of-Sale-Systeme im Fachhandel realisiert und konnte so nachweisbar deutliche Absatzsteigerungen erreichen. Sowohl bei der Sportartikel GmbH als auch bei der Outdoor GmbH umfasste der Bereich der Reisetätigkeit etwa ein Drittel meiner Arbeitszeit. Mir gefällt es nach wie vor, international zu arbeiten und aktiv daran mitzuwirken, wenn neue Produktlinien geplant und im Markt eingeführt werden. Ich sehe im Bereich der Outdoor-Kleidung und -Accessoires noch deutliche Wachstumschancen, die ich gerne für Sie als Produktmanagerin ziel- und ergebnisorientiert mitgestalten möchte.

Frage 6: Würden Sie sich bitte der Runde vorstellen?

Ungünstige Antwort auf Frage 6 Selbstverständlich, mein Name ist Jan Meyer, ich bin 47 Jahre alt und stolzer Vater dreier Kinder. Nun ja, viel Zeit bleibt mir nicht für meine Familie, aber ich sage immer, es kommt nicht auf die Menge der Zeit an, die man miteinander verbringt, sondern auf die Intensität. Als Führungskraft sollte man vorher wissen, auf was man sich einlässt, sonst klappt das sicherlich nicht mit der Work-Life-Balance. Ja, noch kurz zu meinem Werdegang. Ich würde sagen: studiert, durch Engagement überzeugt und aufgestiegen. Ich freue mich auf Ihre weiteren Fragen.

Gelungene Antwort auf Frage 6 Selbstverständlich, mein Name ist Jan Meyer, ich verantworte momentan das Controlling und die Finanzen eines mittelständischen Herstellers von Präzisionsmaschinen. Kernpunkt meiner Tätigkeit ist die Leitung der Bereiche Rechnungswesen und Buchhaltung. Ich helfe bei der betriebswirtschaftlichen Steuerung im Hinblick auf die Erreichung von definierten Zielen und bei der Cashflow-Analyse. Im Controlling kenne ich das vollständige Tagesgeschäft, also Planung, Analyse, Reporting, Ableitung von Handlungsempfehlungen, Beratung der Zentrale und der lokalen Einheiten, aber auch die Beurteilung von Investitionen. Für Sie interessant dürfte auch meine Berufserfahrung im Bestands- und Produktionscontrolling sein, was den Schwerpunkt meiner vorhergehenden beruflichen Aufgabe bildete. Privat ist noch anzumerken, dass ich stolzer Vater dreier Kinder bin. Das von Ihnen verlangte organisatorische Geschick ist bei mir also doppelt wichtig, nämlich sowohl in meiner knappen Freizeit als auch bei der Steuerung beruflicher Aufgaben. Ich freue mich auf Ihre weiteren Fragen.

Frage 7: Was erwarten Sie von einer Anstellung bei uns?

Ungünstige Antwort auf Frage 7 Nun, dies ist mein erster richtiger Karriereschritt, deshalb benötige ich sicherlich Unterstützung. Aber im Grunde genommen wird ja überall nur mit Wasser gekocht. Es ist ja nicht die erste Herausforderung, die ich zu bewältigen habe. Das wird sicherlich klappen.

Gelungene Antwort auf Frage 7 Ich habe jetzt einige Jahre im Bereich der Prüfung und Reparatur elektronischer Steuerungselemente gearbeitet. Dabei konnte ich auch mehrere Projekte leiten, zunächst als Teilprojektleiter und in der Leitung kleinerer Projekte, später aber auch in der Steuerung anspruchsvoller Projekte. Um die in der Stellenausschreibung beschriebenen Aufgaben sicher bewältigen zu können, möchte ich mich intensiv mit Ihren Anforderungen an definierte Verfahren und Abläufe vertraut machen. Jedes Unternehmen hat hier zwar spezielle Schwerpunkte, aber auch bisher habe ich schon Vorserienprüfungen in Absprache mit der Entwicklung durchgeführt und koordiniert.

Frage 8: Könnten Sie uns bitte kurz Ihre berufliche Entwicklung skizzieren?

Ungünstige Antwort auf Frage 8 Zunächst habe ich eine kaufmännische Ausbildung als Industriekaufmann durchlaufen, dann habe ich mich entschlossen, Jura zu studieren. Dies war mir aber zu abstrakt, deshalb habe ich noch einmal gewechselt und mich für BWL entschieden. Nach dem Studium bin ich dann erst einmal ein halbes Jahr nach Australien gegangen. Dann klappte das mit dem Einstieg nicht sofort, ich musste noch ein Praktikum absolvieren, konnte dann aber so überzeugen, dass ich ins Traineeprogramm eingestiegen bin. Da in einer Abteilung, die ich als Trainee kennen gelernt hatte, eine Stelle frei wurde, habe ich das Programm abgebrochen und bin direkt, also on the Job, eingestiegen. Nun möchte ich weiter Erfahrungen sammeln, um meine beruflichen Stärken bei Ihnen noch auszubauen.

Gelungene Antwort auf Frage 8 Nach meinem BWL-Studium habe ich den Einstieg in die Versorgungsbranche in einem Konzernverbund mittels eines Traineeprogramms geschafft. Die Schwerpunkte waren seinerzeit die Innenrevision, die internen Kontrollsysteme und das allgemeine Prüfungswesen. Da ich mit den Aufgaben in der Abteilung Innenrevision gut zurechtkam und zu dieser Zeit dort unerwartet eine Stelle frei wurde, konnte ich das Traineeprogramm abkürzen und gleich voll einsteigen. Mein momentaner Chef hat mich gleich an die anspruchsvollen Aufgaben herangeführt und mir viel Verantwortung übertragen. Ich war von Anfang an dabei, wenn an die Geschäftsleitung berichtet wurde. Bald durfte ich Entscheidungsvorlagen ausarbeiten, Ergebnisprotokolle schreiben und, wenn mein Chef verhindert war, sogar selbst berichten. Regelmäßige Meetings mit Wirtschaftsprüfern und Steuerberatern, um die Ergebnisse von Prüfungen vor- und nachzubereiten, gehörten weiter zu meinen Aufgaben. Meine Erfahrungen in der Analyse und Begleitung von Geschäftsprozessen möchte ich jetzt bei Ihnen in die Stelle Teamleiter Innenrevision einbringen.

Frage 9: Sehen Sie in Ihrem Lebenslauf einen roten Faden, der auf die ausgeschriebene Stelle hinführt?

Ungünstige Antwort auf Frage 9 Also die Zeiten, da man bei einem guten Unternehmen einstieg, dort durch Leistung überzeugen und den Aufstieg schaffen konnte, sind ja leider vorbei. Ich habe auch mehrmals den Arbeitgeber gewechselt, einmal unfreiwillig. Aber insgesamt ist das Thema Personal doch wie ein roter Faden bei mir, finde ich zumindest.

Gelungene Antwort auf Frage 9 Der rote Faden in meinem Lebenslauf ist das Thema Personal und Kommunikation. Ich organisiere gerne Abläufe so, dass Mitarbeiter ihre beruflichen Stärken voll einbringen können, und das funktioniert nur, wenn man sich mit den Menschen abstimmt, also auf jeden einzelnen individuell eingeht. Nach der Ausbildung habe ich als Personalassistentin vorwiegend die Personalakten geführt und den Mitarbeitereinsatz in der Montage geplant. Dann habe ich eine Zeit lang im PR-Bereich gearbeitet und dort die interne und externe Unternehmenskommunikation gestaltet. Als Personalreferentin habe ich dann Auswahlverfahren konzipiert, Personalmarketingmaßnahmen initiiert und Vertriebsschulungen zur Einarbeitung neuer Mitarbeiter organisiert. Auch bei Ihnen soll ich ja technische Vertriebsmitarbeiter rekrutieren und einarbeiten, da werden mir meine umfangreichen Erfahrungen sicherlich nützlich sein.

Frage 10: Welche Qualifikationen bringen Sie mit?

Ungünstige Antwort auf Frage 10 Vor dem Studium habe ich eine Ausbildung durchlaufen. Dann war ich zunächst als Einkäuferin tätig, dann als Vertriebsassistentin, später als Marketingassistentin. Momentan verantworte ich als Marketingleiterin das Budget, steuere wichtige Projekte und stimme mich mit dem Vertrieb ab.

Gelungene Antwort auf Frage 10 Momentan verantworte ich als Marketingleiterin die strategische Projektsteuerung im Unternehmensbereich Marketing und Vertrieb der Handelsmarken AG. Die Beurteilung und Umsetzung internationaler Vermarktungsprojekte gehört ebenso in meinen Aufgabenbereich wie die Erfolgskontrolle durchgeführter Marketing- und Vertriebsmaßnahmen. Nach meinem Studium war ich zunächst als Einkäuferin tätig und habe für die Warenbeschaffung, Lieferantenauswahl und Sortimentsanalyse gesorgt. Anschließend habe ich als Vertriebsassistentin Verkaufsförderungsmaßnahmen initiiert, damals wurde von mir das Direktmarketing stark ausgebaut. In der anschließenden Position als Marketingassistentin standen Marketingevents im Fokus, natürlich zielgruppenspezifisch ausgerichtet. Da ich also sehr umfassend in den Bereichen Marketing und Vertrieb qualifiziert bin, kann ich mir gut vorstellen, bei Ihnen in der Position Leiterin Marketing für den gewünschten Schwung zu sorgen.

Frage 11: Warum möchten Sie bei uns arbeiten?

Ungünstige Antwort auf Frage 11 Ich wünsche mir spannende und interessante Aufgaben. Ich sage mir immer, wer sich nicht weiterentwickelt, bleibt stehen. Ich bin also offen für die Herausforderungen, die die Stelle mit sich bringt.

Gelungene Antwort auf Frage 11 Die Stellenausschreibung hat mich sehr angesprochen, da Sie als innovativer Hersteller von Fenstersystemlösungen auf eine reibungslose Logistik angewiesen sind. In der internen und externen Logistik konnte ich bei meinem momentanen Arbeitgeber umfassende Erfahrungen sammeln. Ich habe gelernt, dass Lieferservice eine ständige Abstimmung mit dem Vertrieb in den Regionalniederlassungen erfordert, damit einerseits die Kosten im Blick behalten werden, andererseits aber auch termingetreu beim Kunden geliefert wird. So konnte ich das Projekt Senkung der Retourenquote erfolgreich durchführen und habe hier die Anzahl der Retouren um 30 Prozent senken können. Kurz gesagt: Ich möchte bei Ihnen als Logistikverantwortlicher anfangen, weil ich Freude daran habe, konzeptionell zu arbeiten und Abläufe kontinuierlich zu verbessern.

Frage 12: Was reizt Sie an der ausgeschriebenen Stelle?

Ungünstige Antwort auf Frage 12 Nun, die Stelle passt zu meinem Profil. Es ist ja so, wenn man weiß, wie die Dinge laufen, bekommt man die Aufgaben auch erledigt. Ich sehe mich als Pflichterfüller, man sagt mir, was von mir erwartet wird, und ich werde mit Sicherheit niemanden enttäuschen.

Gelungene Antwort auf Frage 12 Ihr Unternehmen ist in der Branche für Wärme-, Schall- und Brandschutz ja sehr anerkannt. Den künftigen Aufgabenbereich als Leiter Unternehmensorganisation verstehe ich so, dass ich mit meinem Team bei der strategischen Ausrichtung der Geschäftsprozesse permanent Arbeitsabläufe und Verfahren analysiere und optimiere, bei Bedarf auch neu gestalte. Mit dieser Arbeit kann ich dazu beitragen, dass das Unternehmen seine Marktführerschaft behält und weiter ausbaut. Neben der Analyse von Monats-, Tertial- und Jahresabschlüssen berate ich auch gerne die Fachabteilungen und die Geschäftsleitung bei der Erstellung und Kontrolle von Businessplänen, Prognosen und Budgetplänen.

Frage 13: Was können Sie zum künftigen Unternehmenserfolg beitragen?

Ungünstige Antwort auf Frage 13 Nun, da habe ich einiges zu bieten. Ich bringe vielfältige Erfahrungen mit, die ich in der Stelle als Business-Development-Manager für Sie einsetzen könnte. Da geht es um strategische Dinge genauso wie um operative. Meine Führungserfahrungen und mein Verhandlungsgeschick sowie meine Durchsetzungsstärke werden das Unternehmen wieder nach vorne bringen.

Gelungene Antwort auf Frage 13 Nun, da habe ich einiges zu bieten. Ich bringe vielfältige Erfahrungen mit, die ich in der Stelle als Business-Development-Manager für Sie einsetzen könnte. Die von Ihnen gewünschte tatkräftige Unterstützungsarbeit bei der Konzeption und Umsetzung im Aufbau von Geschäftsstellen ist ein wichtiger Punkt. Ich habe seinerzeit entsprechende Aufbauarbeit in den neuen Bundesländern Sachsen und Sachsen-Anhalt geleistet. An zweiter Stelle sehe ich die regelmäßig durchzuführenden Markt- und Wettbewerbsanalysen, die ich auch bisher durchgeführt habe, einschließlich Ergebnispräsentation vor dem Vorstand. Und an dritter Stelle steht für mich die Einbindung des Vertriebsaußendienstes in die neu zu entwickelnden Vertriebsstrategien. Da ich den Außendienst aus meinen ersten fünf Berufsjahren gut kenne, werde ich hier auch akzeptiert. Dies hilft mir sicherlich dabei, dafür zu sorgen, dass Innen- und Außendienst gemeinsam an einem Strang ziehen.

Frage 14: Warum möchten Sie gerade bei uns arbeiten?

Ungünstige Antwort auf Frage 14 Von mir aus hätte es bei der alten Firma ruhig weitergehen können. Leider hat die Geschäftsleitung gravierende Fehlentscheidungen getroffen, die ich im Endeffekt auch nicht ständig wieder geradebiegen konnte. Die Quittung haben nun alle Mitarbeiter bekommen, vom Auszubildenden bis hin zum Management, die Firma ist insolvent. Ich suche also eine neue Herausforderung.

Gelungene Antwort auf Frage 14 Als Key-Account-Manager im Vertrieb eines großen Logistikdienstleisters sind für mich Engagement, Kundennähe und Dienstleistungsorientierung wichtig. Meine beruflichen Erfahrungen beim Ausbau des Vertriebs und der Entwicklung der damit verbundenen Prozesse, beim Aus- und Aufbau der Kundenbeziehungen und bei der Identifizierung neuer Kundenanforderungen sehe ich als Fundament dessen, was ich bei Ihnen im Tagesgeschäft gerne für Sie leisten würde. Darüber hinaus habe ich mich in meiner vorhergehenden Stelle als Account-Manager in Projekten intensiv mit der Analyse von Vertriebsstrukturen und der daraus resultierenden Ableitung von Handlungsempfehlungen beschäftigt. Ich weiß, dass die gewünschte Aufbauarbeit einigen Einsatz von mir verlangen wird. Diesen Einsatz bringe ich aber gerne, da Aufbauarbeit auch immer Gestaltungsspielräume schafft. Und ich gestalte und optimiere nun einmal sehr gerne.

8. Kernkompetenz 1: Wie gut ist Ihre Branchen- und Fachkompetenz?

Auch wenn es häufig heißt, dass Führungskräfte keine Spezialisten, sondern Generalisten seien, die von allem ein wenig und von wenig alles wissen, ist eine solide Basis an Fach- und Branchenkompetenz für den Berufsalltag einer Führungskraft unverzichtbar. Mit Fragen zu diesem Themenkreis werden also die Grundvoraussetzungen für erfolgreiche Führungsarbeit überprüft. Wer ein Team im Controlling leiten möchte, muss Belege dafür liefern, dass er bereits das Tagesgeschäft im Controlling kennt, also beispielsweise Monats-, Quartals- und Jahresabschlüsse durchführen, Reportings erstellen und Liquidität steuern kann. Und auch über die Branche, in der er arbeiten möchte, sollte der Bewerber Bescheid wissen. Weiter wird in diesem Fragenblock überprüft, ob sich künftige Führungskräfte schnell neues Fach- und Branchenwissen aneignen können, indem aktuelle Kennzahlen zum Unternehmen (Umsatz, wichtige Produkte oder Dienstleistungen, Mitarbeiterzahl, Standorte) gleich mit abgefragt werden.

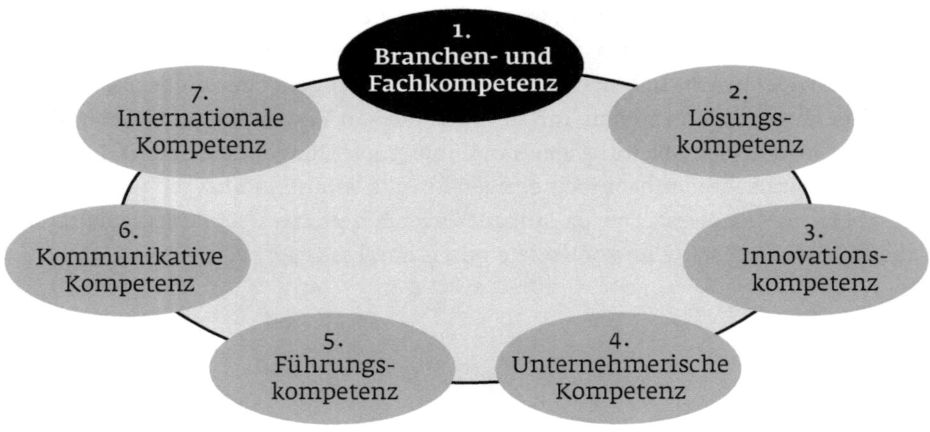

Typische Fehler: Vorzeitiges Aus!

Informieren Sie sich im Vorfeld umfassend!

Führungskräfte, die nicht verdeutlichen können, dass sie über umfangreiche Fach- und Branchenkenntnisse verfügen, wirken wie abgehoben. Wer im Vorstellungsgespräch nur wenige Aufgaben aus dem Tagesgeschäft konkret benennen kann, setzt sich dem Verdacht aus, mit den künftigen Aufgaben vielleicht überfordert zu sein. Problematisch ist weiter, wenn wichtige Kennzahlen zum Unternehmen, die üblicherweise auf der Firmenhomepage zu finden sind, den Bewerbern nicht bekannt sind. Dann nimmt die Firmenseite ihnen die Ernsthaftigkeit ihrer Bewerbung nicht ab. Wenn es um Fragen zur Branche geht, darf es nicht passieren, dass wichtige Mitbewerber nicht benannt werden können. Ungünstig ist ebenso, wenn aktuelle Trends und die Richtung, in die sich die Branche gerade entwickelt, nicht bekannt sind.

Negativbeispiel Ein Klassiker in diesem Fragenblock lautet: »Über welche fachlichen Kenntnisse müsste Ihr Stellvertreter bei uns verfügen?« Wenig überzeugend wäre diese Antwort:

»Er müsste das können, was ich kann, also die Mitarbeiter anleiten, über Kundenorientierung verfügen und Maßnahmen entwickeln, um neue Kunden zu gewinnen.«

Kommentar zum Negativbeispiel Diese Antwort wirkt sehr oberflächlich, sie ist zu kurz und hat keine Tiefe. Es wird auch nicht deutlich, dass und wie der Bewerber in der Vergangenheit mit den genannten Aufgaben in Berührung gekommen ist. Natürlich ist hier zu berücksichtigen, dass es formal in der Frage um die Kenntnisse eines möglichen Stellvertreters geht. Aber eine Führungskraft sollte mit ihrer Antwort signalisieren, dass ihr dieser Perspektivenwechsel keine Schwierigkeiten bereitet. Insofern ist der Ansatz mit der Formulierung »Er müsste das können, was ich kann ...« richtig gewählt, danach fehlt der Antwort aber die Substanz.

Antwort-Strategie: Das bringt Sie in den Job!

Hohe Informationsdichte

Bei Fragen zu den Fach- und Branchenkenntnissen kommt es darauf an, mit einer hohen Informationsdichte zu argumentieren. Dies gelingt Ihnen, indem Sie Schlüsselbegriffe aus dem Tagesgeschäft nennen. Diese Schlüsselbegriffe sollten allerdings einen Bezug zu den Aufgaben innerhalb der neuen Stelle haben. Arbeiten Sie daher Schnittstellen zwischen der Vergangenheit und der Zukunft heraus, damit Ihr berufliches Profil deutlich wird. Weiter sollten Sie im Vorfeld des Job-Interviews einige Fakten zum Unternehmen recherchieren und auswendig lernen, dazu gehören die angebotenen Produkte oder Dienstleistungen, Beschäftigtenzahl und Standorte (Deutschland, Europa, weltweit), gegebenenfalls der Aktienkurs, die geschäftliche Entwicklung, die Unternehmensgeschichte, die Zukunftsaussichten und Branchentrends.

Positivbeispiel Die Frage nach den fachlichen Kenntnissen des Stellvertreters wäre mit diesen Formulierungen souverän beantwortet:

»Mein Stellvertreter müsste in der Lage sein, mich zu vertreten, damit die Arbeit in der Abteilung auch eine Zeit lang ohne mich weiterlaufen kann. Daher müsste er meine Vertriebs- und Marketingmannschaft so anleiten, dass die von Ihnen geforderten wachstumsorientierten Marktbearbeitungskonzepte gemeinsam erstellt und umgesetzt werden können. Damit die angestrebten Wirkungen auch erzielt werden, müsste er weiter für die dazugehörige Erfolgskontrolle sorgen. Bezogen auf den Aspekt der Kundenorientierung, die in Ihrem Unternehmen ja ein Schlüsselfaktor für das weitere qualitative Wachstum ist, müsste mein Stellvertreter neue Schlüsselkunden gewinnen und Belege dafür liefern können, dass er auch in der Vergangenheit Bestandskunden bereits proaktiv betreut hat. Wichtig wären mir auch noch Erfahrungen in der kontinuierlichen Optimierung der Prozesse und Strukturen, insbesondere bei der Abstimmung zwischen Einkauf und Vertrieb.«

Kommentar zum Positivbeispiel Die Antwort macht deutlich, dass der Bewerber sich gründlich mit den speziellen Anforderungen des Unternehmens an eine neue Führungskraft auseinandergesetzt hat. Der Leitungsaspekt innerhalb der neuen Stelle wird kurz gestreift, dann werden wesentliche Aufgaben aus dem Arbeitsalltag strukturiert aufgezählt. Für die gewünschte positive Wirkung wird weiter sorgen, dass der Bewerber auf die in der Stellenausschreibung explizit genannte Wachstumsorientierung des neuen Arbeitgebers eingeht. Er macht deutlich, was in seiner Position – hier durch seinen Stellvertreter - geleistet werden kann, damit das gewünschte qualitative Wachstum auch eintritt. Abschließend geht der Kandidat kurz auf den Wunsch nach einer besseren Abstimmung zwischen den Abteilungen Einkauf und Vertrieb ein, damit dokumentiert er ein weiteres Mal glaubwürdig, dass er weiß, was ihn in der neuen Stelle erwartet und wie er diese hohen Erwartungen erfüllen wird.

Beispielfragen und -antworten: Branchen- und Fachkompetenz

Bitte beantworten Sie zunächst die Fragen, bevor Sie einen Blick auf unsere Beispielantworten werfen. Gleichen Sie Ihre Antworten ab. Modifizieren Sie bei Bedarf Ihre Antworten anhand unserer gelungenen Beispiele. Überlegen Sie sich zusätzlich individuelle Belege mit Praxisbezug, mit denen Sie Ihre Antworten plausibel ausgestalten können.

Frage 15: Welches Fachwissen, glauben Sie, ist für die ausgeschriebene Position besonders wichtig?

Ungünstige Antwort auf Frage 15 Als Führungskraft bin ich ja nicht direkt im operativen Geschäft eingebunden, aber mit dem kaufmännischen Denken ist es ja wie mit dem Fahrradfahren, das verlernt man nie. Also, man sollte die Zahlen aus dem Controlling oder dem Vertrieb schon verstehen können, um sich ein eigenes Bild machen zu können.

Gelungene Antwort auf Frage 15 Da ich in Zusammenarbeit mit den Abteilungen Research und Development weiter an der Technologieführerschaft für Sie arbeiten werde, ist ein technologisches Grundverständnis genauso wichtig wie solide kaufmännische Grundlagen, also beispielsweise die Definition von Vertriebs- und Marketingstrategien, die Finanzplanung, das Controlling, die Planerfolgsrechnung und die Produktionsplanung. Da ich bereits vier Jahre als Führungskraft und vorher auch sechs Jahre im operativen Geschäft bei der globalen Vermarktung technologisch anspruchsvoller Produkte gearbeitet habe, sind die von mir genannten Fachkenntnisse auf dem aktuellen Stand und praxiserprobt.

Frage 16: Was sind die drei wichtigsten Aufgaben in Ihrer momentanen Stelle?

Ungünstige Antwort auf Frage 16 Eine effektive Mitarbeiterführung, das Ausarbeiten von Konzepten und die Definition von Zielvorgaben.

Gelungene Antwort auf Frage 16 Eine effektive Mitarbeiterführung bei der Planung und Steuerung von Projekten in der kommunalen Wirtschaftsförderung, das Ausarbeiten von Konzepten, beispielsweise zur Neuansiedlung von Unternehmen, einschließlich der Abstimmungsarbeit mit anderen städtischen Wirtschaftsförderungen, und auch eine klare Definition von Zielvorgaben, damit strategische Ziele durch die Mitarbeiter im Tagesgeschäft auch erreicht werden können.

Frage 17: Und was sind die drei unwichtigsten Aufgaben in Ihrer momentanen Stelle?

Ungünstige Antwort auf Frage 17 Ich habe keine unwichtigen Aufgaben, bei mir ist alles wichtig.

Gelungene Antwort auf Frage 17 Sicherlich gibt es wichtige und weniger wichtige Aufgaben. Wirklich unwichtige Aufgaben könnte ich jetzt auf Anhieb nicht benennen. Wenn ich feststelle, dass ich Dinge delegieren kann, die meine Mitarbeiter erledigen können, dann tue ich das auch. In der letzten Zeit habe ich beispielsweise die Nachbestellungen im Einkauf bis zu einem bestimmten Volumen freigegeben. Die Konditionen sind dann ja bereits für das Jahr geklärt, und da kann ich mich auf meine Mitarbeiter verlassen, dass die Stückzahlen nicht zu groß sind und wir am Ende womöglich Überbestände hätten. Die haben das gut im Blick.

Frage 18: Welche Aufgabe macht Ihnen in Ihrer aktuellen Stelle am meisten Freude?

Ungünstige Antwort auf Frage 18 Sie werden sich bestimmt wundern, aber die Gremienarbeit schätze ich besonders. Viele verbinden damit ja stundenlanges Reden über staubtrockene Themen, ohne wirklich vorwärtszukommen. Mir gefällt es aber.

Gelungene Antwort auf Frage 18 Es gefällt mir besonders, das Unternehmen und seine Dienstleistungsangebote in relevanten Gremien zu repräsentieren, dabei geht es um kommunale, überregionale und branchenbezogene Gremienarbeit. Um langfristig angelegte Aktivitäten kontinuierlich weiterzuführen, ist eine effektive Vernetzung wichtig. Ich habe gute Erfahrungen damit gemacht, klar und transparent zu kommunizieren. Nur dann kann man auf Dauer vertrauensvoll zusammenarbeiten, und das ist in unserer Branche unverzichtbar.

Frage 19: Und welche Aufgabe mögen Sie überhaupt nicht?

Ungünstige Antwort auf Frage 19 Naja, auf einige Meetings könnte man auch verzichten, und besonders ärgert es mich, wenn man extra dazu einfliegt und dann nichts dabei herauskommt.

Gelungene Antwort auf Frage 19 Es gibt natürlich Aufgaben, die auf den ersten Blick weniger reizvoll erscheinen, beispielsweise rein administrative Dinge. Allerdings sind saubere und nachvollziehbare Dokumentationen wichtig, wir stehen schließlich in Verantwortung gegenüber unseren Investoren.

Frage 20: Wie halten Sie sich fachlich auf dem Laufenden?

Ungünstige Antwort auf Frage 20 Bei meinem alten Arbeitgeber gab es kein Geld für Weiterbildungen, insofern musste jeder selbst sehen, wo er bleibt.

Gelungene Antwort auf Frage 20 Um fachlich am Ball zu bleiben, gibt es für mich viele Wege. Ich informiere mich in Fachmagazinen über aktuelle Trends, das verkürzt ja auch so manche Bahn- oder Flugreise. Viel kann man auch von Spezialisten im Rahmen von abteilungsübergreifenden Projekten lernen, wenn man zu einem passenden Zeitpunkt nachfragt. Auf diese Weise habe ich mein Wissen in angrenzenden Fachgebieten immer erweitert. Gute Erfahrungen habe ich auch mit meinem Netzwerk gemacht, dass ich mir im Lauf der Jahre bei Kunden, Zulieferern oder früheren Kollegen bei ehemaligen Arbeitgebern aufgebaut habe. Wenn ich einmal etwas sehr Spezielles erfragen muss, kann mir garantiert jemand weiterhelfen. Dieses Geben und Nehmen hat sich sehr bewährt.

Frage 21: Bitte schildern Sie mir aus Ihrer Sicht die wichtigsten Tätigkeiten in der ausgeschriebenen Stelle!

Ungünstige Antwort auf Frage 21 Sehr wichtig sind sicherlich das Einhalten von Terminvorgaben, die Prozessoptimierung und die Führungsverantwortung.

Gelungene Antwort auf Frage 21 Aus meiner Sicht ist die termingerechte Konstruktion der Messmaschinen sehr wichtig, bei der aber auf keinen Fall die Qualität aus den Augen verloren werden darf. Weiter wichtig ist die ständige Verbesserung der Prozesse im Bereich Konstruktion, hier konnte ich auch in der Vergangenheit für mehr Effizienz sorgen, indem ich bestimmte Entwicklungsschritte von externen Dienstleistern habe durchführen lassen. Die fachliche Führung der Konstruktion und des Prototypenbaus ist natürlich eine Schlüsselaufgabe. Da ich ursprünglich aus der mechanischen Entwicklung und Konstruktion komme, sind mir die Probleme und Wünsche der Mitarbeiter in diesem Bereich vertraut. Ich habe mit einem kooperativdelegierenden Führungsstil gute Erfahrungen gemacht, kann aber, falls nötig, auch meine Durchsetzungsstärke ausspielen.

Frage 22: In welchen fachlich angrenzenden Bereichen haben Sie in Ihrer momentanen Stelle etwas dazugelernt?

Ungünstige Antwort auf Frage 22 Ich lerne eigentlich immer dazu, zuletzt beim Thema Klimaschutz.

Gelungene Antwort auf Frage 22 Aktuell ist das Thema CO2-Vermeidung auch für mich sehr aktuell. Internationale Konzerne legen zunehmend Wert darauf, dass ihre Lieferanten an Programmen zur CO2-Vermeidung mitarbeiten. Hier sind also energieeffiziente Technologien gefragt. In diese Thematik und die Auswirkungen auf unsere Geschäftspolitik habe ich mich daher vollständig neu eingearbeitet.

Frage 23: Welche Elemente Ihrer Fachkompetenz würden Sie gerne ausbauen, wenn wir Ihnen dafür Zeit und Mittel zur Verfügung stellten?

Ungünstige Antwort auf Frage 23 Da gibt es einiges, was mich interessieren würde, ein MBA wäre sicherlich auch interessant, allein schon aus repräsentativen Gründen.

Gelungene Antwort auf Frage 23 Ich habe schon vor einiger Zeit ein sehr interessantes Angebot eines renommierten Anbieters zum Themenbereich Customer-Relationship-Management entdeckt, das den Fokus auf den strategischen Umgang mit Handel und Endkunden legt. Diese Weiterbildung würde mich sehr interessieren.

Frage 24: Mit welchen Tätigkeiten verbringen Sie in Ihrer momentanen Stelle die meiste Zeit?

Ungünstige Antwort auf Frage 24 Das Aufgabengebiet ist sehr anspruchsvoll, es sind also ganz unterschiedliche Dinge, beispielsweise die Ausarbeitung von Entwürfen, die Projektsteuerung und die Analyse.

Gelungene Antwort auf Frage 24 Mein Aufgabengebiet ist sehr anspruchsvoll, ich konzipiere Präsentations-, Angebots- und Vertragsentwürfe, die dann von meinen Mitarbeitern detailliert ausgearbeitet und mir zur Freigabe vorgelegt werden. In den letzten Jahren ist die Projektsteuerung auch immer wichtiger geworden, beispielsweise habe ich ein Projekt zur Schnittstellenoptimierung zwischen internen Ansprechpartnern und der Kundenseite initiiert. Ein weiteres Projekt befasste sich mit der Überwachung und Pflege von Projektsteuerungstools. Meine analytischen Fähigkeiten waren bei der Wirtschaftlichkeitskontrolle in unterschiedlichsten Bereichen gefragt, es gibt hier ja eigentlich immer Optimierungsmöglichkeiten.

Frage 25: Und mit welchen Tätigkeiten haben Sie in der vorhergehenden Stelle die meiste Zeit verbracht?

Ungünstige Antwort auf Frage 25 Oh, das ist schon lange her, da muss ich erst einmal nachdenken. Ja richtig, als Entwicklungsingenieur habe ich viel dokumentiert, das ist ja so üblich, wenn man frisch von der Hochschule kommt. Die technische Dokumentation ist ja auch wichtig, aber das war mir auf Dauer doch zu wenig. Zum Glück durfte ich einmal an einem Projekt mitarbeiten.

Gelungene Antwort auf Frage 25 Meine vorhergehende Stelle im Engineering hat mich eigentlich gut auf die momentanen Aufgaben als Projektleiter vorbereitet. Die Grundlagen, die ich mir damals in der Systemintegration, den Sonderentwicklungen im Bereich Mechanik und Elektronik und auch in der technischen Dokumentation erarbeitet habe, helfen mir noch heute bei der täglichen Arbeit. Spannend war auch ein Sonderprojekt zum Wissensmanagement, da habe ich abteilungsübergreifend Datenbanken aufgebaut.

Frage 26: Über welche fachlichen Kenntnisse müsste Ihr Stellvertreter bei uns verfügen?

Ungünstige Antwort auf Frage 26 Das steht ja eigentlich in der Stellenausschreibung, da braucht man nicht viel nachzudenken. Erfahrungen im Produktmanagement müsste er mitbringen, und er müsste bereit sein, zu Forschungsinstituten zu reisen. Und sonst würde ich sagen Learning by Doing.

Gelungene Antwort auf Frage 26 Nun, mein Stellvertreter müsste in der Lage sein, mich dann zu vertreten, wenn ich beispielsweise im Ausland für Sie unterwegs bin. Daher müsste er erprobte Kenntnisse in der Führung der Produktmanagementabteilung im Bereich Zentralwechselrichter mitbringen. Weiter müsste er in der Lage sein, die strategischen Prozesse bei der Produktentstehung mit der Entwicklung, Systemtechnik und Implementierung zu koordinieren. Da in der Stelle auch die kontinuierliche Zusammenarbeit mit Forschungsinstituten wichtig ist, könnte ich mir gut vorstellen, ihn zunächst zu diesen Arbeitstreffen mitzunehmen und ihn so Schritt für Schritt darauf vorzubereiten, mich bei einem Teil dieser Termine zu vertreten.

Frage 27: Was reizt Sie an unserer Branche?

Ungünstige Antwort auf Frage 27 Die Deckungsbeiträge sind in Ihrer Branche noch in Ordnung, hier gibt es noch die Sicherheit, die in anderen Branchen längst verloren gegangen ist. Und natürlich auch die Innovationsfähigkeit.

Gelungene Antwort auf Frage 27 Mich begeistert besonders, dass Sie für namhafte Großunternehmen, aber auch renommierte Mittelständler maßgeschneiderte State-of-the-art-Lösungen anbieten. Die Professionalität, mit der Sie ständig neu für Innovationen sorgen, spricht mich sehr an, da möchte ich mit voller Kraft mitarbeiten.

Frage 28: Wie sehen Sie die Zukunft unserer Branche?

Ungünstige Antwort auf Frage 28 Die großen Wachstumsraten gibt es nicht mehr, ich denke, hier wird ein Konzentrationsprozess stattfinden. Am Ende werden einige große Player und ein paar Nischenanbieter übrig bleiben.

Gelungene Antwort auf Frage 28 Der Markt an sich konsolidiert ja schon eine ganze Zeit. Ich habe aber gute Erfahrungen damit gemacht, durch permanente Ablauf- und Qualitätsoptimierungen für mehr Effizienz zu sorgen, um letztendlich im Wettbewerb weiter vorne mitspielen zu können. Ich bin nicht der Typ, der sich auf Erreichtem ausruht, es gibt immer noch Möglichkeiten, in Teilbereichen für überdurchschnittliches Wachstum zu sorgen. Man muss die Augen nur offen halten, Trends rechtzeitig erkennen und dann hartnäckig daran arbeiten, dann wird sich das Ganze auch für die Firma auszahlen.

Frage 29: Warum haben Sie Ihren Einstiegsjob nicht gleich in unserer Branche gewählt?

Ungünstige Antwort auf Frage 29 Man kann nicht alles planen, heute würde ich vieles anders machen, wenn ich es vorher schon gewusst hätte. Im Studium ist man ja noch so grün hinter den Ohren. Also heute hätte ich mich gleich für die Branche entschieden.

Gelungene Antwort auf Frage 29 Nach dem Studium war es mir erst einmal wichtig, einen Einstiegsjob zu finden, um mein Wissen in der Praxis anzuwenden und so viele Erfahrungen wie möglich zu sammeln. Ich habe dann nach einigen Jahren bewusst die Branche gewechselt, weil ich persönlich von den Produkten sehr überzeugt bin. Wenn man in einem Unternehmen voll hinter den Produkten steht, geht die Arbeit doch ganz anders von der Hand.

Frage 30: Was macht Sie sicher, dass Sie von älteren Mitarbeitern mit mehr Branchenerfahrung als Chef auch akzeptiert werden?

Ungünstige Antwort auf Frage 30 Ich überzeuge durch meine Führungsarbeit. Außerdem ist das ja nicht der erste Branchenwechsel, den ich hinter mir habe.

Gelungene Antwort auf Frage 30 Meine Aufgabe als Führungskraft sehe ich darin, die Mitarbeiter so einzusetzen, dass jeder an seinem Platz seine Stärken möglichst optimal einsetzen kann. Gerade ältere Mitarbeiter, die über sehr viel Berufserfahrung und Branchenerfahrung verfügen, sind unverzichtbar, wenn es darum geht, sehr anspruchsvolle fachliche Problemlagen Lösungen zuzuführen. Als Chef kommuniziere ich ganz offen, dass ich der Generalist bin, der fachlich von allem ein wenig weiß und deshalb auf sein Team angewiesen ist. Meine Aufgaben dagegen sind ja vorrangig strategisch und planend. Sicherlich möchten die von Ihnen angesprochenen älteren Fachspezialisten nicht unbedingt Budgetziele aufstellen oder Märkte analysieren.

Frage 31: Welche zwei Themen sind aus Ihrer Sicht momentan die heißesten Branchenthemen?

Ungünstige Antwort auf Frage 31 Nun ja, Ihr größter Mitbewerber steht ja sehr in den roten Zahlen, da schauen alle genau hin, wie es weitergeht. Dieses Thema ist eigentlich bestimmend auf jeder Messe und taucht in allen Medien auf. Tja, und die Wirtschaftspolitik der Koalition in Berlin wird ja auch immer schlechter, wir sind doch nicht die Melkkuh der Nation. Da müsste sich dringend einmal etwas ändern.

Gelungene Antwort auf Frage 31 Sehr wichtig sind meiner Meinung nach im Moment die Themen nachhaltiges Innovationsmanagement und die demografische Entwicklung. Die Märkte sind in Europa so eng geworden, dass es ohne ein Innovationsmanagement nicht mehr geht. Wenn man es schafft, systematischer als bisher zu erfassen, welche Lösungen sich Kunden wünschen und welchen Beitrag die Mitarbeiter in der Entwicklung dazu liefern können, wird dies das Unternehmen weiter nach vorne bringen. Die demografische Entwicklung bezieht sich ja ebenfalls nicht nur auf Deutschland, sondern auf Europa insgesamt. Hiervon werden ganz unterschiedliche Bereiche betroffen, sowohl unsere Mitarbeiterplanung in den nächsten Jahren als auch die zielgruppenspezifische Ausrichtung unserer Produkte. Da gibt es einiges für uns zu tun und zu gewinnen.

Frage 32: Kennen Sie unsere wichtigsten Mitbewerber?

Ungünstige Antwort auf Frage 32 Ja, das ist kein Geheimnis, die Alpha GmbH und die Beta AG.

Gelungene Antwort auf Frage 32 Die Alpha GmbH und die Beta AG zählen sicherlich zu den wichtigsten Mitbewerbern, aber man sollte auch die Omega Ltd. im Blick behalten. Ich habe gehört, dass die auf Investorensuche sind und dann weiter expandieren möchten. Bei der Alpha GmbH ist man gut aufgestellt, diesen Mitbewerber darf man also nicht unterschätzen. Die Beta AG hat aber so ihre Probleme, auf der Messe Hannover habe ich gehört, dass dort einige wichtige Entwicklungsspezialisten gegangen sind. Das ist natürlich nicht schön für die Beta AG, aber vielleicht ergibt sich für meine künftige Abteilung daraus ein Vorteil, wenn ich hier gezielt ein oder zwei ausgewiesene Spezialisten ins Boot holen könnte.

Frage 33: Auf welche Weise sind Sie in unserer Branche vernetzt?

Ungünstige Antwort auf Frage 33 Meinen Sie jetzt persönliche Kontakte oder eher diese virtuellen Netzwerke wie XING oder LinkedIn? Für so etwas habe ich nämlich keine Zeit, aber ich glaube, der Trend geht da ja auch schon wieder von weg.

Gelungene Antwort auf Frage 33 Eine gute Branchenvernetzung ist mir wichtig. Zum einen bin ich im Fachverband Führungskräfte Mitglied, und wenn es mein voller Terminkalender erlaubt, gehe ich auch gerne einmal zu einem Vortrag. Da trifft man im Anschluss immer interessante Leute und kann seine Kontakte pflegen. Die Branchentreffen auf den Jahresmessen sind für mich ebenso wichtig, da kommt man weniger organisiert, dafür aber direkt miteinander ins Gespräch. Da ich in den letzten 15 Jahren in unterschiedlichen Firmen gearbeitet habe, ist mancher Kontakt aus dieser Zeit ebenfalls geblieben. Und dann gibt es ja noch die Business-Netzwerke. Ich bin auf XING eingetragen, der eine oder andere beruflich nützliche Kontakt ergibt sich da auch.

Frage 34: Warum haben Sie nie die Branche gewechselt?

Ungünstige Antwort auf Frage 34 Dazu hatte ich nicht die Gelegenheit, es ergab sich einfach nicht.

Gelungene Antwort auf Frage 34 Schon im Studium habe ich überlegt, in welchen Aufgabenbereichen ich arbeiten möchte, aber auch, in welchen Branchen. Bereits damals hat mich die Aufbruchstimmung der Branche sehr begeistert. So kam eins zum anderen, nach einigen Jahren habe ich mich um die Stelle zum Teamleiter bei einem Mitbewerber in der Branche beworben und bin genommen worden. Jetzt möchte ich bei Ihnen als Abteilungsleiter meine fundierten Branchen- und Fachkenntnisse voll in die neue Position einbringen.

Frage 35: Warum haben Sie zweimal die Branche gewechselt?

Ungünstige Antwort auf Frage 35 Das war eigentlich nicht beabsichtigt, zumindest der erste Wechsel. Seinerzeit musste das Unternehmen Personal abbauen, und da ich gerade nach dem Studium frisch eingestellt worden war, wurde mir leider gekündigt.

Gelungene Antwort auf Frage 35 Mein Kernprofil sehe ich im Bereich Finanzen und Controlling in der betriebswirtschaftlichen Steuerung. Den Aufgabenschwerpunkt Controlling habe ich zunächst für einen mittelständischen Anbieter im Anlagenbau als Fachspezialist bearbeitet. Dann habe ich für einen börsennotierten Hersteller von Präzisionsteilen schwerpunktmäßig im Rechnungswesen und in der Buchhaltung gearbeitet, dabei teilweise aber auch Controllingprojekte mitgesteuert. Als Teamleiter Controlling konnte ich dann bei einem Hersteller im kommunalen Hochbau sowohl den Bereich Finanzen als auch das Controlling verantworten. Dort haben mir zwei Mitarbeiter zugearbeitet, sodass ich auch die Koordination mit Teilbereichen wie Produktion, Logistik und Vertrieb durchführen konnte. Die unterschiedlichen Branchenerfahrungen finde ich sehr positiv. Obwohl meine Aufgabenbereiche doch ähnlich sind, hat jedes Unternehmen seine ganz bestimmte Herangehensweise, von diesen Erfahrungen habe ich schon öfter profitiert.

Frage 36: Wie könnten wir in unserer Branche für mehr Aufmerksamkeit sorgen?

Ungünstige Antwort auf Frage 36 Da müsste man mal die Marketingabteilung ansprechen, die sind doch Experten für Außenwirkung. Auch die Presseabteilung hätte sicherlich Ideen, die sorgen doch gerne für etwas Wirbel.

Gelungene Antwort auf Frage 36 Die Branche hat ja ihre regelmäßigen Treffen auf den Fachmessen, da sind alle bekannten Unternehmen vertreten. Wenn man hier eine konzertierte Aktion durchführen wollte, müsste man ein paar Schwergewichte aus der Branche ins Boot holen. Dies wäre sicherlich möglich bei Themen, die jedes Unternehmen betreffen, beispielsweise wettbewerbsrechtliche Themen oder die gesetzlichen Vorgaben beim E-Commerce. Wenn das Thema und die Branchenteilnehmer feststehen, sollte man sich darauf einigen, wie man für Aufmerksamkeit sorgen möchte. Da gibt es viele Möglichkeiten, von Events über ein Pressefrühstück bis hin zu Plakataktionen mit unterstützender PR-Arbeit und einem speziellen Auftritt im Internet.

Frage 37: Was wissen Sie über unsere Firma?

Ungünstige Antwort auf Frage 37 Ich habe mich auf Ihrer Homepage informiert, Sie haben an diesem Standort über 100 Mitarbeiter, befinden sich auf Wachstumskurs und sind am Markt für Ihre Qualitätsprodukte bekannt.

Gelungene Antwort auf Frage 37 Ich habe mich vor diesem Gespräch gründlich informiert, unter anderem auf Ihrer Homepage, aber auch in frei zugänglichen Online-Pressearchiven. An diesem Standort arbeiten derzeit über 100 Mitarbeiter bei einem Umsatzvolumen von 55 Millionen Euro pro Jahr. Diese Tochtergesellschaft ist in einen Industriekonzern eingebunden, der weltweit 4 000 Mitarbeiter beschäftigt und einen Gesamtumsatz von 2 Milliarden Euro erzielt. Besonders spannend ist dabei der Wachstumsaspekt. Da Sie großen Wert auf eigene Entwicklungen legen und international mit renommierten Instituten kooperieren, zählen Sie in einigen Segmenten zu den führenden Herstellern.

Frage 38: Was interessiert Sie an unseren Dienstleistungen?

Ungünstige Antwort auf Frage 38 Sie haben qualitativ hochwertige Dienstleistungen, das gefällt mir.

Gelungene Antwort auf Frage 38 Besonders stark sind Sie im Bereich der maßgeschneiderten Lichtsysteme. Sehr interessant finde ich Ihre Tageslichtkonzepte für Großraumbüros, auch unter Energiegesichtspunkten. Weiter gehören die Beleuchtungsanlagen für Konzert- und Mehrzweckhallen sicherlich zu Ihren starken Geschäftsfeldern.

Frage 39: Was sind aus Ihrer Sicht die drei wichtigsten Produktgruppen unseres Unternehmens?

Ungünstige Antwort auf Frage 39 Formgezahnte Keilriemen und flankenoffene Keilriemen, die sind sicherlich wichtig.

Gelungene Antwort auf Frage 39 Als führender Anbieter in der Antriebstechnik sind Sie bekannt für Ihre formgezahnten Keilriemen, die trotz einer höheren Leistungsübertragung weniger Energie verbrauchen. Eine weitere wichtige Produktgruppe sind sicherlich die flankenoffenen Keilriemen, die sich durch Laufgenauigkeit und ein niedriges Verschleißverhalten auszeichnen. Nicht zuletzt sind noch die Keilrippenriemen wichtig, die ja für ihre Zuverlässigkeit bei der Steuerung multipler Aggregate bekannt sind.

Frage 40: Wie haben Sie sich über unsere Firma informiert?

Ungünstige Antwort auf Frage 40 Ich kannte Sie vorher nicht, habe mich daher im Internet schlau gemacht. In der Presse tauchen Sie nicht so oft auf, da hatte ich Schwierigkeiten, etwas über Sie zu finden.

Gelungene Antwort auf Frage 40 Zunächst habe ich Ihre Firmenhomepage intensiv ausgewertet. Insbesondere über Ihr Leistungsspektrum habe ich mich gründlich informiert. Die Firmengeschichte ist ja auch kurz nachgezeichnet. Obwohl Sie schon 20 Jahre am Markt sind, ist Ihre Firma ja nicht jedem bekannt. Aber das Problem gibt es ja bei allen Ingenieurdienstleistern, die sich spezialisiert haben. Wichtig ist letztendlich, dass die Auftraggeber in den Konzernen Sie kennen und Sie mit Ihren Leistungen für einen reibungslosen Ablauf innerhalb der Großprojekte sorgen.

Frage 41: Kennen Sie unsere Firmenhomepage?

Ungünstige Antwort auf Frage 41 Selbstverständlich, gute Informationsarbeit und Recherche sind für mich wichtig.

Gelungene Antwort auf Frage 41 Ihre Firmenhomepage habe ich natürlich genutzt, um mich vorab zu informieren. Da Sie die Mitarbeiter in den einzelnen Abteilungen abgebildet haben, konnte ich mir schon einen ersten Überblick über die Firmenorganisation verschaffen. Die Bestellplattform für Ihre Produkte im B2B-Geschäft haben Sie ja vor einiger Zeit ausgegliedert, ich habe mich aber auch dort intensiv durch die Seiten geklickt, um mich mit den wichtigsten Produkten vorab vertraut zu machen.

Frage 42: Welchen ersten Eindruck haben Sie von unserer Firma, hier vor Ort?

Ungünstige Antwort auf Frage 42 Die Firma wirkt ganz okay, eine Anreise mit öffentlichen Verkehrsmitteln ist zwar nicht möglich, aber es geht ja auch mit dem Auto.

Gelungene Antwort auf Frage 42 Ich bin extra etwas früher angereist, um mich auch kurz mit der Umgebung vertraut zu machen. Der Firmenstandort ist ja gut für die Logistik ausgewählt, die Autobahnnähe am Kreuz Südwest ist sicherlich nützlich für den täglich anrollenden Lastwagenverkehr.

Frage 43: Kennen Sie die Anzahl unserer Niederlassungen?

Ungünstige Antwort auf Frage 43 14 glaube ich, oder waren das 15?

Gelungene Antwort auf Frage 43 Ich weiß, dass Sie in Deutschland 15 Niederlassungen haben und die Firmenzentrale in Ingolstadt angesiedelt ist. Hinzu kommen noch einige Vertretungen im süd- und osteuropäischen Ausland.

Frage 44: Wann haben Sie das erste Mal etwas über unsere Firma gehört?

Ungünstige Antwort auf Frage 44 Also ganz ehrlich, Sie haben ja über eine Personalberatung gesucht, deshalb war der Firmenname ja auch nicht in der Stellenausschreibung genannt. Ich habe dann kurz vor dem Gespräch versucht, mehr herauszufinden, aber das ist mir nicht gelungen, die Angaben im Internet waren einfach zu knapp.

Gelungene Antwort auf Frage 44 Mit den Produkten Ihrer Firma bin ich schon sehr früh in Kontakt gekommen, nämlich bei meinem ersten Arbeitgeber. Allerdings war mir damals gar nicht klar, welche Firmengruppe hinter diesen Produkten steht. Im Vorfeld dieses Gesprächs habe ich mich dann gründlich informiert und festgestellt, dass die einzelnen Marken Ihres Unternehmens oft bekannter sind als das Unternehmen selbst, aber ich vermute, dass das gewollte Geschäftspolitik ist.

9. Kernkompetenz 2: Verfügen Sie über Lösungskompetenz?

Mit Lösungskompetenz sind die Macherqualitäten von Führungskräften gemeint. Nicht umsonst haben Führungskräfte im betrieblichen Alltag den Ruf eines Feuerwehrmannes beziehungsweise einer Feuerwehrfrau. Immer wenn es brennt und eine dringende Lösung erforderlich ist, wird nach der Führungskraft gerufen. Die üblichen Aufgaben im Tagesgeschäft können und sollen die Mitarbeiter eigenverantwortlich bewältigen, alles Außergewöhnliche landet aber immer auf dem Schreibtisch der Führungskraft. Und die soll dann schnell, verantwortungsvoll und effektiv für praktikable Lösungen sorgen. In diesem Fragenblock geht es sowohl um die Lösungskompetenz der Vergangenheit als auch um die der Zukunft. Die Herangehensweise an frühere berufliche Herausforderungen wird also genauso detailliert hinterfragt wie die an künftige. Dann werden projektive Fragen im Sinne von »Was würden Sie tun, wenn Sie … erledigen müssten?« gestellt.

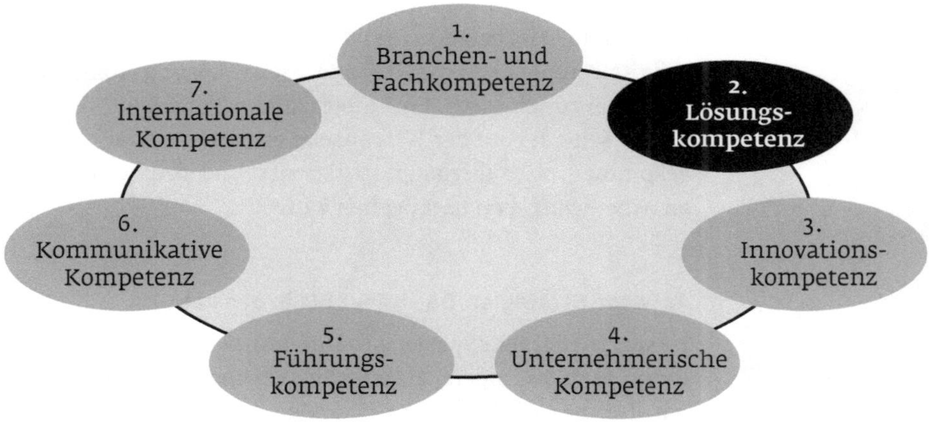

Typische Fehler: Vorzeitiges Aus!

Keine leeren Floskeln!

Führungskräfte, die auf Fragen nach ihrer früheren oder künftigen Lösungskompetenz zu knapp antworten und lediglich ein paar abstrakte Floskeln in den Raum stellen, wirken passiv, distanziert und unengagiert. Dies hat auch damit zu tun, dass Dynamik und Engagement bei der Erledigung von fordernden Arbeitsaufgaben körpersprachlich erst dann sichtbar werden, wenn Bewerber Antworten mit Substanz geben. Ein halbherziges und wortkarges Antwortverhalten ist daher bei Fragen zur Herangehensweise an Arbeitsaufgaben äußerst problematisch.

Negativbeispiel Um die Lösungskompetenz einer Führungskraft zu überprüfen, stellen viele Firmen diese Frage: »Was können Sie tun, damit unsere Firma weiter nach vorne kommt?« Dann darf die Antwort aber nicht lauten:

»Ich werde mein Team motivieren, mit anpacken und hart arbeiten. Sicherlich lässt sich noch einiges in der Zukunft erreichen. Auch bei meinem alten Arbeitgeber konnte ich zeigen, dass ich meinen Beitrag für den Firmenerfolg täglich leiste.«

Kommentar zum Negativbeispiel Diese Antwort wirft mehr Fragen auf, als sie beantwortet. Wie motiviert der Bewerber sein Team konkret? In welchen Bereichen will er mit anpacken und hart arbeiten? Und was hat er zum Firmenerfolg des letzten Arbeitgebers beigetragen? Der Bewerber vergibt mit seiner inhaltsleeren Antwort die Chance, seine Lösungskompetenz in Aktion zu schildern. Eine ungeschickte Vorgehensweise, da die Entscheider auf der Firmenseite ernsthafte Zweifel daran bekommen, ob er überhaupt strukturiert und lösungsorientiert an Arbeitsaufgaben herangehen kann.

Antwort-Strategie: Das bringt Sie in den Job!

Beispiele für Lösungskompetenz geben

Sie sorgen für mehr Substanz in Ihren Antworten auf Fragen zu Ihrer Lösungskompetenz, wenn Sie sich angewöhnen, die Teilschritte, die Sie bei der Lösung von Herausforderungen ergriffen haben oder ergreifen werden, kurz zu skizzieren. Wichtig ist, sich nicht im Detail zu verlieren, aber dennoch für genügend Informationskraft zu sorgen. Weiter sollten Sie als Führungskraft Fragen nach Ihrer Lösungskompetenz immer mit Bezug auf Ansprechpartner außerhalb Ihrer Abteilung geben. Dass Sie

Ihre Mitarbeiter einbinden werden, ist klar, Sie wirken allerdings noch souveräner, wenn Sie auf Abteilungen oder externe Dienstleister hinweisen, mit denen Sie typischerweise zusammenarbeiten.

Positivbeispiel Damit die eigene Lösungskompetenz besser verdeutlicht wird, sollte die gerade genannte Frage »Was können Sie tun, damit unsere Firma weiter nach vorne kommt?« besser auf diese Weise beantwortet werden:

»In meiner künftigen Abteilung könnte ich sicherlich gemeinsam mit den Mitarbeitern Verbesserungspotenziale im Risikomanagement identifizieren und für eine Umsetzung der Empfehlungen sorgen. Bei meinem momentanen Arbeitgeber habe ich ebenfalls das Risikomanagement modifiziert. In Absprache mit dem Einkauf sowie dem Rechnungs- und Finanzwesen habe ich ein neues Prüfkonzept etabliert, um Risiken früher zu erkennen und entsprechend gegenzusteuern. Auf diese Weise habe ich für mehr Liquidität gesorgt, was auch für Ihre Firma sicherlich nützlich wäre.«

Kommentar zum Positivbeispiel Die Führungskraft gibt ein plausibles Beispiel für ihre Lösungskompetenz. Sie schildert, wie sie gemeinsam mit den Mitarbeitern in der Abteilung Optimierungsmöglichkeiten im Risikomanagement erkennen, benennen und ausschöpfen wird. Geschickterweise geht die Führungskraft dabei auch auf abteilungsübergreifende Aspekte ein. Um das neue Risikomanagement auf Dauer erfolgreich zu etablieren, hat die Führungskraft nämlich die davon betroffenen Abteilungen Einkauf, Rechnungs- und Finanzwesen von Anfang an mit eingebunden. So wird deutlich, dass der Bewerber über diesen unverzichtbaren Teil des Handwerkszeugs eines Managers - die gefragte Lösungskompetenz - verfügt und sie konstruktiv im Arbeitsalltag einsetzt.

Beispielfragen und -antworten: Lösungskompetenz

Bitte beantworten Sie zunächst die Fragen, bevor Sie einen Blick auf unsere Beispielantworten werfen. Gleichen Sie Ihre Antworten ab. Modifizieren Sie bei Bedarf Ihre Antworten anhand unserer gelungenen Beispiele. Überlegen Sie sich zusätzlich individuelle Belege mit Praxisbezug, mit denen Sie Ihre Antworten plausibel ausgestalten können.

Frage 45: Was hat Sie an Ihrem bisherigen Arbeitsplatz gestört? Und was haben Sie getan, um diese Störungen zu beheben?

Ungünstige Antwort auf Frage 45 Störungen am Arbeitsplatz gibt es ja viele, das fängt mit den ständigen Meetings an, die viel Zeit kosten. Sie wissen ja »Viele gehen rein, und wenig kommt raus«. Aber solche überflüssigen Termine kann man ja nicht einfach abschaffen, da hätte schon der Häuptling ein Machtwort sprechen müssen.

Gelungene Antwort auf Frage 45 Ich war mit der Teilnahme einiger Kollegen am jeden Montag stattfindenden Meeting zur Wochenplanung nicht zufrieden. Die Grundidee dabei ist ja, dass jede Abteilung einen Vertreter in die Montagsrunde schickt, damit die Road-Map für die Woche im Groben festgelegt wird. Es kamen ständig andere Abteilungsvertreter, man musste bei sehr vielen Themen wieder ganz von vorne anfangen und landete in Grundsatzdiskussionen. Ich habe dann angeregt, dass die Abteilungen sich intern auf einen festen Vertreter in der Runde einigen, um die Ergebnisorientierung der Treffen zu erhöhen. Der Abteilungsabgesandte könne dann ja nach Wunsch auch im 3- oder 6-Monatstakt wechseln. Mein Vorschlag wurde umgesetzt und sorgte für mehr Kontinuität.

Frage 46: Welche neuen Vertriebswege lassen sich nutzen, um mehr Kunden zu erreichen?

Ungünstige Antwort auf Frage 46 In meinem Arbeitsfeld habe ich eigentlich wenig mit dem Vertrieb zu tun, da würde ich mal einen Vertriebsexperten fragen.

Gelungene Antwort auf Frage 46 In meinem Arbeitsfeld habe ich eigentlich wenig mit dem direkten Vertrieb zu tun. Aber auch als Abteilungsleiter Controlling könnte ich dem Vertrieb natürlich Angebote machen. Zum einen könnte ich analysieren, wie wir hinsichtlich der Wertschöpfungsstufen der Sparten aufgestellt sind. Wenn hier eine höhere Wertschöpfung erzielt werden könnte, hätte der Vertrieb mehr Liquidität für seine Arbeit. Zum anderen könnte ich dem Vertrieb auch Zahlenmaterial über die einzelnen Kunden und ihre Umsatzvolumina zukommen lassen, dann könnte der Vertrieb gezielt die Kunden ansprechen, bei denen höhere Volumina zu realisieren sind. Und weiter könnte ich auch quantitative Entwicklungen in den Bestellvolumina hinsichtlich der After-Sales-Aktivitäten vorstellen. Dann hätte die After-Sales-Mannschaft eine bessere Vorstellung davon, welchen Kundengruppen welche konkreten Angebote gemacht werden könnten.

Frage 47: Schildern Sie uns ein Problem mit Ihrem Vorgesetzten: Warum waren Sie unterschiedlicher Meinung?

Ungünstige Antwort auf Frage 47 Wir waren in letzter Zeit leider häufig unterschiedlicher Meinung, deshalb habe ich ja auch gekündigt. Irgendwann muss man auch für seine Überzeugungen einstehen und die Konsequenzen tragen. Abstrakte Vorgaben nach dem Motto »Es muss doch billiger gehen« vermiesen einem die Arbeit auf Dauer.

Gelungene Antwort auf Frage 47 Grundsätzlich kam ich mit meinem Vorgesetzten gut aus, ich muss erst einmal nachdenken, wann wir unterschiedlicher Meinung waren. Jetzt fällt mir ein, dass wir einmal unterschiedliche Vorstellungen davon hatten, wie Softwareprogrammierungen outgesourct werden sollten. Er bevorzugte ein Outsourcing nach Indien, ich war der Meinung, dass wir mit einem Anbieter in Bulgarien besser zurechtkommen würden. Meiner Überzeugung nach war dies zwar etwas teurer, allerdings erforderte das zu bewältigende Projekt eine sehr intensive Abstimmung mit den externen Programmierern. Die Zeitverschiebung zwischen Indien und Deutschland hätte also höchstwahrscheinlich für eine Verlängerung der Projektdauer gesorgt. Ich konnte meinen Chef nach intensiven Diskussionen dann mit meinen Argumenten umstimmen, wir haben uns am Ende für Bulgarien entschieden.

Frage 48: Wie würden Sie einen neuen Mitarbeiter einarbeiten?

Ungünstige Antwort auf Frage 48 Ich habe gute Erfahrungen damit gemacht, neue Leute erst einmal machen zu lassen. Die meisten bringen viele Erfahrungen mit, und wenn es Fragen gibt, werden sie sich schon melden.

Gelungene Antwort auf Frage 48 Das hängt von dem Aufgabenfeld, den Vorerfahrungen und den Erwartungen der anderen Kollegen in der Abteilung ab. Es gibt Menschen, die über sehr umfangreiche Erfahrungen verfügen. In diesem Fall würde ich nach einer kurzen Einarbeitung deutlich signalisieren, dass ich bei Bedarf als Ansprechpartner zur Verfügung stehe, aber grundsätzlich davon ausgehe, dass der neue Mitarbeiter sich zurechtfinden wird. Andere neue Mitarbeiter brauchen klare Anweisungen und müssen mit den Hauptaufgaben einige Zeit unter Anleitung vertraut gemacht werden. Wichtig ist in jedem Fall, neue Mitarbeiter gleich zu Beginn mit ihren Ansprechpartnern innerhalb und außerhalb der Abteilung vertraut zu machen. Dann verteilt sich die Einarbeitung auf mehrere Schultern.

Frage 49: Wie würden Sie vorgehen, wenn Sie eine Projektgruppe zur Unternehmensstrategie 2025 zusammenstellen sollten?

Ungünstige Antwort auf Frage 49 Ich würde mir die besten Leute suchen, und dann geht es los. Erst einmal ein Brainstorming, dann die Ideen in der Diskussion bewerten und dann eine Entscheidungsvorlage ausarbeiten.

Gelungene Antwort auf Frage 49 Es ist meiner Meinung nach so, dass ein so wichtiges Thema wie die Unternehmensstrategie 2025 nicht von oben herab bestimmt werden kann. Ich würde aus allen Schlüsselabteilungen Experten heranziehen. Also aus den Abteilungen Vertrieb, Service, Entwicklung, Produktion, Personal, Logistik und Finanzen. Dann würde ich das Thema in Teilaspekte zergliedern, die von den einzelnen Abteilungen jeweils federführend in Workshops moderiert werden sollten. Und abschließend würde ich vor der Geschäftsleitung Ergebnisse der einzelnen Arbeitsgruppen in Form einer Entscheidungsvorlage präsentieren.

Frage 50: Was bringt Sie im Arbeitsalltag auf die Palme?

Ungünstige Antwort auf Frage 50 Wenn mal wieder der Abteilungskrieg ausbricht, ich mag es wirklich nicht, wenn Einzelinteressen über das Firmeninteresse gestellt werden. Das habe ich schon zu oft erlebt.

Gelungene Antwort auf Frage 50 Auf die Palme bringt mich so schnell nichts. Aber ich kann natürlich auch einmal eine klare Ansage machen, wenn mich etwas nervt. Es ist manchmal schwierig, wenn sich Abteilungsinteressen verselbstständigen. Hier suche ich dann in kleiner Runde mit den jeweils betroffenen Abteilungen das klärende Gespräch, dann kann man sich wieder in größerer Runde zusammensetzen und kommt zu einem Ergebnis.

Frage 51: Angenommen, Sie werden von einem Bekannten angesprochen, weil am Wochenende etwas Negatives über unsere Firma in der Presse berichtet worden ist: Wie würden Sie reagieren?

Ungünstige Antwort auf Frage 51 Ich würde darauf hinweisen, dass es sich wohl um investigativen Journalismus handelt, der auf Auflagensteigerung abzielt.

Gelungene Antwort auf Frage 51 Ich würde zunächst nachfragen, worum es in dem Artikel genau geht. Wenn ich selbst Informationen zu den kritisierten Aspekten bräuchte, würde ich in der Firma nachfragen. Dann würde ich meinem Bekannten erklären, wie der Sachverhalt aus Firmensicht aussieht. Ich finde es wichtig, hinter dem Unternehmen zu stehen; sollte es tatsächlich Fehler gegeben haben, lassen diese sich ja auch beheben. Auch das würde ich meinem Bekannten anhand von Beispielen aus der Vergangenheit mitteilen.

Frage 52: Geben Sie uns bitte ein Beispiel dafür, wie Sie aus einer übergeordneten Unternehmensstrategie passende Teilziele und Maßnahmen entwickelt haben.

Ungünstige Antwort auf Frage 52 Das mache ich regelmäßig. Die Strategie wird analysiert, Teilziele werden definiert, Kontrollmechanismen etabliert, und dann klappt das auch. Beispielsweise wenn es darum geht, die Marktführerschaft auszubauen.

Gelungene Antwort auf Frage 52 Die Vorgabe der Geschäftsleitung, kontinuierlich die Marktführerschaft auszubauen, habe ich durch folgenden Maßnahmenkatalog unterstützt. Zuerst habe ich in Zusammenarbeit mit der Abteilung Forschung & Entwicklung das Produkt- und Serviceportfolio gründlich analysiert und Wachstumschancen definiert. Dann habe ich in Abstimmung mit dem Vertrieb die einzelnen Teilmärkte genauer identifiziert und ihre jeweiligen Entwicklungschancen bewertet. Großen Erfolg habe ich durch die Weiterentwicklung von Produktmehrwerten erzielt, indem ich die Angebote an kundenspezifischem und hochwertigem Service deutlich ausgebaut habe. Die Teilziele und Maßnahmen haben dazu beigetragen, dass die Marktführerschaft erfolgreich weiter ausgebaut werden konnte.

Frage 53: Ein Kunde beschwert sich bei Ihnen über ein mangelhaftes Produkt unserer Firma: Wie reagieren Sie?

Ungünstige Antwort auf Frage 53 Ich verweise ihn an den Kundenservice.

Gelungene Antwort auf Frage 53 Wenn ich das Problem sofort lösen kann, sorge ich für Abhilfe. Auch bei uns gibt es ja einmal ein »Montagsprodukt«. Habe ich den Eindruck, dass hier ein größeres Problem vorliegt, sorge ich dafür, dass sich ein Mitarbeiter aus dem Kundenservice schnell beim Kunden meldet. Die Kosten, um einen neuen Kunden zu gewinnen, sind ja bekanntlich um ein Vielfaches höher als die Kosten, einen unzufriedenen Kunden zu halten. Also hat der unzufriedene Kunde eine gewisse Priorität.

Frage 54: Was war das dringendste Problem, dass Sie an Ihrem momentanen Arbeitsplatz lösen mussten? Wie haben Sie es gelöst?

Ungünstige Antwort auf Frage 54 Bei mir gab es eigentlich keine Probleme. Wenn man die Dinge richtig organisiert, läuft doch alles wie von selbst. Und die kleinen Reibereien am Arbeitsplatz gehören doch überall dazu.

Gelungene Antwort auf Frage 54 Als Führungskraft verstehe ich mich auch als Problemlöser, daher habe ich natürlich viele dringende Probleme gelöst, sei es fachlicher oder zwischenmenschlicher Natur. Ein sehr dringendes Problem war das Kostensenkungsprogramm des Unternehmens. Wir mussten in sehr kurzer Zeit in allen

Bereichen 15 Prozent einsparen, auch meine Abteilung. Um hier nicht Blöcke aufzubauen, auch nicht zwischen den Mitarbeitern, habe ich mehrere Krisensitzungen durchgeführt, die Mitarbeiter wurden persönlich von mir darüber informiert, dass die Kosten in jedem Fall durchschnittlich um 15 Prozent gesenkt werden müssten. Gemeinsam haben wir eine Vorschlagsliste erarbeitet, die natürlich heiß diskutiert wurde, wer gibt schon gerne etwas von seinen Etats ab. Ich habe die Krisenrunden moderiert, und so haben wir gemeinsam die Vorgabe realisiert und damit das Problem gelöst.

Frage 55: Wie lösen Sie schwerwiegende Konfliktsituationen auf?

Ungünstige Antwort auf Frage 55 Da muss man auch mal etwas direkter auf die Leute zugehen und den Ton schärfer wählen. Manche ziehen erst dann wieder richtig mit, wenn sie wissen, wo der Hammer hängt.

Gelungene Antwort auf Frage 55 Schwerwiegende Konfliktsituationen gab es in meinem Bereich eher selten. Einmal mussten wir aber einem Mitarbeiter Druck machen, der ein Suchtproblem hatte. Dabei ging es nicht darum, den Mitarbeiter rauszumobben. In mehreren Vieraugengesprächen mit den direkten Kollegen des betroffenen Mitarbeiters habe ich mir das Problem und vor allem seine betrieblichen Auswirkungen detailliert schildern lassen. Dann habe ich das Ganze mit dem Betriebsrat besprochen. Wir haben gemeinsam mehrere Gespräche mit dem Mitarbeiter über sein Suchtproblem gehabt. Nach einer Zeit des Abblockens wurde er endlich einsichtig. Wir konnten ihn davon überzeugen, passende Hilfsmaßnahmen der Krankenkassen mit speziellen Therapiemaßnahmen in Anspruch zu nehmen.

Frage 56: Stellen Sie sich vor, Sie müssten ein Wissensmanagementsystem bei uns einrichten. Wie würden Sie an diese Aufgabe herangehen?

Ungünstige Antwort auf Frage 56 Das klingt aber sehr speziell. Auf diese Frage weiß ich jetzt auf Anhieb keine Antwort. Würden Sie mir bitte noch kurz erklären, was Sie unter einem Wissensmanagementsystem überhaupt verstehen?

Gelungene Antwort auf Frage 56 Nun, ich bin kein Spezialist für Wissensmanagement, ich könnte mir aber vorstellen, dass es darum geht, das Wissen über bestimmte betriebliche Abläufe und Vorgehensweisen systematisch zu erfassen. Hierzu würde ich in Absprache mit den jeweiligen Abteilungsspitzen klären, welches Wissen und welche Abläufe aus den jeweiligen Abteilungen so relevant sind, dass sie erfasst werden müssten. Dann wäre zu klären, wer das jeweilige Wissen dokumentiert und wie es aktuell gehalten wird. Interessant wäre es sicherlich auch, Wissen über die Produktlinien, die damit verbundenen Serviceleistungen und Ähnliches zu erfassen. Wenn die Wissensdatenbank dann stehen würde, müsste noch geklärt werden, wer

Zugang dazu haben soll. Schließlich soll das Firmenwissen ja auch nicht jedem einfach so zugänglich sein.

Frage 57: Denken Sie bitte an ein gravierendes Problem mit einem Ihrer Arbeitskollegen im Team. Wie haben Sie das Problem aus der Welt geschafft?

Ungünstige Antwort auf Frage 57 Einer meiner Kollegen ist immer zu spät gekommen, bei jedem Meeting musste man ihm hinterhertelefonieren. Naja, ich habe es dann einmal richtig krachen lassen.

Gelungene Antwort auf Frage 57 Ich hatte einen Kollegen, der ein sehr flexibles Zeitmanagement hatte. Er hielt sich einfach nicht an Absprachen und Terminvorgaben, zu jedem Meeting kam er zu spät und musste telefonisch erinnert werden. Obwohl ich mehrere Male das Gespräch gesucht hatte, änderte sich nichts. Dann habe ich mir überlegt, wie ich ihm sein Verhalten deutlicher vor Augen führen könnte. Mir kam die Idee, ihn mehrmals zu Meetings einzuladen, die gar nicht stattfanden. Daraufhin wurde er richtig böse, womit ich gerechnet hatte. Ich erklärte ihm, dass es uns anderen genauso gehe, weil er ständig Termine nicht einhalten würde. Mit dieser Aktion habe ich ihn wohl besser erreicht als mit den vorhergehenden Mahnungen. Er gab sich ab diesem Zeitpunkt wirklich mehr Mühe, pünktlicher zu arbeiten.

Frage 58: Was könnten Sie an Ihrem Arbeitsplatz tun, um unser Unternehmen weiter nach vorne zu bringen? Und in welchen Schritten würden Sie dabei vorgehen?

Ungünstige Antwort auf Frage 58 Ich kann mir vorstellen, eine ganze Menge zu tun, um das Unternehmen weiter nach vorne zu bringen. Dafür bin ich ja auch heute eingeladen worden. Zunächst würde ich eine präzise Analyse durchführen, mir dann Maßnahmen überlegen, die ich in der Wirkung abwägen würde. Auch der Kostenaspekt der Maßnahmen ist ja zu bedenken. Und dann würde ich die wirksamsten Maßnahmen gezielt umsetzen.

Gelungene Antwort auf Frage 58 In meinem momentanen Arbeitsbereich habe ich gute Erfahrungen mit individuellen betriebswirtschaftlichen Kontrollrechnungen gemacht. Dabei habe ich die Grundzüge der Kontrollrechnung den betroffenen Mitarbeitern vorgestellt, damit sie dieses Steuerungsinstrument und die Auswirkungen für ihren jeweiligen Bereich nachvollziehen können. Ich habe quasi ein internes Reporting installiert, dass wahlweise im Wochen-, 2-Wochen- oder Monatsrhythmus wiederholt wurde. Tatsächliche Kosten fielen hierfür, abgesehen von der Zeit, die sich die Mitarbeiter für das Kennenlernen dieses neuen Instruments nehmen mussten, nicht an. Die Wirkungen waren dagegen sehr beachtlich. Da jeder Einzelne viel besser einschätzen konnte, welche Kosten an welchen Stellen anfallen, wurde das Kostenbewusstsein deutlich gestärkt. Dieses Instrument könnte ich auch am neuen Arbeitsplatz einsetzen, um das Unternehmen nach vorne zu bringen.

Frage 59: Können Sie uns ein Beispiel für Ihre Lösungskompetenz geben?

Ungünstige Antwort auf Frage 59 Ich habe die Supply Chain optimiert, und zwar deutlich.

Gelungene Antwort auf Frage 59 An meinem momentanen Arbeitsplatz hatte ich die Vorgabe, die Supply Chain hinsichtlich der Komplexitätstreiber zu optimieren. Hierzu habe ich die Material-, Informations- und Finanzströme des gesamten Prozesses analysiert. Die Verzahnungen, die sich aus Warengruppenmanagement, Bestandsoptimierung, Durchlaufzeitenverringerung und Bedarfsplanung ergaben, wurden in ihren Abhängigkeiten in Bezug auf die unterschiedlichen Auslastungsniveaus neu definiert. Meine Lösung bestand also darin, durch die Identifikation der Komplexitätstreiber effektivere Prozesse in allen anvisierten Auslastungsniveaus zu erzielen.

Frage 60: Welches gravierende private Problem haben Sie in den letzten sechs Monaten gelöst?

Ungünstige Antwort auf Frage 60 Ich wüsste nicht, was private Probleme in dieser Runde zu suchen haben. Bitte stellen Sie mir die nächste Frage.

Gelungene Antwort auf Frage 60 Gravierende private Probleme habe ich glücklicherweise eher selten. Schwierig war vor einiger Zeit aber eine juristische Auseinandersetzung wegen eines Autounfalls. Aus meiner Sicht war die Sachlage eigentlich ganz klar, da der gegnerische Autofahrer die Vorfahrt missachtet hatte. Seine Versicherung fing aber an, auf Zeit zu spielen und juristische Tricks zu versuchen. Da ich in dieser Zeit häufiger für meine Firma im Ausland war, habe ich mich entschieden, trotz eigentlich klarer Sachlage mein Anliegen durch einen ausgewiesenen juristischen Spezialisten vertreten zu lassen. Obwohl damit zunächst für mich Kosten verbunden waren, war es mir wichtig, den Kopf für meine beruflichen Aufgaben frei zu haben. Am Ende stand ich doppelt gut da. Das Auslandsprojekt konnte termintreu abgeschlossen werden, und mein Rechtsvertreter spielte sowohl seine Kosten als auch einen höheren Schadensersatz als ursprünglich erwartet ein.

10. Kernkompetenz 3: Wie ausgeprägt ist Ihre Innovationskompetenz?

Die Firmen wünschen sich von ihren Führungskräften eine ausgeprägte Innovationskompetenz, weil sie der Transmissionsriemen sind, der notwendige Veränderungen begleiten und gestalten soll. Aber: Unausweichliche Veränderungen sorgen bei jedem Menschen für Unruhe, auch bei denen, die in Unternehmen arbeiten. Daher wird von Führungskräften immer häufiger erwartet, dass sie die Rolle eines Changemanagers übernehmen, der für den notwendigen Wandel bei den Mitarbeitern wirbt, ihn einleitet und begleitet. Damit sind die Kernpunkte der Innovationskompetenz bereits umrissen. Einerseits geht es darum zu benennen, was verändert werden soll, und andererseits darum zu zeigen, wie dies von der Führungskraft zwischenmenschlich bewerkstelligt wird.

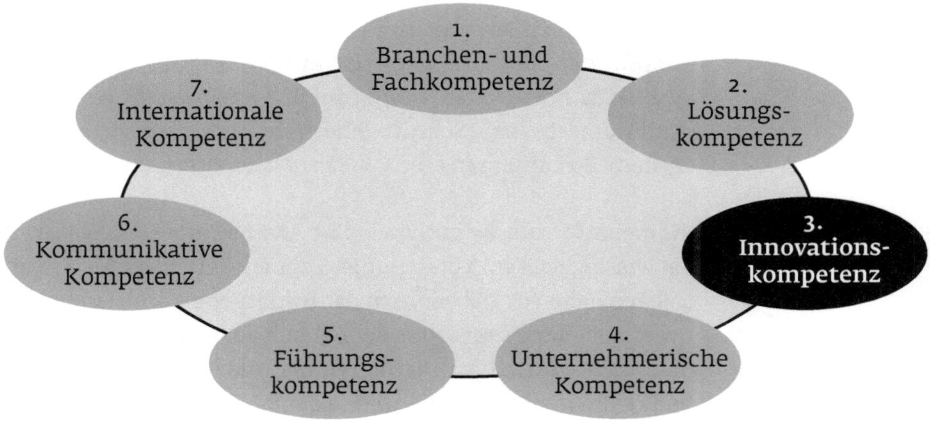

Typische Fehler: Vorzeitiges Aus!

Abrechnung mit dem alten Arbeitgeber

In unserer Beratungspraxis erleben wir es häufig, dass bei den von uns gecoachten Führungskräften die negativen Emotionen durchschlagen, wenn es um die Beantwortung von Fragen aus diesem Themenkomplex geht. Dies ist nicht verwunderlich, da die Einführung neuer Warenwirtschafts- oder EDV-Systeme, die Realisierung von Neu-, Re- und Umstrukturierungen oder die Umsetzung von Cost-Cutting-Strategien für die Beschäftigtenseite mit gravierenden Einschnitten wie Veränderungen in den Arbeitsaufgaben und -abläufen und oft leider auch mit Etatstreichungen oder gar Arbeitsplatzabbau verbunden sind. Dann kann es aber passieren, dass das Vorstellungsgespräch mit der neuen Firma als Gelegenheit zur Abrechnung mit dem alten Arbeitgeber missverstanden wird.

Negativbeispiel Eine mögliche Frage, um zu erkunden, ob Führungskräfte in der Lage sind, notwendige Veränderungen mitzutragen, klingt folgendermaßen: »Welche Veränderungen haben Sie an Ihrem alten Arbeitsplatz als Einschnitt empfunden?« Diese Replik dürfte ein Bewerber auf keinen Fall geben: »Meine Abteilung wurde einem anderen Bereich zugeordnet, mit dem Bereichsleiter konnte ich gar nicht, daher bewerbe ich mich auch jetzt bei Ihnen. Als Einschnitt habe ich auch empfunden, dass die Logistik durch die Einführung eines Multi-Channel-Systems völlig auf den Kopf gestellt wurde. Da funktionierte keine Schnittstelle mehr ins Warenwirtschaftssystem. So kann man eine Firma auch kaputt modernisieren.«

Kommentar zum Negativbeispiel Der Bewerber scheint nicht zu wissen, dass im Vorstellungsgespräch kein Platz für Arbeitgeberschelte ist. Selbst wenn der inhaltliche Kern seiner Antwort zutreffend sein sollte, der Bereichsleiter sich also tatsächlich nicht konstruktiv verhalten hat und die Einführung des Multi-Channel-Systems wirklich das Warenwirtschaftssystem lahmgelegt hat, gilt dennoch der Grundsatz der Erfolgskommunikation. Das heißt, dass Probleme, wenn überhaupt, nur kurz thematisiert und grundsätzlich nur zusammen mit einer Lösung präsentiert werden sollten. Und diese Lösung muss vom Bewerber selbst initiiert worden sein.

Antwort-Strategie: Das bringt Sie in den Job!

Schildern Sie Ihre Flexibilität

Verdeutlichen Sie, dass Sie Veränderungen nicht grundsätzlich negativ, sondern als Chance für das Unternehmen und seine Mitarbeiter sehen. Schildern Sie, wie Sie sich flexibel auf neue Anforderungen eingestellt und Ihre Mitarbeiter mit ins Boot geholt haben. Liefern Sie Beispiele dafür, wie Sie durch technische oder organisatorische Innovationen dafür gesorgt haben, dass Arbeitsabläufe effizienter geworden sind und das Unternehmen an Wettbewerbskraft gewonnen hat. Sehr überzeugend sind in Zeiten knapper Kassen Beispiele dafür, wie Sie Veränderungen mithilfe kreativer - sprich: kostenneutraler - Lösungen erfolgreich in den Griff bekommen haben.

Positivbeispiel Beantworten Sie die Frage »Welche Veränderungen haben Sie an Ihrem alten Arbeitsplatz als Einschnitt empfunden?« besser, indem Sie sich an dieser Antwort orientieren: »Meine Abteilung wurde einem anderen Bereich zugeordnet, was sowohl für meine Mitarbeiter als auch für mich erst einmal eine Umstellung war. Nach einiger Zeit hatten sich die Abläufe aber eingespielt. Als Einschnitt habe ich auch empfunden, dass die Logistik durch die Einführung eines Multi-Channel-Systems eine Zeit lang sehr gefordert wurde. Die Schnittstellen ins Warenwirtschaftssystem funktionierten am Anfang überhaupt nicht. Da mussten meine Mitarbeiter einige Überstunden hinlegen, um gemeinsam mit den Softwarespezialisten für eine reibungslose EDV zu sorgen.«

Kommentar zum Positivbeispiel Das Positivbeispiel hinterlässt sicherlich auch bei Ihnen eine ganz andere Wirkung als das Negativbeispiel. Die Führungskraft schildert die gleichen Herausforderungen wie zuvor. Die negativen Auswirkungen der Zusammenarbeit mit dem neuen Bereichsleiter werden überhaupt nicht mehr thematisiert, stattdessen formuliert der Bewerber neutral »Nach einiger Zeit hatten sich die Abläufe aber eingespielt«. Noch deutlicher wird die Fähigkeit der Führungskraft, auf neue Herausforderungen flexibel und konstruktiv zu reagieren, am Beispiel der Neueinführung des Multi-Channel-Systems. Die Führungskraft veranschaulicht, dass sie ihre Mitarbeiter in einer schwierigen Arbeitssituation dazu gebracht hat, eine Zeit lang mehr als üblich zu arbeiten, nämlich so lange, bis die Fehler aus der Welt geräumt waren und das neue Logistiksystem einwandfrei lief.

Beispielfragen und -antworten: Innovationskompetenz

Bitte beantworten Sie zunächst die Fragen, bevor Sie einen Blick auf unsere Beispielantworten werfen. Gleichen Sie Ihre Antworten ab. Modifizieren Sie bei Bedarf Ihre Antworten anhand unserer gelungenen Beispiele. Überlegen Sie sich zusätzlich individuelle Belege mit Praxisbezug, mit denen Sie Ihre Antworten plausibel ausgestalten können.

Frage 61: Können Sie sich gut auf neue Situationen einstellen?

Ungünstige Antwort auf Frage 61 Natürlich, ich würde mich als innovativ und anpassungsfähig sehen, wenn neue Situationen zu bewältigen sind. Gerade im Beruf steht man ja immer wieder vor neuen Herausforderungen, die ja auch, wie das Wort schon sagt, einen persönlich fordern.

Gelungene Antwort auf Frage 61 Ja, neue Situationen im Berufsleben gibt es ständig für mich. Einerseits im zwischenmenschlichen Bereich, beispielsweise wenn man auf interessante Menschen am Rande von Veranstaltungen, Tagungen oder Produktpräsentationen trifft. Ich gehe dann gerne von mir aus auf andere zu und habe mir so in den letzten Jahren ein tolles Netzwerk an Kontakten aufgebaut. Andererseits gibt es ja auch immer wieder neue Situationen am Markt, also bezogen auf die Branche oder die Anpassung der Produktpalette. In den letzten Jahren stand das Thema Energiesparen ja ganz oben auf der Liste, das wird auch so bleiben. Aus diesem Grund haben wir das Marketing in Abstimmung mit dem Vertrieb angepasst. Die Einsparpotenziale unserer Produkte werden viel offensiver als bisher kommuniziert, aber auch die Langlebigkeit wird weiter betont. Diese Anpassungsstrategie hat sich für unser Unternehmen mit besseren Absatzzahlen ausgezahlt.

Frage 62: Welche zwei gravierenden Veränderungen haben Sie an Ihrem alten Arbeitsplatz erlebt, und wie sind Sie damit umgegangen?

Ungünstige Antwort auf Frage 62 Die Buchhaltung wurde nach Irland ausgelagert, das war eine ganz merkwürdige Umstellung. Auch die Einführung der Kurzarbeit war gravierend. Vorher rollte die Produktion, jetzt saß die Abteilung auf dem Trockenen, und als Gruppenleiter konnte ich daran auch wenig ändern.

Gelungene Antwort auf Frage 62 Zum einen wurde die Buchhaltung mit ihren rein administrativen Vorgängen nach Irland ausgelagert. Zum anderen wurde im Rahmen der Wirtschafts- und Finanzkrise in unserem Unternehmen Kurzarbeit eingeführt. Die teilweise Verlagerung von Aufgaben der Finanzbuchhaltung war für alle daran

Beteiligten eine Umstellung. Eigentlich alle in der Abteilung mussten erst einmal die Scheu überwinden, um bei sich abzeichnenden Problemen oder Fehlbuchungen den direkten Kontakt mit dem externen Dienstleister in Irland zu suchen. Nach einiger Zeit hatte sich das aber eingespielt. Ich hatte dann sowohl für meine E-Mails als auch für meine Telefonanrufe zwei verlässliche Ansprechpartner in Irland, die meine Anfragen kompetent beantworten oder lösen konnten. Auch die Kurzarbeit war natürlich eine Herausforderung. Andererseits kommt es darauf an, das Beste daraus zu machen. Als Gruppenleiter wusste ich, dass wir für bestimme Aufgaben ja nie Zeit hatten. So habe ich dafür gesorgt, dass die neu gewonnenen Zeitressourcen für die Dokumentation von Standardprozessen eingesetzt wurden. Dies hatte den Vorteil, dass Kollegen, auch aus anderen Abteilungen, nicht immer wieder bei null anfangen mussten, sondern auf unsere Dokumentationen zugreifen konnten.

Frage 63: Können Sie mir ein Beispiel für Ihre Innovationskompetenz geben?

Ungünstige Antwort auf Frage 63 Ich habe den Lambda-Wert von 0,041 auf 0,038 gesenkt. Das war eine Revolution.

Gelungene Antwort auf Frage 63 Mehrere von mir betreute Projekte hatten zum Ziel, die Wärmeleitfähigkeit nachhaltig zu senken. Mit den von mir im Entwicklungslabor initiierten Versuchen hat es mein Team innerhalb eines Jahres geschafft, den Lambda-Wert von 0,041 auf 0,038 zu senken. Das war eine Revolution in der Branche, und wir waren damit das absolute Messethema. Bezogen auf unsere Produktpalette konnten wir nun Flachdächer anbieten, die deutlich weniger Wärme entweichen lassen.

Frage 64: Was ist in Ihrem Arbeitsfeld heute anders als vor fünf Jahren?

Ungünstige Antwort auf Frage 64 Es gibt mehr Projektarbeit als früher, das klingt in der Praxis spannender, als es ist. Manchmal frage ich mich, ob die ständigen Abstimmungsprozesse nicht die versprochenen Vorteile des Outsourcings neutralisieren.

Gelungene Antwort auf Frage 64 Insgesamt sind die Prozesse internationaler geworden, was für mich eine höhere Abstimmung bedeutet. Ich koordiniere Softwareteams in Indien, Irland und China. Dabei stelle ich häufiger fest, dass ich mir die Projektfortschritte in Indien und China in kürzeren Zeitabschnitten ansehen muss als die in Irland. Entwickler in weiter entfernten Regionen sind auch von unseren firmeninternen Vorstellungen weiter weg. Hier gilt es aufzupassen und rechtzeitig gegenzusteuern, sonst neutralisiert sich der Kostenvorteil der Entwicklung nämlich wieder. Mit dem richtigen Timing kann man aber die Vorteile der internationalen Projektarbeit verbuchen.

Frage 65: Und was, glauben Sie, wird in weiteren fünf Jahren anders sein als heute?

Ungünstige Antwort auf Frage 65 Da müsste man ein Prophet sein, um die Frage genau beantworten zu können. Aber insgesamt wird sicherlich der Wettbewerb weitergehen. Es gibt ja immer wieder neue Entwicklungen. Und auch wenn die meisten davon sang- und klanglos verschwinden, verändert sich der Markt permanent.

Gelungene Antwort auf Frage 65 In meinem Arbeitsfeld ist der Innovationsdruck zwar nicht so hoch wie in der Softwarebranche, aber dennoch deutlich vorhanden. Auch bisher habe ich mit einer kontinuierlichen Marktbeobachtung, einer regelmäßigen Analyse der wichtigsten Mitbewerber und der Auswertung von Kundenbefragungen neue Entwicklungen rechtzeitig erkannt und entsprechende eigene Angebote für mein Unternehmen auf den Weg gebracht. Was sich auf jeden Fall ändern wird, sind die Vertriebswege im Verhältnis stationär zu online. Qualitätsprodukte brauchen auch weiter Qualitätsberatung im Fachhandel, aber die Massenprodukte und auch die etablierten, qualitativ hochwertigen Longseller laufen quasi von allein über den Online-Handel. Hier müssen wir in den nächsten fünf Jahren entsprechende Multi-Channel-Angebote aufgebaut und etabliert haben. Sonst verlieren wir den Anschluss.

Frage 66: Welche Veränderungen haben Sie persönlich in der Vergangenheit initiiert?

Ungünstige Antwort auf Frage 66 Ich habe Gesprächsleitfäden für den Außendienst initiiert. Das stieß zwar auf Widerstand bei einigen Außendienstmitarbeitern, aber als Führungskraft will man ja auch nicht geliebt, sondern respektiert werden.

Gelungene Antwort auf Frage 66 Letztes Jahr habe ich Gesprächsleitfäden für den Außendienst initiiert. Diese Leitfäden waren vor allem für die neuen Außendienstmitarbeiter nützlich, da sie dann bei ihrer täglichen Beratungsarbeit auf bewährte Konzepte zugreifen konnten. Die erfahrenen Außendienstmitarbeiter, die ja auch meist schon etwas älter sind, habe ich bereits in der Konzeptionsphase eingebunden und um ihre Änderungsvorschläge gebeten. Auf diese Weise konnte ich für eine gute Akzeptanz der Gesprächsleitfäden sorgen.

Frage 67: Was können Führungskräfte dafür tun, damit Mitarbeiter von sich aus Anregungen für Veränderungen geben?

Ungünstige Antwort auf Frage 67 Das ist ein schwieriges Thema, denn Mitarbeiter haben meistens Angst, dass ihr Veränderungsvorschlag dann zu einem gewissen Unmut bei den Kollegen in der Abteilung führt. Wenn es um Änderungen abteilungsübergreifender Prozesse geht, steigt die Zurückhaltung sogar noch, weil viele Angst haben, sich zu blamieren. Da kann man nur immer wieder appellieren, dass das Unternehmen auf Veränderungsvorschläge angewiesen ist.

Gelungene Antwort auf Frage 67 Es hängt meiner Erfahrung nach stark davon ab, ob es im Unternehmen bereits eine Veränderungskultur gibt oder ob man ganz von vorne anfangen muss. Wenn die Bereitschaft, sich immer wieder Veränderungen zu stellen, schon vorhanden ist, ist es leichter, die Mitarbeiter dazu zu bewegen, von sich aus Anregungen zu geben. An meinem momentanen Arbeitsplatz haben wir die besten Veränderungsvorschläge sogar jährlich prämiert, um ganz klar zu signalisieren, wie wichtig sinnvolle Verbesserungen für den Unternehmenserfolg sind.

Frage 68: Was können Vorgesetzte tun, um Mitarbeiter bei notwendigen Veränderungen von Anfang an mit ins Boot zu holen?

Ungünstige Antwort auf Frage 68 Die Menschen sind von den ganzen Veränderungen mittlerweile doch nur noch überfordert. Ich halte mich deshalb lieber bedeckt und kommuniziere Veränderungsbedarf dann eher direkt, gebe also Anweisungen, was sich künftig ändern wird.

Gelungene Antwort auf Frage 68 In jeder Abteilung gibt es meiner Erfahrung nach Mitarbeiter, die sich mit Veränderungen leichter als andere tun und die auch bereit sind, neue Dinge auszuprobieren. Stehen also notwendige Veränderungen an, kann es sinnvoll sein, diesen Mitarbeitern eine Vorreiterrolle einzuräumen. Veränderungen sind ja kein Selbstzweck, sondern sollen dabei helfen, Abläufe zu erleichtern oder zu verbessern. Wenn ein Wunsch nach Veränderung dann mit positiven Rückmeldungen aus der Praxis verknüpft ist, lässt sich die Veränderung in der Breite, also bei allen Beteiligten, viel leichter durchsetzen.

Frage 69: Angenommen, Sie müssten von heute auf morgen einen neuen Beruf lernen: Wie würden Sie mit dieser Situation fertig werden? Was würden Sie tun?

Ungünstige Antwort auf Frage 69 Dafür bin ich ja eigentlich schon zu alt. Ich würde mich wohl selbstständig machen müssen.

Gelungene Antwort auf Frage 69 Im heutigen Arbeitsleben lernt man ja ständig dazu. Die Aufgaben in meinem ersten Job nach der Uni waren sicherlich ganz andere als die in meinem heutigen Job. Ich würde in einer solchen Situation gründlich analysieren, was ich alles in den vergangenen Jahren gemacht und gelernt habe, und das Ganze dann nach Schwerpunkten sortieren. Sicherlich ergäben sich dann neue Berufsbilder, in die ich aber bewährte Erfahrungen einbauen könnte. Die Berufsbilder würde ich dann mit den Realisierungsmöglichkeiten am Arbeitsmarkt abgleichen, also prüfen, welche Beschäftigungsmöglichkeiten ich damit hätte. Ich bin mir sicher, da würde ich etwas Passendes für mich finden.

Frage 70: Wie stark sehen Sie sich in der Rolle als Change-Manager Ihres Bereichs?

Ungünstige Antwort auf Frage 70 Es gibt ja so viele Moden, denen uns die Unternehmensberater unterwerfen wollen, die müssen ja auch verdienen. Erst war es das Reengineering, dann das Total-Quality-Management, später der Zeitwettbewerb, das Outsourcing oder das Benchmarking. Und heute ist es eben das Changemanagement. Das würde ich schon hinbekommen, es wird doch bei all diesen Moden immer nur mit Wasser gekocht.

Gelungene Antwort auf Frage 70 Veränderungsnotwendigkeiten zu erkennen und rechtzeitig die entsprechenden Maßnahmen in Abstimmung mit den Mitarbeitern zu ergreifen ist für mich als Führungskraft schon immer eine Kernaufgabe gewesen. Bei meinem jetzigen Arbeitgeber habe ich in meinem Bereich beispielsweise halbjährlich eine Cost-Killer-Runde durchgeführt, was sehr erfolgreich war. Auch in der vorhergehenden Stelle habe ich Veränderungen angestoßen. Dort habe ich in Abstimmung mit dem Wareneinkauf, der Logistik und dem Vertrieb ein neues Rabattsystem für Bestandskunden auf den Weg gebracht.

Frage 71: Was würden Sie verändern, wenn Sie Vorstandsvorsitzender/ Geschäftsführer unserer Firma wären?

Ungünstige Antwort auf Frage 71 Nun, es läuft ja alles gut, da wäre ich vorsichtig. Veränderung um der Veränderung willen ist ja auch kein sinnvoller Weg. Bewährtes hat eben seinen Reiz. Deswegen bin ich ja auch heute hier.

Gelungene Antwort auf Frage 71 Als Geschäftsführer müsste ich alle Abteilungen gleichermaßen im Blick haben. Die gute geschäftliche Entwicklung der Müller GmbH ist seit Jahrzehnten darauf zurückzuführen, dass ein erheblicher Teil in Forschung und Entwicklung investiert wird. Hier würde ich auch anknüpfen, die Markttrends mit den Leitern Forschung und Entwicklung sondieren, aber auch die neuen Mitbewerber aus Fernost und ihre Angebote genauer unter die Lupe nehmen. Auch die Kostenseite müsste natürlich regelmäßig überprüft werden, hier würde ich mir durch die jeweiligen Abteilungsleiter zuarbeiten lassen. Ein Zukunftsthema ist sicherlich der Personalnachwuchs. Gute Facharbeiter werden schon heute knapp, dieses Thema würde ich mit Nachdruck verfolgen und mich hierbei von der Personalleiterin und ihren sicherlich vorhandenen guten Ideen unterstützen lassen.

Frage 72: Geben Sie uns bitte ein Beispiel für einen misslungenen Veränderungsversuch in Ihrer Abteilung: Was sollte verändert werden? Warum hat es nicht geklappt?

Ungünstige Antwort auf Frage 72 In meiner Abteilung hatte es vor einiger Zeit den Versuch gegeben, IT-Systeme standortübergreifend zu standardisieren. Die Kollegen von der Filiale in Hamburg haben dann damit begonnen und die Ergebnisse den Kollegen in München vorgestellt. Die Münchner haben sich natürlich bevormundet gefühlt und alles blockiert. Das Projekt verlief dann leider im Sand, schade um die Zeit und das Geld.

Gelungene Antwort auf Frage 72 Vor einiger Zeit gab es den Versuch in meiner Abteilung, IT-Systeme standortübergreifend zu standardisieren. Es ging um die Filialen Hamburg und München. Die Hamburger waren mit der Materie besser vertraut und haben deshalb die Vorreiterrolle übernommen und den Münchnern dann die Ergebnisse vorgestellt. Davon fühlten sich einige Münchner bevormundet, die dann angefangen haben, das Projekt insgesamt zu blockieren. Ich habe dann mit dem Geschäftsführer intensiv diskutiert, wie wir das Projekt noch retten können. Daraufhin kam uns die Idee, mit Tandemlösungen zu arbeiten. Wir haben also Fachtandems bestehend aus jeweils einem Hamburger und einem Münchner gebildet. Auch wenn die Hamburger letztendlich mit ihrem Wissen zum fachlichen Erfolg beigetragen haben, war es doch wichtig, die Münchner von Anfang an mit dabei zu haben. Die Standardisierung der IT-Prozesse dauerte etwas länger als geplant, konnte dann aber endlich erfolgreich umgesetzt werden.

Frage 73: Was halten Sie von der Aussage »Einen alten Baum verpflanzt man nicht«?

Ungünstige Antwort auf Frage 73 Solche Aussagen hört man öfter von älteren Mitarbeitern. Dann muss man auch einmal Führungsstärke zeigen und mit der Abmahnung wegen Arbeitsverweigerung drohen.

Gelungene Antwort auf Frage 73 Damit wird ein Grundproblem innerhalb des Changemanagements von Veränderungsprozessen angesprochen. Es gibt in jedem Unternehmen sehr erfahrene und langjährige Mitarbeiter, die Veränderungen eher skeptisch gegenüberstehen. Diese Mitarbeiter sind nicht grundsätzlich gegen Veränderungen, wollen aber um ihre Meinung gefragt und rechtzeitig eingebunden werden. Ich habe bei einer anstehenden Reorganisation des IT-Bereichs bei meinem vorletzten Arbeitgeber gute Erfahrungen damit gemacht, die zwei Fach-Senioren mit der Teilleitung der Reorganisation zu betrauen. Damit musste ich nicht mehr gegen Widerstände arbeiten, sondern konnte bestimmte IT-Fachaufgaben sogar bestens delegieren.

Frage 74: Welche gesellschaftlichen Veränderungen erwarten Sie in den nächsten Jahren? Und welche Auswirkungen könnten diese auf Ihr Arbeitsfeld haben?

Ungünstige Antwort auf Frage 74 Die demografische Entwicklung wird dramatische Auswirkungen haben. Mir wird ganz anders, wenn ich daran denke, was das für die Rentenkasse oder die Krankenkasse bedeutet. Naja, immerhin wird der Arbeitslosenbeitrag sinken, es gibt dann ja fast keine Menschen mehr ohne Arbeit, hoffe ich zumindest.

Gelungene Antwort auf Frage 74 Die demografische Entwicklung der nächsten Jahrzehnte, also die Umkehr der Alterspyramide, wird gerade in meinem Arbeitsfeld deutliche Auswirkungen hinterlassen. Der Wettbewerb um die besten Fachkräfte wird an Schärfe deutlich zunehmen. Hier sollte schon heute alles getan werden, um nicht plötzlich ohne eine ausreichende Anzahl von Mitarbeitern dazustehen. Ansatzpunkte, um dem Problem zu begegnen, gibt es viele. Ich denke hier an flexible Altersteilzeitmodelle, um kompetente Mitarbeiter so lange wie möglich im Betrieb zu halten, aber auch an Come-Back-Programme für qualifizierte Mütter, die den Weg zurück ins Berufsleben suchen. Darüber hinaus muss auch der Mittelstand mehr auf Personalmarketing setzen als früher, beispielsweise durch Partnerprogramme mit Schulen, Tage der offenen Tür oder Vortragsveranstaltungen in Berufsschulen und Beruflichen Gymnasien.

Frage 75: Was wird sich für Sie persönlich ändern, wenn Sie die ausgeschriebene Stelle bekommen?

Ungünstige Antwort auf Frage 75 Es ist ja nicht das erste Mal, dass ich wechsle. Ich werde mich einarbeiten und mich dann mit voller Kraft für Ihr Unternehmen einsetzen. Dabei wird mir sicherlich helfen, dass ich von Natur aus eher optimistisch bin.

Gelungene Antwort auf Frage 75 Von der fachlichen Seite werde ich an die Dinge anknüpfen können, die ich auch bisher schon erfolgreich geleistet habe, nämlich die Verantwortung für die qualitäts- und termingerechte Konstruktion von Koordinatenmessmaschinen einschließlich Software. Von der Führungsseite her sieht es für mich so aus, dass ich alles daransetzen werde, mich so schnell wie möglich mit den Abläufen bei Ihnen, meinen Ansprechpartnern außerhalb und meinen Mitarbeitern innerhalb der Abteilung vertraut zu machen. Ein konstruktives Miteinander fällt meiner Überzeugung nach nicht vom Himmel, da muss sich gerade die Führungskraft einbringen. Ich bin aber sicher, dass mir das gelingen wird, da ich ähnliche Herausforderungen auch in der Vergangenheit erfolgreich gemeistert habe.

11. Kernkompetenz 4: Wie belegen Sie Ihre unternehmerische Kompetenz?

Eigentlich jede Stellenausschreibung für Führungskräfte enthält unter anderem die Forderung, dass die Bewerberin beziehungsweise der Bewerber über unternehmerische Kompetenz verfügen soll, also wirtschaftlich verantwortungsvoll planen und handeln kann. Es ist direkt die Rede vom »unternehmerischen Denken und Handeln« oder einem »ausgeprägten Geschäftsverständnis«. Oder es werden Teilbereiche der unternehmerischen Kompetenz eingefordert, beispielsweise durch den Wunsch nach einer »hohen Kundenorientierung«, einem »guten technischen Verständnis gepaart mit betriebswirtschaftlichem Denken« oder einem »strategischen Denken und operativem Handeln in einer vertriebsorientierten Leitungstätigkeit«. Beispiele, wie Sie diese Kernkompetenz im Vorstellungsgespräch belegen, finden Sie in diesem Kapitel.

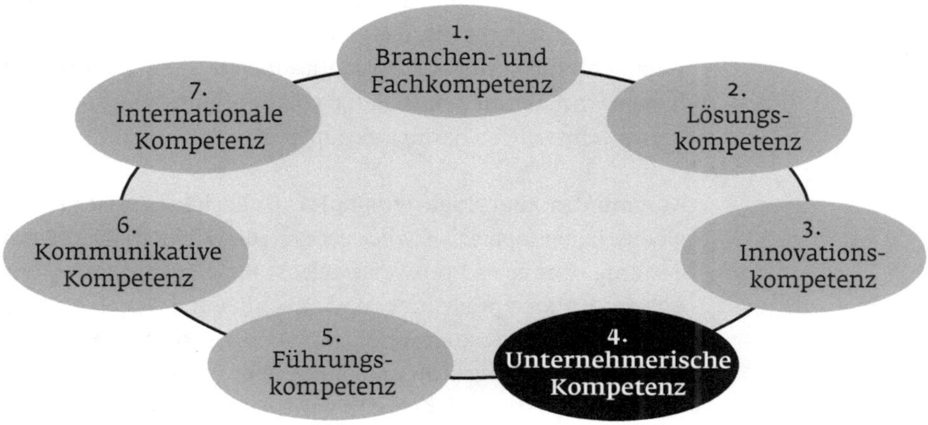

Typische Fehler: Vorzeitiges Aus!

Lippenbekenntnisse reichen nicht aus

Als Führungskraft reicht es nicht aus, im Vorstellungsgespräch ein allgemeines Lippenbekenntnis zum Vorhandensein des geforderten unternehmerischen Denkens abzugeben. Problematisch ist dabei immer wieder, wenn lediglich operative Erfahrungen thematisiert werden – beispielsweise die Betreuung von bestehenden Schlüsselkunden –, dabei jedoch strategische Aspekte, wie die Entwicklung von Maßnahmenkatalogen zur Neukundengewinnung unter den Tisch fallen. Auch das gegenteilige Verhalten bringt Bewerber nicht weiter. Werden nämlich ausschließlich unternehmerische Visionen und Strategien thematisiert, ohne die dazugehörigen Teilschritte und firmeninternen Abstimmungsprozesse zu erläutern, entsteht der Eindruck, dass es dem Bewerber schwerfallen wird, seine unternehmerischen Ideen im Berufsalltag zu realisieren.

Negativbeispiel Die sehr offen formulierte Frage »Wie können Sie in Ihrer neuen Position bei uns unternehmerisch arbeiten?« ist eigentlich eine erstklassige Chance, um die unternehmerische Kompetenz des Bewerbers ins richtige Licht zu setzen. Dann darf er aber nicht so antworten:

»Für mich steht immer der Kunde im Vordergrund, schließlich ist eine Firma ja kein Selbstzweck. Ich habe gute Erfahrungen damit gemacht, dass ich die komplexen technischen Details für die Kunden in Präsentationen schlüssig dargestellt habe. Dann konnte ich in den dazugehörigen Angebots- und Vertragsentwürfen daran anknüpfen.«

Kommentar zum Negativbeispiel Unabsichtlich ist der Bewerber in die »operative Falle« getappt, den thematischen Kern der Frage hat er nur teilweise erfasst. Er schildert zwar, wie er beim Kunden präsentiert und anschließend Angebots- und Vertragsentwürfe zugesandt hat. Damit macht er sich aber nicht zur Führungskraft, sondern bleibt in der Rolle des Vertriebsspezialisten gefangen. Es wäre besser gewesen, wenn er sein Verständnis des unternehmerischen Arbeitens auch unter strategischen Aspekten beschrieben hätte.

Antwort-Strategie: Das bringt Sie in den Job!

Strategischer Weitblick und fachliches Know-how

Das Wechselspiel von strategischem Weitblick und dem dazugehörigen Know-how der operativen Umsetzung im Tagesgeschäft ist bei Antworten auf Fragen nach der unternehmerischen Kompetenz der Schlüssel zum Erfolg. Unternehmerisches Denken allein reicht den Firmen nicht, auch der Handlungsaspekt muss ausreichend thematisiert werden. Besonders überzeugend sind hier Bewerber, die deutlich machen können, dass sie sich auf Erreichtem niemals ausruhen, sondern permanent daran arbeiten, genauso schnell zu reagieren, wie sich globale Märkte heutzutage verändern.

Positivbeispiel Dass die recht offene Frage »Wie können Sie in Ihrer neuen Position bei uns unternehmerisch arbeiten?« wesentlich besser genutzt werden kann, um sich als künftige Führungskraft des Unternehmens positiv in Szene zu setzen, zeigt diese Antwort:

»Unter unternehmerischem Arbeiten verstehe ich in der Position zweierlei. Zum einen die Verantwortung für die Aufstellung und Umsetzung der Budgetziele, die dann in den Verkaufsplänen festgehalten werden. Dazu gehört für mich weiter, Märkte und Mitbewerber regelmäßig analysieren zu lassen, um die gute Position des Unternehmens langfristig zu verteidigen und zu halten. Neben diesen strategischen Aspekten ist mir auch das Tagesgeschäft wichtig. Mein Team braucht in bestimmten Situationen sicherlich auch operative Unterstützung, beispielsweise wenn komplexe technische Details für die Kunden in Präsentationen schlüssig dargestellt werden sollen. Bei meinem momentanen Arbeitgeber habe ich entsprechende Präsentationsmodule entwickelt, die meine Mannschaft dann individuell an die jeweiligen Kundenbedürfnisse anpassen konnte. Die Module waren so aufbereitet, dass im zweiten Schritt, also bei der dazugehörigen Angebots- und Vertragsentwurfsgestaltung, gleich daran angeknüpft werden konnte. Dann blieb mehr Zeit für weitere Kundenbesuche.«

Kommentar zum Positivbeispiel Dass der Bewerber im Positivbeispiel den Grundgedanken des unternehmerischen Arbeitens vollständig verinnerlicht hat, verdeutlicht seine überzeugende Antwort. Er präsentiert sich als Führungskraft, die zugleich entschlossen nach vorne blickt, aber auch tatkräftig dabei mitwirkt, wenn die Mitarbeiter Anregungen und Unterstützung brauchen. Interessant ist, dass der Bewerber nicht nur von Budgetzielen und Verkaufsplänen spricht, sondern auch davon, die Mitbewerber und Märkte regelmäßig zu beobachten. Er kennt die Maßnahmen, die ihm dabei helfen, seine Strategien zum Erfolg zu führen. Geschickt ist auch die Wahl seines Beispiels bei der Unterstützung der Mitarbeiter in Vertriebs- und Verkaufsgesprächen. Offensichtlich ist er mit dem vollständigen Verkaufsprozess gut vertraut und hat sich überlegt, wie er diesen für seine Mitarbeiter effizienter gestalten könnte. Die von ihm entwickelten Präsentationsmodule, die mit wenig Aufwand in Angebots- und Vertragsentwürfe überführt werden können, lassen für die Zukunft vermuten, dass er die Abläufe in seiner Abteilung ebenfalls kontinuierlich verbessern wird. Mit dem gewünschten »Nebeneffekt«, dass für die Mitarbeiter mehr Zeit für Kundenbesuche bleibt. Gratulation, dieser Bewerber weiß, wie er seine Einstellungsargumente passgenau, stärkenorientiert und glaubwürdig vermitteln kann!

Beispielfragen und -antworten: Unternehmerische Kompetenz

Bitte beantworten Sie zunächst die Fragen, bevor Sie einen Blick auf unsere Beispielantworten werfen. Gleichen Sie Ihre Antworten ab. Modifizieren Sie bei Bedarf Ihre Antworten anhand unserer gelungenen Beispiele. Überlegen Sie sich zusätzlich individuelle Belege mit Praxisbezug, mit denen Sie Ihre Antworten plausibel ausgestalten können.

Frage 76: Was verstehen Sie unter strategischem Denken und Handeln?

Ungünstige Antwort auf Frage 76 Strategisches Denken heißt für mich, immer einen Schritt weiter zu sein, entsprechend sind dann die Handlungen anzupassen. Es gibt ja tolle Theoretiker, aber die darf man wirklich nicht auf die Menschheit loslassen. Also, ich sehe mich da als Praktiker.

Gelungene Antwort auf Frage 76 Um strategisch arbeiten zu können, ist meiner Meinung nach ein ganzes Bündel an Fähigkeiten notwendig. Schritt eins ist die richtige Strategie, die kurz-, mittel- oder langfristig definiert werden sollte, am besten in Abstimmung mit den daran beteiligten Abteilungen. Schritt zwei ist die Definition und Überprüfung der Teilziele, hieran scheitern meiner Beobachtung nach viele strategische Neuausrichtungen. Um die Teilziele zu erreichen, ist Beharrlichkeit, Überzeugungsvermögen und manchmal auch eine ordentliche Portion Durchsetzungsstärke gefragt. Schritt drei ist für mich die Feinabstimmung der Strategie. Einige Dinge entwickeln sich nicht so gut wie erhofft, dann ist ein Nachjustieren erforderlich. Andere Dinge laufen besser als gedacht, dann sollte die Siegerstraße noch stärker als ursprünglich geplant beschritten werden.

Frage 77: Wie überprüfen Sie, ob eine Strategie gegriffen hat?

Ungünstige Antwort auf Frage 77 Die Geschäftsführung gibt ja nicht umsonst Ziele und Kennzahlen vor, wenn die nicht erreicht werden, wird es für einige sicherlich unangenehm.

Gelungene Antwort auf Frage 77 Strategien sind ja sehr komplex, weil sehr viele Abteilungen daran beteiligt sind. Deshalb sind mir regelmäßige Erfolgskontrollen, ob die Maßnahmen auch greifen, wichtig. Darüber hinaus ist der Faktor Mensch zu berücksichtigen. Erfahrene Mitarbeiter wissen meist sehr gut, wann die Dinge gut laufen und wann sie Unterstützung einfordern müssen. Berufseinsteiger und weniger erfahrene Mitarbeiter neigen dagegen dazu, auftretende Probleme zu ignorieren und vor sich herzuschieben, und verschlimmern dadurch unabsichtlich die Situation. Als Führungskraft behalte ich deshalb sowohl die frühzeitige Überprüfung der definierten Teilziele als auch die jeweils mit der operativen Strategieumsetzung betrauten Mitarbeiter mit ihren Stärken und Schwächen genau im Blick.

Frage 78: Welche strategischen Ziele würden Sie in der neuen Stelle verfolgen?

Ungünstige Antwort auf Frage 78 Qualität und eine langfristige Kundenbindung sind für mich nicht nur in dieser Stelle, sondern in jeder Stelle die wichtigsten strategischen Ziele. Ohne Qualität gibt es keine Kundenbindung.

Gelungene Antwort auf Frage 78 Als Teamleiter Kundenbetreuung ist mein vorrangiges strategisches Ziel die Einhaltung der hohen Qualitätsvorgaben in der Beratung. Zu diesem Zweck würde ich regelmäßig Anwenderschulungen durchführen, da wir ständig neue Kundenbetreuer bekommen, die schnell und gut eingearbeitet werden müssen. Um das Ziel der langfristigen Kundenbindung zu erreichen, würde ich auch die Leistungswerte meines Teams mit denen anderer vergleichen. Sollte es bei einzelnen Mitarbeitern deutliche Abweichungen nach unten geben, würde ich die Gründe hierfür suchen und abstellen. Bei deutlichen Abweichungen nach oben würde ich überlegen, was die anderen Teammitglieder ändern müssten, um ähnlich gute Werte zu erreichen.

Frage 79: Wie würden Sie Ihr Team auf diese strategischen Ziele einschwören?

Ungünstige Antwort auf Frage 79 Ich würde die Ziele erläutern, die Wichtigkeit unterstreichen und an die Leistungsfähigkeit meiner Teammitglieder appellieren.

Gelungene Antwort auf Frage 79 Als Führungskraft sehe ich mich in der Rolle als Vermittler zwischen den Vorgaben der Geschäftsleitung und den Mitarbeitern. Meiner Meinung nach ziehen Mitarbeiter dann am besten mit, wenn sie verstehen, welche Ziele erreicht werden sollen und was sie an ihrem Arbeitsplatz dafür tun können. So würde ich es auch mit den genannten Zielen der fachlich überzeugenden Beratung und der langfristigen Kundenbindung handhaben. Anhand der Vorgehensweise von unseren besten Kundenberatern, die über viel Erfahrung verfügen, würde ich den weniger erfahrenen Beraterinnen und Beratern vermitteln, wie qualifizierte Beratung in der Praxis aussieht. Und mithilfe ausgewählter Charts über die Absatzmengen von Stammkunden würde ich plastisch verdeutlichen, dass auch die Kundenberater von einer langfristigen Kundenbindung direkt profitieren, weil ihre Erfolgsprämien entsprechend mitwachsen.

Frage 80: Wie wird sich unser Markt in den nächsten Jahren entwickeln?

Ungünstige Antwort auf Frage 80 Der Markt ist sehr eng, es wird wohl einen Verdrängungswettbewerb geben. Wir wollen hoffen, dass wir diesem Wettbewerb auch standhalten können und nicht ein Opfer der Konzentration werden.

Gelungene Antwort auf Frage 80 Der Markt unterliegt einem Verdrängungswettbewerb, dem wir nicht entgehen können. Ich sehe Möglichkeiten darin, die Wertschöpfungskette gezielter auszuschöpfen. Wir könnten stärker als bisher auf After-Sales-Aktivitäten setzen. Auch Cross-Marketing-Maßnahmen mit passenden Partnern haben sich durchaus bewährt. Im Einkauf sollten die Anbieter regelmäßig verglichen werden. Die alte Kaufmannsregel, dass im gelungenen Einkauf der spätere Gewinn liegt, ist auch heute noch aktuell.

Frage 81: Wie analysieren Sie den Wettbewerb in unserem Markt?

Ungünstige Antwort auf Frage 81 Die Produktkataloge der Mitbewerber bekomme ich ja automatisch auf den Tisch. Weiter informiere ich mich über Fachmagazine und höre mich persönlich um.

Gelungene Antwort auf Frage 81 Bewährte Analyseinstrumente sind die Produktkataloge der Mitbewerber und Fachmagazine. Besonders wichtig ist auch der persönliche Kontakt, beispielsweise auf Branchentreffen und einschlägigen Messen. Ich spreche auf Messen gerne gezielt Branchenkollegen an, die von einem zum anderen Mitbewerber gewechselt haben. Denen geht dann richtig das Herz auf, wenn sie bei einem unbeteiligten Dritten einmal Dampf ablassen können. Dabei erfahre ich so einiges darüber, was schiefgelaufen ist, aber auch darüber, was für die Zukunft geplant ist.

Frage 82: Schildern Sie uns bitte eine von Ihnen in der Vergangenheit verfolgte Strategie, die nicht gegriffen hat. Wo lagen die Gründe dafür?

Ungünstige Antwort auf Frage 82 Ich hatte Pech mit einer sehr umfangreichen Produktlinie. Das hätte fast das ganze Unternehmen in den Abgrund geführt. Die Gründe dafür sind aber nicht bei mir oder in meiner Arbeit zu suchen. Die betreuende Werbeagentur war einfach zu unerfahren, da hat mein Chef mehr auf den Preis als auf das Können geachtet. Naja, die Quittung hat er dann ja dafür bekommen. Ich sage immer, dass Qualität auch ihren Preis hat.

Gelungene Antwort auf Frage 82 Im Rahmen eines Projekts zur Kosten- und Qualitätsoptimierung wurden die Bereiche Lagerung und Logistik outgesourct. Anfänglichen Vorteilen in der Kostenstruktur folgten leider bald Nachteile in der Qualität. Sowohl die Wareneingangskontrollen beim externen Dienstleister waren unzureichend als auch die Versandqualität, es kam zu vielen Retouren wegen mangelhafter Verpackung. Letztendlich haben wir die Prozesse wieder ins Haus geholt. Aus meiner Sicht war das Projekt deshalb ein Fehlschlag, weil eine hohe persönliche Identifikation mit den Produkten beim externen Dienstleister einfach nicht gegeben war. Dort waren unsere Produkte austauschbar und anonym.

Frage 83: Ab welchem Zeitpunkt haben Sie entschieden, die Strategie nicht mehr zu verfolgen?

Ungünstige Antwort auf Frage 83 Mein Chef konnte ja sehr stur sein, übrigens auch ein Grund, warum ich mich wegbeworben habe. Der hat erst auf Alarmglocken gehört, wenn sie so laut geklingelt haben, dass sie auch beim besten Willen nicht mehr zu überhören waren. Aber der Etat war ja vergeben, da half nichts mehr.

Gelungene Antwort auf Frage 83 Nachdem mich von einem Stammkunden eine persönliche Beschwerde direkt erreicht hatte, wurde ich hellhörig und bin der Sache sofort auf den Grund gegangen. Schließlich kann ein dauerhaft schlechter Versand das ganze Unternehmen in den Abgrund treiben. Ich habe dann beim externen Dienstleister so lange gedrängelt, bis ich die Retourenlisten bekam. Die Zahlen waren erschreckend. Ab diesem Zeitpunkt habe ich darauf hingearbeitet, Lagerung und Logistik wieder zu uns zu holen. Mit dem Zahlenmaterial in den Händen konnte ich meinen Vorgesetzten glücklicherweise schnell davon überzeugen, das Projekt zu beenden.

Frage 84: Mit welchen Strategien haben Sie in der Vergangenheit Kosten reduziert?

Ungünstige Antwort auf Frage 84 Ich habe Prozesse verschlankt und die schichtübergreifenden Abläufe optimiert.

Gelungene Antwort auf Frage 84 Strategien zur Kostenreduzierung habe ich regelmäßig verfolgt. Ein Projekt hatte die Verschlankung von Prozessen zum Ziel. Ich habe eine Arbeitsgruppe bilden lassen, die doppelte Prozesse identifiziert und festgelegt hat, in welcher Abteilung die Prozesse künftig ein einziges Mal stattfinden. Ein weiteres Projekt zur Senkung der Kosten behandelte die Optimierung von schichtübergreifenden Abläufen. Die sehr anspruchsvollen Serientests liefen nämlich schichtübergreifend, was immer wieder zu nachhaltigen Störungen führte. Deshalb mussten in einem aufwändigen Verfahren die Abläufe und Normen genauer definiert werden. Ich habe den Teamleitern Prüftechnik und Vorserienprüfung geeignete Maßnahmen vorgeschlagen und sie auswählen lassen. Die Maßnahmen, die sich dann in der Praxis bewährt haben, wurden als verbindlicher Standard eingeführt. Auf diese Weise konnten die Kosten, und insbesondere die Folgekosten, deutlich reduziert werden.

Frage 85: Wo sehen Sie in Ihrer künftigen Abteilung mögliche Einsparpotenziale?

Ungünstige Antwort auf Frage 85 Die IT bietet eigentlich immer Potenzial für Einsparungen. Wenn ich die entsprechenden Mittel dafür bekomme, kann ich auch für Sie durch Standardisierungen die Kosten senken.

Gelungene Antwort auf Frage 85 In Ihrer Abteilung E-Commerce sehe ich Einsparpotenziale durch eine Standardisierung der Online-Plattformen. Gerade bei Saisonumstellungen ist der Aufwand für die Integration der Zusatzartikel bisher noch recht hoch. Mit standardisierten Tools und einer besseren Integration in das Warenwirtschaftssystem lassen sich Kosten, die vor allem aus einer nachträglichen manuellen Eingabe resultieren, künftig sicherlich deutlich senken. Mit einem ähnlichen Projekt konnte ich auch bei meinem momentanen Arbeitgeber für Einsparungen sorgen.

Frage 86: Wer sind im Berufsleben Ihre strategischen Vorbilder?

Ungünstige Antwort auf Frage 86 Darüber habe ich mir noch keine tieferen Gedanken gemacht. So spontan fällt mir jetzt Ferdinand Piëch ein, wie der den Volkswagenkonzern aufgestellt hat, das imponiert mir. Naja, mit Seat und Bugatti lief es dann nicht so toll, aber insgesamt ist der Mann schon beeindruckend.

Gelungene Antwort auf Frage 86 Ein erstes strategisches Vorbild war mein Vorgesetzter in meinem Einstiegsjob nach der Uni. Bei ihm habe ich das Handwerkszeug des strategischen Arbeitens gelernt. Es ist ja nicht immer die große Lösung, auf einen totalen Umbau zu setzen, der dann zum Erfolg führt. Seinerzeit habe ich für mich gelernt, dass viele durchdachte Teilstrategien in der Summe zum Erfolg führen. Ausdauer und Beharrlichkeit und die Fähigkeit, die an einer Strategie beteiligten Mitarbeiter immer wieder auf die Strategie einzuschwören, halte ich daher für sehr wichtig. Ein weiteres Vorbild ist für mich auch Ferdinand Piëch, der für den Volkswagenkonzern Beachtliches geleistet hat, ich denke dabei an die Plattformstrategie innerhalb der Marken des Konzerns. Auf diese Weise konnten durch Umstrukturierung erhebliche Kostenvorteile in der Produktion erzielt werden.

Frage 87: Was ist für Sie wichtiger: Ergebnis- oder Wachstumsorientierung?

Ungünstige Antwort auf Frage 87 Selbstverständlich Ergebnisorientierung. Wohin die ungebremste und unkontrollierte Wachstumsorientierung führen kann, hat uns die Finanz- und Wirtschaftskrise ja deutlich genug vor Augen geführt.

Gelungene Antwort auf Frage 87 Das hängt sicherlich vom Unternehmen und von der Branche ab. Auch wenn Ergebnisorientierung letztlich das Ziel sein muss, ist in manchen Branchen eine Wachstumsorientierung unverzichtbar. Konzentrationsprozesse finden dort zwangsläufig statt. Wenn man weiß, dass es zu Konzentrationen kommt, sollte man meiner Meinung nach den richtigen Zeitpunkt abpassen und durch Zukäufe oder Übernahmen das Unternehmen so aufstellen, dass auch künftig gute Ergebnisse erzielt werden können.

Frage 88: Wenn Sie so gerne strategisch arbeiten, was antworten Sie dann auf den Satz »Wer Visionen hat, sollte lieber zum Arzt gehen«?

Ungünstige Antwort auf Frage 88 Ich würde sagen, wer keine Visionen hat, sollte als Führungskraft zum Arzt gehen, und zwar zum Neurologen. Ohne strategische Vorstellungen darüber, wo die unternehmerische Reise hingehen soll, wird es auch keinen Unternehmenserfolg geben.

Gelungene Antwort auf Frage 88 Ich würde den Satz relativieren. Es geht doch immer um die Abwägung zwischen strategischem und operativem Geschäft. Große Unternehmensvisionen, wie wir sie bei Microsoft, Apple oder Google beobachten können, sind sicherlich spannend. Für die Mehrzahl der Unternehmen gilt aber, dass die verfolgten Strategien weniger spektakulär sind, dafür aber umso mehr Ausdauer bei der täglichen Umsetzung benötigen. Als Niederlassungsleiter habe ich beispielsweise dafür gesorgt, dass eine überfällige strategische Neuausrichtung zur Kostensenkung umgesetzt wurde. Mit meinen Abteilungsleitern habe ich es geschafft, die Lagerbestände zu verkleinern, die Durchlaufzeiten zu verkürzen, den Einkauf zu straffen und die IT-Systeme zu vereinheitlichen. Nach einiger Zeit griffen die Maßnahmen, die strategische Neuausrichtung ist mir gelungen. Sonst hätte das Unternehmen nicht zum Arzt, sondern zum Insolvenzverwalter gehen müssen.

Frage 89: Wie stehen Sie zu der Aussage »Jede Abteilung ist Kunde für die andere Abteilung im Unternehmen«?

Ungünstige Antwort auf Frage 89 Interne Kundenorientierung ist sicherlich wichtig. Aber wie bei der externen Kundenorientierung muss man auch deutlich sagen, dass nicht jeder Kundenwunsch erfüllt werden kann. Wer einmal erlebt hat, wie Abteilungen sich unversöhnlich gegenüberstehen können, ist vom Wunschdenken der internen Kundenorientierung doch eher geheilt und freut sich, wenn es überhaupt vorwärtsgeht.

Gelungene Antwort auf Frage 89 Diese Aussage hat meiner Überzeugung nach in den letzten Jahren an Bedeutung gewonnen. Arbeitsprozesse finden heute doch viel stärker als früher abteilungsübergreifend statt. Dann kommt es aber nur zu den gewünschten Ergebnissen, wenn die Abteilungen intensiv miteinander kommunizieren und der jeweils anderen Abteilung so zuarbeiten, dass Qualitäts-, Termin- und Kostenvorgaben immer im Blick behalten werden.

Frage 90: Welche Maßnahmen haben Sie bisher eingesetzt, um die Kundenzufriedenheit zu erfassen?

Ungünstige Antwort auf Frage 90 Da gibt es unterschiedliche Möglichkeiten, beispielsweise Rückmeldungen aus dem Service oder aus dem Vertrieb.

Gelungene Antwort auf Frage 90 Ich stehe als Produktionsleiter Montage im regelmäßigen Austausch mit dem Vertrieb und dem Service. So habe ich den Service gebeten, mir Rückmeldungen von Kunden systematisch ausgewertet nach Produktgruppen vorzulegen und sich bei schwerwiegenden Mängeln sofort zu melden, damit schnell geeignete Gegenmaßnahmen ergriffen werden können. Der Vertrieb hat ja auch immer das Ohr am Kunden, wenn es um neue Trends oder Erwartungen an unsere Produktgruppen geht, auch hier treffen wir uns regelmäßig, besprechen Maßnahmen und setzen diese um. In meinem Aufgabenbereich sorge ich ebenfalls für Kundenzufriedenheit, nämlich durch eine kontinuierliche Verbesserung der Montagemethoden, insbesondere bei der Fertigung von Kleinserien.

Frage 91: Wie würden Sie ein Projekt ausgestalten, das die nachhaltige Gewinnung von Kunden zum Ziel haben soll?

Ungünstige Antwort auf Frage 91 Ich würde mich an die Experten aus dem Vertrieb wenden oder eine Unternehmensberatung einschalten. Dann würden wir gemeinsam Maßnahmen definieren und umsetzen.

Gelungene Antwort auf Frage 91 Ich würde mich an die Vertriebsmannschaft wenden und mir anhand ausgewählter Kunden in den jeweiligen Produktgruppen zeigen lassen, auf welche Weise mit diesen Kunden nachhaltige Geschäftsbeziehungen aufgebaut wurden. Mithilfe dieser Referenzkunden würde ich dann an Neukunden herantreten und mit passenden Aktionen dafür sorgen, dass unsere Produktgruppen eine realistische Chance bekommen. Damit der Vertrieb hier voll mitzieht, würde ich ein Prämiensystem für die nachhaltige Neukundengewinnung einsetzen. Beispielsweise so, dass Kundenaufträge, die in einem Zeitraum von zwölf Monaten auf den Erstkontakt erfolgen, zu Extraprämien führen. Auf diese Weise wäre sichergestellt, dass der Vertrieb das Projekt auch mit aller Kraft unterstützt. Die Neukunden würde ich auch zu Workshops, beispielsweise Produktschulungen oder auch Werksbesichtigungen, einladen. Dieser Aufbau von persönlichen Kontakten ist zwar mühsam, lohnt sich meiner Überzeugung nach aber gerade für nachhaltige Kundenbeziehungen.

Frage 92: Was können Sie in Ihrem Arbeitsfeld dazu beitragen, dass wir am Markt mehr Kunden gewinnen?

Ungünstige Antwort auf Frage 92 Ich habe keinen direkten Kundenkontakt als Teamleiter Controlling, da fällt mir jetzt nichts ein.

Gelungene Antwort auf Frage 92 Als Teamleiter Controlling habe ich keinen direkten Kundenkontakt. Ich könnte mir aber vorstellen, in Absprache mit dem Vertrieb Wochen- oder Monatsreportings zu erstellen, die aufzeigen, welche Maßnahmen der Kundenbindung und Kundengewinnung zu welchen Erfolgen geführt haben. Da sich Ihr Unternehmen in einem Massenmarkt bewegt, wäre eine differenzierte Erfolgskontrolle der vielfältigen Maßnahmen sicherlich nützlich, um die Maßnahmen zu verstärken, die auch tatsächlich zu mehr Kunden geführt haben.

Frage 93: Welche Erfahrungen haben Sie in Ihrem bisherigen Werdegang im Umgang mit Kunden gesammelt?

Ungünstige Antwort auf Frage 93 Meine Erfahrungen waren recht unterschiedlich. Je nachdem, wie gut die Produkte waren.

Gelungene Antwort auf Frage 93 Rückmeldungen von Kunden habe ich immer gesucht, schließlich ist ein Unternehmen ja kein Selbstzweck. Reklamationen waren für mich immer auch ein Anlass, um über Optimierungsmöglichkeiten nachzudenken. Und wenn es positive Rückmeldungen gibt, motiviert das ja bei der täglichen Arbeit. Grundsätzlich sollte sich jeder Kunde ernst genommen fühlen, und zwar auch noch nach dem Kauf. Mit gutem Service bleiben Kunden einem Unternehmen schließlich treu.

Frage 94: Was schätzen Kunden Ihrer Ansicht nach an unseren Produkten/ Dienstleistungen?

Ungünstige Antwort auf Frage 94 Ich habe mich einmal im Bekanntenkreis umgehört. Ihre Dienstleistungen gelten als etwas überteuert, aber qualitativ dafür hochwertig.

Gelungene Antwort auf Frage 94 Ihre Dienstleistungen werden sicherlich wegen der durchgängigen Qualität, dem gelebten Servicegedanken und der Termintreue sehr geschätzt. Ihre Kunden wissen genau, was sie bekommen, und sind daher auch bereit, für eine professionelle Dienstleistung entsprechende Honorare zu zahlen.

Frage 95: Und was könnte Kunden Ihrer Meinung nach an unseren Produkten/Dienstleistungen stören?

Ungünstige Antwort auf Frage 95 Heutzutage spricht ja jeder nur noch vom Preis. Die Kosten werden so lange gedrückt, bis sich die Qualität in Luft aufgelöst hat. Aber das muss jeder Kunde selber wissen, wie wichtig ihm Qualität ist.

Gelungene Antwort auf Frage 95 Ich könnte mir gut vorstellen, dass Ihre Kunden immer wieder versuchen, in eine Preisdiskussion einzusteigen. Der Wettbewerb im SB-Handel ist doch heftig. Hier wäre ich als Leiter Key-Account gefragt, meine Mitarbeiter immer wieder aufs Neue darauf einzuschwören, welche Qualität hinter Ihren Produkten steht. Der Markenname wurde schließlich in Jahrzehnten aufgebaut und steht und fällt mit dem damit verbundenen Qualitätsanspruch. Die Preisdiskussionen sind natürlich ein mühsames Geschäft für Key-Accounter, aber das gehört eben zur täglichen Arbeit mit dem Kunden dazu.

Frage 96: Ist Kundenorientierung an Ihrem Arbeitsplatz überhaupt möglich?

Ungünstige Antwort auf Frage 96 Als Projektmanager für Systemlösungen stehe ich ja nicht direkt mit dem Kunden in Kontakt. Aber Qualität ist natürlich an jedem Arbeitsplatz wichtig.

Gelungene Antwort auf Frage 96 Als Projektmanager für Systemlösungen steht ich nicht direkt mit dem Kunden in Kontakt. Ich bin mir aber sicher, dass die innovativen Lösungen für Sicherheit, die in Ihren Systemlösungen enthalten sind, ein wesentlicher Bestandteil der Kundenorientierung sind. Ich wäre für die Umsetzung von Detailleistungen verantwortlich, die technisch anspruchsvoll und optisch filigran sind. Das sind für mich Vorgaben, die direkt auf die Wünsche der Kunden Ihrer Systemlösungen zielen.

Frage 97: Was kann getan werden, damit die Mitarbeiter den Gedanken der Kundenorientierung noch stärker verinnerlichen?

Ungünstige Antwort auf Frage 97 Da hilft sicherlich die regelmäßige Wiederholung. Mit der Kundenorientierung ist es wie mit dem Händewaschen, manche muss man immer wieder daran erinnern.

Gelungene Antwort auf Frage 97 Wenn man es schafft, eine Brücke zwischen den Kundenbedürfnissen einerseits und den konkreten Aufgaben der Mitarbeiter andererseits zu bauen, kann man für die Kundenorientierung eine Menge erreichen. Dabei kommt es sicherlich auf den jeweiligen Arbeitsplatz an. Als Logistikleiter habe ich gute Erfahrungen damit gemacht, den Logistikmitarbeitern ganz konkret zu verdeutlichen, welchen Anteil sie an ihrem jeweiligen Arbeitsplatz an der Zufriedenheit unserer Kunden haben, beispielsweise durch eine zeitnahe Ausführung von Sonderbestellungen oder eine besonders aufmerksame Bearbeitung von Reklamationen.

Frage 98: Wie lässt sich eine langfristige Kundenbindung erzielen?

Ungünstige Antwort auf Frage 98 Wenn das Produkt stimmt, kommen die Kunden auch wieder. Ich halte das Marketing daher für ein sehr überschätztes Instrument, gute Produktqualität setzt sich fast von allein durch.

Gelungene Antwort auf Frage 98 Der Wettbewerb ist hart, daher ist für mich eine gute Produktqualität ein wichtiger Baustein für die langfristige Kundenbindung. Er ist aber nicht der einzige Baustein, weiter wichtig ist sicherlich ein zielgruppenspezifisches Marketing. Auch die unterschiedlichen Vertriebswege werden immer wichtiger. Ich habe gute Erfahrungen damit gemacht, die Kunden im Online-Distanzhandel mit ganz anderen Maßnahmen zu binden als die Kunden, die über den stationären Handel bedient werden. Darüber hinaus ist mir auch immer wichtig zu wissen, was die Wettbewerber machen, damit die Firma nicht von deren Innovationen überrascht wird.

Frage 99: Haben Sie Erfahrungen in Kundengesprächen?

Ungünstige Antwort auf Frage 99 Nein, eigentlich habe ich hier kaum Erfahrungen. Als Leiter Fertigung und Service ist das ja aber auch nicht nötig, oder?

Gelungene Antwort auf Frage 99 Als Leiter Fertigung und Service stelle ich bei Ihnen sicher, dass der Qualitätsstandard und die Lieferungszeiten eingehalten werden. Um diese Aufgaben zu erfüllen, ist ein regelmäßiger Austausch mit den Bereichen Materialwirtschaft, Engineering, Qualität und Verkauf notwendig. Ich könnte mir gut vorstellen, hier auch in einen Informationsaustausch mit Ihren wichtigsten Kunden einzutreten.

Frage 100: Was halten Sie von dem Satz »Verkaufen kann man nicht lernen, das hat man im Blut oder nicht«?

Ungünstige Antwort auf Frage 100 Tja, viele fühlen sich berufen, aber nur wenige sind auserwählt. So ist es wohl auch im Verkauf. Als Vertriebsleiter sollte man schon wissen, wen man auf die Kunden loslässt.

Gelungene Antwort auf Frage 100 Ein grundsätzliches Interesse am Vertrieb muss sicherlich vorhanden sein. Als Vertriebsleiter bin ich aber im Lauf der Jahre zu der Überzeugung gekommen, dass viele Mitarbeiter mit ihren Aufgaben wachsen. Wenn neue Vertriebsmitarbeiter gut geschult werden und in der Anfangszeit von erfahrenen Kollegen mitbetreut werden, können sich daraus tolle Vertriebskarrieren ergeben.

Frage 101: Wie aktuell ist für Sie die Aussage »Der Kunde ist König«?

Ungünstige Antwort auf Frage 101 Dieser Aussage stimme ich voll zu. Ohne Kunden könnte doch jedes Unternehmen einpacken. Und Kundenorientierung wird ja in den letzten Jahren nicht umsonst so stark thematisiert.

Gelungene Antwort auf Frage 101 Die Aussage, dass der Kunde König ist, geht sicherlich in die richtige Richtung. Allerdings kommt es darauf an, einen Ausgleich zwischen den Interessen des Unternehmens und den Wünschen des Kunden zu finden. Als Teamleiter im Service ist das manchmal gar nicht so einfach. Wenn kostspielige Wartungsarbeiten anstehen, reagieren manche Kunden eher verhalten. Bewährt hat sich für mich die Vorgehensweise, meine Servicemitarbeiter so zu instruieren, dass die Kosten bei aufwändigen Arbeiten realistisch angesetzt werden, dann aber nach Möglichkeit zum Abschluss eine kleine Sonderleistung ohne Berechnung erbracht wird, beispielsweise die Aktualisierung einer Steuerungssoftware. Dann bekommt der Kunde, trotz hoher Rechnungssummen, dennoch das Gefühl, König zu sein.

Frage 102: Wenn Sie bei uns Kunde wären: Was wäre Ihnen besonders wichtig?

Ungünstige Antwort auf Frage 102 Die Faktoren Qualität der Dienstleistung, Termintreue und Preis.

Gelungene Antwort auf Frage 102 Mir wäre es wichtig, dass mir die Qualität der Dienstleistung ausführlich erläutert wird, beispielsweise durch den Hinweis auf die umfangreiche Erfahrung in den Spezialgebieten des Unternehmens. Bei komplexen Dienstleistungen spielt ja auch die Termintreue eine große Rolle, hier würde ich mich durch Beispiele von Referenzkunden, bei denen ähnlich knappe Terminvorgaben eingehalten werden mussten, beeindrucken lassen. Bei der Preisdiskussion müsste der Mehrwert der Dienstleistung deutlich herausgestellt werden, also beispielsweise, was die Dienstleistung im Detail von den Angeboten preisgünstigerer Mitbewerber unterscheidet.

Frage 103: Unter welchen Umständen halten Sie es für sinnvoll, Kundenwünsche nicht zu erfüllen?

Ungünstige Antwort auf Frage 103 Ich wüsste nicht, warum ich Kundenwünsche nicht erfüllen sollte.

Gelungene Antwort auf Frage 103 Als Leiter Key-Account hatte ich schon ab und zu die Situation, dass ich Kundenwünsche beim besten Willen nicht erfüllen konnte. Beispielsweise kam einer meiner Key-Accounter zu mir, weil die von ihm betreute Einzelhandelskette eine neue Eigentümerstruktur bekommen hatte und die neuen Eigentümer jetzt die pauschale Vorgabe »10 Prozent weniger im Einkauf« gemacht hatten. Diese Vorgabe ließ sich beim besten Willen nicht erfüllen. Ich habe meine Branchenkontakte genutzt, um festzustellen, was die Mitbewerber an Entgegenkommen leisten würden. Auch dort sah man das Ende der Fahnenstange bei den Preisdiskussionen für das kommende Geschäftsjahr erreicht. Ich habe dem Kunden dann diplomatisch, aber unmissverständlich klargemacht, dass nicht mehr als 5 Prozent möglich sind.

Frage 104: Wie vermitteln Sie Kunden, dass Sie deren Wünsche zwar verstanden haben, sie aber nicht erfüllen wollen?

Ungünstige Antwort auf Frage 104 Ich sage ganz einfach, was Sache ist. Es lohnt sich meiner Meinung nach nie, um den heißen Brei herumzureden.

Gelungene Antwort auf Frage 104 Hier gilt es, diplomatisch vorzugehen, denn wenn die Beziehungsebene erst einmal zerstört ist, weil der Kunde sich schlecht behandelt fühlt, hat man keinen Verhandlungsspielraum mehr. Ich habe mir angewöhnt, in wichtige Verhandlungen immer mit Alternativen zu gehen und mir für den Ernstfall noch zwei Rückzugslinien aufzuheben. Ich nehme dann einen Kollegen oder eine Kollegin mit, wir vereinbaren vorher, dass ich die harte Linie fahre und der andere für ein Kompromissangebot in letzter Minute zuständig ist. Dann arbeite ich in der Verhandlung mehrmals die Vorteile unseres Angebots heraus, mache auch klar, warum

Mitbewerber weniger zu bieten haben, und signalisiere dann in der dazugehörigen Preisverhandlung ab einem bestimmten Punkt, dass nun nichts mehr geht. Zeichnet sich dann ein Scheitern der Verhandlung ab, kommt mein Kollege ins Spiel, der noch eine Sonderaktion mit höheren Volumina und speziellen Rabatten anbietet. Diese Vorgehensweise hat sich bewährt, um die eigene Verhandlungsgrenze unmissverständlich zu verdeutlichen und trotzdem zu einem Ergebnis zu kommen.

Frage 105: Können Sie sich Ihren neuen Aufgabenbereich als Profit-Center vorstellen? Welche Aufgaben hätte dieses Profit-Center?

Ungünstige Antwort auf Frage 105 Sicherlich kann ich mir die Ausarbeitung von Funktionskonzepten als Leiter eines Profit-Centers vorstellen. Ob das unter steuerlichen Gesichtspunkten auch funktioniert und wie die Abstimmung mit dem Mutterunternehmen dann stattzufinden hat, müsste im Detail geklärt werden.

Gelungene Antwort auf Frage 105 Ich sehe die Leitung Forschung und Entwicklung auch heute schon wie ein Profit-Center. Damit meine Mitarbeiter Funktionskonzepte ausarbeiten können, ist schließlich eine permanente Kommunikation mit den Kunden notwendig. Weiter ist die Fertigungsplanung zu koordinieren und mit den Zulieferern genau abzustimmen. Die fachliche und disziplinarische Verantwortung für die von mir gesteuerten Entwicklungsingenieure entspricht meiner Meinung nach ebenfalls dem Vorgehen in einem Profit-Center. Ich bin als Leiter der direkte Ansprechpartner für die Mitarbeiter und verstehe mich auch als Organisator in Sachen Arbeitstempo und Qualität. Damit stehe ich letztendlich in direkter Verantwortung gegenüber der Geschäftsleitung.

12. Kernkompetenz 5: Welche Belege können Sie für Ihre Führungskompetenz liefern?

Als aufmerksamer Leser beziehungsweise aufmerksame Leserin dieses Ratgebers haben Sie sicherlich schon festgestellt, dass bei der Beantwortung der Fragen zu den anderen sechs Kernkompetenzfeldern häufig indirekt Führungsaspekte gestreift wurden. Geht es beispielsweise um die Lösungs-, Innovations- oder unternehmerische Kompetenz, sind die Steuerungsfähigkeiten der Führungskraft nämlich ebenfalls wichtig. Darüber hinaus gibt es in Vorstellungsgesprächen selbstverständlich ebenfalls direkte Fragen zur Führungskompetenz, um zu überprüfen, ob die Bewerberinnen und Bewerber über ein alltagstaugliches Führungsverständnis verfügen und ihren individuellen Führungsstil auch gründlich reflektiert haben.

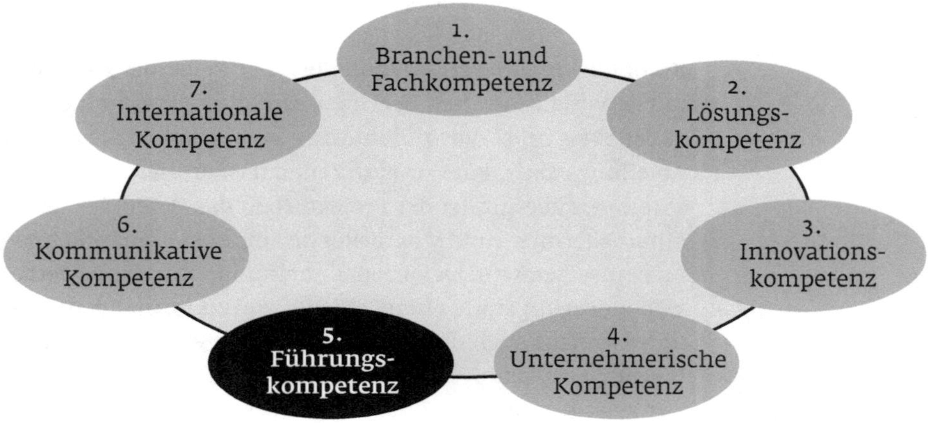

Typische Fehler: Vorzeitiges Aus!

Starres Führungsverständnis führt ins Abseits

Auch wenn man berücksichtigen sollte, dass die Führungskultur je nach Firma variiert, hat sich doch bei der Mehrzahl der Firmen ein persönlich-wertschätzender und zielorientierter Führungsstil durchgesetzt. Führungskräfte, die im Gespräch den Eindruck hinterlassen, dass sie sich bei aufkommenden Problemen hinter ihrer formalen Position verstecken, können deshalb nicht überzeugen. Ein starres Führungsverständnis, dass sich auf Anordnung und Befehl von oben herab ohne eigenes Engagement bei der Problemlösung beschränkt, lässt Bewerber in einem unvorteilhaften Licht erscheinen.

Negativbeispiel Um mehr über das Führungsverständnis der Bewerberinnen und Bewerber zu erfahren, ist die folgende Frage geeignet: »Würden Sie mir bitte drei Erfolgsfaktoren guter Mitarbeiterführung nennen?« Mit dieser Antwort fällt der Kandidat leider durch:

»Erstens Durchsetzungsvermögen, zweitens Respekt und drittens Vorbildcharakter. So führe ich auch, das hat immer gut geklappt. Das steht darüber hinaus auch in meinen Arbeitszeugnissen, dass ich erfolgreich und gut geführt habe.«

Kommentar zum Negativbeispiel Der Bewerber stellt sich mit den drei gewählten Begriffen »Durchsetzungsvermögen«, »Respekt« und »Vorbildcharakter« als selbstherrlicher Abteilungskönig dar. Wie er in Zeiten flacher Hierarchien und abteilungsübergreifender Projektarbeit das Potenzial seiner Mitarbeiterinnen und Mitarbeiter im Sinne der Firma erkennen und einsetzen will, bleibt sein Geheimnis. Dass der Bewerber seine Führungsrolle offensichtlich viel zu formal definiert, unterstreicht auch der Hinweis auf seine Arbeitszeugnisse. Eine ungeschickte Vorgehensweise, da die Entscheider auf der Firmenseite ernsthafte Zweifel daran bekommen, ob der Bewerber den formalen Aspekt seiner Führungsrolle im fordernden Berufsalltag überhaupt inhaltlich ausfüllen kann.

Antwort-Strategie: Das bringt Sie in den Job!

Nennen Sie Beispiele für reflektierte Führungsmethoden

Stellen Sie Ihre Führungskompetenz souverän dar, indem Sie mit passenden Beispielen belegen, wie Sie in der Vergangenheit geführt haben. Überlegen Sie sich Beispiele für Situationen, in denen Sie Ihr Team auf neue Unternehmensziele eingeschworen und zielorientiert geführt haben. Reflektieren Sie in Ihrer Vorbereitungsphase auch kritische Führungssituationen. In Vorstellungsgesprächen wird gerne einmal danach gefragt, wie Sie leistungsschwache Mitarbeiter zu mehr Einsatz oder zu einer Kündigung bewegt haben oder wie Sie Ihren Mitarbeitern eine Kürzung des Abteilungsetats erklärt haben. Grundsätzlich sollten Sie erkennen lassen, dass Sie als Führungskraft zwar die Zügel in der Hand halten, Ihren Mitarbeitern aber grundsätzlich Wertschätzung und Vertrauen entgegenbringen. Lassen Sie deutlich werden, dass Sie über ein umfangreiches, flexibles und vor allem reflektiertes Arsenal an Führungsmethoden verfügen.

Positivbeispiel Dass ein Bewerber eine praxiserprobte Führungskraft ist, macht diese durchdachte Antwort auf die Frage »Würden Sie mir bitte drei Erfolgsfaktoren guter Mitarbeiterführung nennen?« besser deutlich:

»Mit der Mitarbeiterführung durch Zielvereinbarungen habe ich gute Erfahrungen gemacht. Dazu gehört für mich erstens, Potenziale bei Mitarbeitern erkennen zu können. Zweitens gilt es, mit einer passenden Verteilung der Aufgaben dieses Potenzial auszuschöpfen. Und drittens sollten geeignete Feedback-Instrumente eingesetzt werden, um den Mitarbeitern rechtzeitig signalisieren zu können, dass bei der Aufgabenerledigung etwas zu verbessern oder zu ändern ist, damit die festgelegten Ziele auch im definierten Zeitrahmen erreicht werden. Beispielsweise ist es so, dass ich bei komplexen Projekten die Arbeit meiner Mitarbeiter mithilfe von Zwischenberichten kontrolliere. Wenn es sich anbietet, stelle ich das bisher Geleistete in Meetings auch in einen Gesamtkontext, damit die Mitarbeiter erkennen können, dass ihre Arbeit das Unternehmen auch wirklich voranbringt.«

Kommentar zum Positivbeispiel Der Bewerber lässt keinen Moment lang Zweifel an seinen Führungsfähigkeiten aufkommen. Er beantwortet die Frage nach den drei Erfolgsfaktoren guter Mitarbeiterführung mit seinen eigenen Worten und liefert am Ende auch ein geeignetes Beispiel dafür, wie er Mitarbeitern - positive oder kritische - Rückmeldungen gibt. Diesem Bewerber nimmt man ohne weiteres ab, dass er im betrieblichen

Alltag in seinem Verantwortungsbereich das Heft in der Hand behält, aber dennoch darauf achtet, dass seine Mitarbeiter ihr individuelles Potenzial voll einbringen können.

Beispielfragen und -antworten: Führungskompetenz

Bitte beantworten Sie zunächst die Fragen, bevor Sie einen Blick auf unsere Beispielantworten werfen. Gleichen Sie Ihre Antworten ab. Modifizieren Sie bei Bedarf Ihre Antworten anhand unserer gelungenen Beispiele. Überlegen Sie sich zusätzlich individuelle Belege mit Praxisbezug, mit denen Sie Ihre Antworten plausibel ausgestalten können.

Frage 106: Schildern Sie uns ein Ereignis, das für Sie als Führungskraft eine echte Herausforderung war. Wie haben Sie die Herausforderung gelöst?

Ungünstige Antwort auf Frage 106 Ich habe ja nicht so viel Führungserfahrung, aber in meiner Arbeitsgruppe habe ich häufiger Konflikte lösen müssen. Das habe ich ganz gut hinbekommen.

Gelungene Antwort auf Frage 106 In meiner Projektgruppe zur Einführung einer SAP-basierten integrierten Sales- & -Service-Lösung hatte ich als Teilprojektleiter häufig Konflikte zwischen einem erfahrenen Mitarbeiter und einem neuen Mitarbeiter, der sich profilieren wollte, zu lösen. Ich habe mir zunächst in zwei Vieraugengesprächen einen fundierten Überblick über die Sachlage geben lassen, da waren die beiden Kontrahenten eigentlich gar nicht so weit auseinander. Dann habe ich ein weiteres Mal den Kontakt gesucht und beide gebeten, sich im Sinne des Projekts etwas zurückzunehmen und zumindest dem anderen erst einmal zuzuhören und ihn ausreden zu lassen. Diese Taktik ging auf, die Projektgruppe konnte sich endlich ihrer eigentlichen Aufgabenstellung widmen.

Frage 107: Was bedeutet für Sie Führung?

Ungünstige Antwort auf Frage 107 Führung bedeutet für mich, ein Ziel vorzugeben, den Mitarbeitern genügend Freiraum bei der Zielerreichung zu lassen und dann die Erreichung zu kontrollieren.

Gelungene Antwort auf Frage 107 Führung ist für mich zunächst einmal kein abstraktes Modell, sondern ein Arbeitsmittel, um Unternehmensziele zu erreichen. Dabei kommt es meiner Erfahrung nach sehr auf die Führungssituation, den jeweiligen Mitarbeiter und die Unternehmenskultur an. Erfahrene Mitarbeiter brauchen üblicherweise mehr Freiräume, und weniger erfahrene Mitarbeiter mehr Anleitung und eher früher eine Rückmeldung zu ihren Leistungen. In Sachen Unternehmenskultur habe ich sowohl in einem mittelständischen Unternehmen mit kurzen Informations- und Entscheidungswegen gearbeitet, kenne aber auch die Führung als Teamleiter in einem Konzern.

Frage 108: Wie haben Sie das Führen von Mitarbeitern gelernt?

Ungünstige Antwort auf Frage 108 Ich kam mir vor wie ins kalte Wasser gestoßen, dachte mir aber, entweder wird es jetzt kalt bleiben oder ich fange an zu schwimmen, dann wird mir warm. So hat es dann mit der Führung geklappt, Herausforderungen stelle ich mich eben gern.

Gelungene Antwort auf Frage 108 Theoretische Grundlagen habe ich mir im Studium erarbeitet, ich habe Seminare zur Unternehmensführung besucht. Es gab dort häufiger Präsentationen und Diskussionen mit Firmeninhabern und Führungskräften. In meinem Einstiegsjob habe ich dann Projektverantwortung übernommen, zunächst als Teilprojektleiter, später auch in größeren Projekten, in denen bis zu sieben Teammitglieder zu koordinieren waren. Anschließend habe ich mich intern um eine Stelle zum Teamleiter beworben und konnte meine operativen Führungserfahrungen dann auch um die Aspekte Personalauswahl und Personalentwicklung erweitern.

Frage 109: Haben Sie schon einmal Mitarbeiter für Ihr Team ausgewählt?

Ungünstige Antwort auf Frage 109 Ja, wichtig sind mir sowohl fachliche als auch soziale Fähigkeiten. Ich würde ein Anforderungsprofil definieren und mich dann entscheiden.

Gelungene Antwort auf Frage 109 Auch in meiner letzten Position war ich in den vergangenen zwei Jahren an der Auswahl neuer Mitarbeiter beteiligt. Die Vorauswahl auf Basis der schriftlichen Unterlagen hatte die Personalabteilung, aber in den Vorstellungsgesprächen war ich dann als Fachvertreter mit dabei. Dabei hat es sich bewährt, dass Personal- und Fachabteilung direkt im Anschluss an die Gespräche den vorher definierten Kriterienkatalog gemeinsam ausgefüllt haben. Die Entscheidung wurde dann auf Basis der Kriterienkataloge gefällt, dabei war meinem Fachvorgesetzten, dem Bereichsleiter, auch immer wichtig, dass die neuen Kollegen ins Abteilungsteam passen sollten. Bei uns hatte jeder viele Freiräume, die aber verantwortungsvoll genutzt werden sollten. Ob die neuen Kollegen damit zurechtkommen würden, haben wir deshalb im Gespräch immer gründlich hinterfragt.

Frage 110: Welches Führungsmodell bevorzugen Sie?

Ungünstige Antwort auf Frage 110 Die Modelle wechseln ja häufig, was gab es da nicht schon alles: Organisationsmanagement, Teammanagement, Kontingenztheorien oder transaktionale Führung. Ich bevorzuge eine klare Führung mit nachvollziehbaren Zielen.

Gelungene Antwort auf Frage 110 Ich habe gute Erfahrungen mit einem Führungsstil gemacht, der situationsbezogen und flexibel ist. Es gibt Mitarbeiter, die brauchen schon ab und an die klare Ansage. Allerdings muss man dabei wirklich aufpassen, dass im Gespräch die Zielvorgaben deutlich herausgearbeitet werden und das Ganze nicht mit einer Verweigerungshaltung des kritisierten Mitarbeiters endet. Ich habe festgestellt, dass es hilft, diesen Mitarbeitern klar zu sagen, womit ich nicht zufrieden bin, und Ihnen dann einen konkreten Zeitraum zu nennen, damit die Missstände behoben werden können. Die meisten Mitarbeiter brauchen eher weniger Kontrolle, wollen aber regelmäßig Rückmeldung zu ihren Leistungen bekommen. Ein kurzes Gespräch zu den laufenden Aufgaben am Rand von Meetings oder in der Kantine reicht da oft schon. Der Mitarbeiter fühlt sich wahrgenommen, und die Aufgaben werden weiter engagiert bearbeitet. Das tendiert sicherlich in die Richtung Führen durch Zielvereinbarungen, also Management by Objectives.

Frage 111: Zu welchen Themen werden Sie als Experte befragt?

Ungünstige Antwort auf Frage 111 Ich werde oft zu Fachthemen als Experte befragt, beispielsweise zur Optimierung von Vertriebskanälen, Entwicklung von Außendienstleitfäden für Account-Manager oder zur Vermarktung von Produkttrainings.

Gelungene Antwort auf Frage 111 Ich werde sowohl zu strategischen als auch zu operativen Fragestellungen als Experte befragt. Kürzlich ging es darum, eine neue Strategie zur Optimierung von Vertriebskanälen zu entwickeln. Hierzu hat mich der Vertriebsleiter befragt, da ich ähnliche strategische Weichenstellungen auch bei meinem letzten Arbeitgeber vorgenommen habe. Aber auch zu anderen Themen rund um das Business Development, also beispielsweise zum Account-Management, zur Vermarktung von Produkttrainings oder zu Best-Practice-Portalen ist meine Meinung gefragt.

Frage 112: Was würden Sie tun, wenn Sie unvermeidbar sofort eine Entscheidung treffen müssten, die eigentlich nur Ihr – momentan unerreichbarer – Chef treffen dürfte?

Ungünstige Antwort auf Frage 112 Ich kann nur die Entscheidungen treffen, die meiner Stellung in der Firmenhierarchie entsprechen. Ich würde also um Verständnis bitten und versuchen, meinen Chef zu erreichen, auch im Urlaub darf man ja in dringenden Fällen den Vorgesetzten anrufen.

Gelungene Antwort auf Frage 112 Zunächst würde ich mir spontan überlegen, wie mein Chef die Entscheidung treffen würde, und dann in einem zweiten Schritt, ob er damit einverstanden wäre, dass ich ausnahmsweise an seiner Stelle entscheide. Als Führungskraft ist mir die Situation ja auch nicht ganz unbekannt, schließlich geht es oft um zeitnahe Entscheidungen, um die Vorteile, die bestimmte Situationen bieten, auch sofort zu nutzen. Ich müsste in dem von Ihnen geschilderten Fall damit rechnen, dass mein Chef mich in die Verantwortung nimmt. Dann würde ich ihm den Sachverhalt, die Gründe für meine Entscheidung und die Nachteile, die sich aus einer aufgeschobenen Entscheidung ergeben hätten, mitteilen.

Frage 113: Haben Sie schon einmal Mitarbeiter wegen schlechter Leistungen kündigen müssen?

Ungünstige Antwort auf Frage 113 Ja, da habe ich auch kein Mitleid. Wer nicht die richtige Leistung bringt, zieht doch auf Dauer die ganze Abteilung herunter.

Gelungene Antwort auf Frage 113 Ja, es gibt Mitarbeiter, die einfach nicht die richtige Leistung erbringen. Oft lohnt es sich, nach den Gründen dafür zu forschen. Vielleicht ist der Mitarbeiter überfordert, hat ein Formtief oder es gibt belastende private Dinge wie Krankheit oder Scheidung. Eine Kündigung ist schnell ausgesprochen, aber wenn es dann langwierige Rechtsstreitigkeiten gibt oder die anderen Mitarbeiter durch die Kündigung demotiviert werden, ist ja auch nichts gewonnen. Aber um Ihre Frage klar zu beantworten, ja, ich habe schon Mitarbeitern wegen nachhaltig mangelhafter Leistungen gekündigt.

Frage 114: Haben Sie schon einmal gute Mitarbeiter entlassen müssen?

Ungünstige Antwort auf Frage 114 Gute Mitarbeiter gehen doch, sobald sie mitbekommen, dass eine Krise im Anmarsch ist. Übrig bleiben dann die, die eher Durchschnittliches leisten.

Gelungene Antwort auf Frage 114 Nein, allerdings kam es im Unternehmen zur Kurzarbeit, und ich wusste von zwei guten Mitarbeitern, dass sie mit dem Gedanken spielten, die Firma zu wechseln. Daher habe ich diese beiden guten Mitarbeiter schon in der Phase der Kurzarbeit angesprochen und deutlich gemacht, dass ich mich stark für sie einsetzen würde, sobald die Dinge wieder besser liefen. So konnte ich die Abteilung in der Krise zusammenhalten und hatte auch danach noch eine motivierte und leistungsstarke Mannschaft.

Frage 115: Muss man sich gut verstehen, um erfolgreich zusammenzuarbeiten?

Ungünstige Antwort auf Frage 115 Mit der richtigen Mischung aus Sympathie und Engagement geht es natürlich besser. Daher würde ich es vorziehen, dass ich mich mit meinen Mitarbeitern gut verstehe.

Gelungene Antwort auf Frage 115 Sicherlich ist es vorzuziehen, dass man sich gut versteht, wenn man zusammenarbeitet. Allerdings habe ich es in der Vergangenheit auch schon erlebt, dass ich es mit eher distanzierteren Mitarbeitern zu tun hatte. Diese Mitarbeiter benötigen etwas Abstand und wollen am Arbeitsplatz nicht über private Dinge reden. Dennoch sind ihre Leistungen oft sehr gut. Also erwarte ich von mir als Führungskraft, dass ich sowohl mit mir sympathischen als auch mit distanzierteren Zeitgenossen klarkomme.

Frage 116: In welchen Bereichen hätte Ihr momentaner Chef bessere Arbeit leisten können?

Ungünstige Antwort auf Frage 116 Da fällt mir nichts ein, ich halte auch nichts von Chefschelte, er kann sich ja im Moment gar nicht wehren.

Gelungene Antwort auf Frage 116 Natürlich ist es leichter zu kritisieren, wenn man außerhalb der Verantwortung steht. Aber mein Chef hat sicherlich einen guten Job gemacht. Manchmal hätte ich mir gewünscht, dass er mich in Entscheidungsprozesse etwas früher einbezieht, aber das hängt ja auch immer von der jeweiligen Situation ab.

Frage 117: Sicherlich mussten Sie in Ihrem Arbeitsbereich schon einmal Etats kürzen: Wie haben Sie Ihre Kollegen davon überzeugt?

Ungünstige Antwort auf Frage 117 Da gibt es nicht viel zu überzeugen. Krisenhafte Situationen erfordern entschlossenes Handeln. Also wurden die Etats gekürzt.

Gelungene Antwort auf Frage 117 Etatkürzungen oder -umschichtungen sind in Krisenzeiten nötig, aber auch dann, wenn sich strategische Schwerpunktsetzungen ändern. Ich setze mich in solchen Fällen mit meinen Kollegen zusammen und erläutere die Gründe für Etatveränderungen. Natürlich gibt es zunächst Widerstände. Wer verzichtet schon gerne auf finanzielle Gestaltungsmöglichkeiten? Als Führungskraft sehe ich mich dann gefordert, gleichermaßen hartnäckig und diplomatisch Schmerzgrenzen zu testen. Ich habe die Erfahrung gemacht, dass die Kollegen mitziehen, wenn ich deutlich machen konnte, dass alle im Unternehmen ihren Teil zur notwendigen Veränderung beitragen müssen.

Frage 118: Was sehen Sie als wichtigste Führungsaufgabe in Ihrem künftigen Arbeitsbereich?

Ungünstige Antwort auf Frage 118 Ich muss die Mitarbeiter dazu bekommen, mit voller Kraft an ihre Aufgaben zu gehen und mehr Leistung als bisher zu zeigen. Es ist nun einmal so, dass man in diesen harten Zeiten mit weniger Mitarbeitern nicht nur die gleiche Leistung, sondern mehr Leistung erbringen muss.

Gelungene Antwort auf Frage 118 Die wichtigste Führungsaufgabe ist sicherlich die, mit meiner Abteilung weiter zum Unternehmenserfolg beizutragen. Ich möchte daher das Arbeitsklima weiter produktiv halten und werde nach Möglichkeiten suchen, um die Leistungsbereitschaft der Mitarbeiter noch zu steigern. Zunächst geht es mir darum, die Abläufe genau kennenzulernen und mir einen detaillierten Überblick über das Potenzial meiner Mitarbeiter zu verschaffen. Dann werde ich zusammen mit den Mitarbeitern definieren, wo sie Optimierungsmöglichkeiten sehen. Um diese Veränderungen zu erreichen, hat sich der Einsatz von zeitlich begrenzten Projektgruppen bewährt, beispielsweise in der Logistik oder im Einkauf.

Frage 119: Wo sehen Sie in Ihrem Führungsverhalten Defizite?

Ungünstige Antwort auf Frage 119 Es kann schon sein, dass ich manchmal lauter werde, aber wenn die Dinge nicht so laufen, wie ich es mir vorstelle, stört mich das wirklich. Ich bin doch nicht der Babysitter der Abteilung.

Gelungene Antwort auf Frage 119 Grundsätzlich bin ich mit meinem Führungsverhalten zufrieden. In meiner letzten Stelle als Abteilungsleiter hatte ich keine Kündigung durch einen Mitarbeiter und gehe deshalb davon aus, dass meine Mitarbeiter auch zufrieden waren. Schwierige Führungssituationen, die nicht nach dem Lehrbuch funktionieren, gibt es natürlich auch ab und an. Dann reflektiere ich im Nachhinein die Situation noch einmal gründlich und überlege mir, ob ich künftig wieder ähnlich oder anders handeln würde.

Frage 120: Wann macht Ihnen Führung Spaß?

Ungünstige Antwort auf Frage 120 Wenn die Dinge gut laufen und sich Erfolge einstellen.

Gelungene Antwort auf Frage 120 Führung macht mir dann Spaß, wenn ich die Erfolge meiner Führungsleistung sehen kann. Beispielsweise dann, wenn ein komplexes Investitionsprojekt die Hürden Planung, Genehmigung, Auftragsvergabe, Controlling und Nachkontrolle genommen hat und ich sehen kann, dass alle daran beteiligten Mitarbeiter in ihrem jeweiligen Arbeitsbereich voll mitgezogen haben.

Frage 121: Was machen Führungskräfte Ihrer Meinung nach häufig falsch?

Ungünstige Antwort auf Frage 121 Die meisten haben doch gar keine Ahnung davon, was Führung sein soll. Das wundert mich auch nicht, schließlich wird häufig jemand befördert, der fachlich sehr kompetent ist und gute Arbeitsleistungen gezeigt hat, aber von Führung keine Ahnung hat. Sie wissen ja, jeder steigt so lange auf, bis er die Stufe der höchsten Inkompetenz erreicht hat, dort bleibt er dann.

Gelungene Antwort auf Frage 121 Grundsätzlich denke ich, dass Führungskräfte vieles richtig machen, nicht umsonst gibt es ja so viele erfolgreiche Unternehmen. Im Einzelfall kommt es natürlich auch zu Führungsfehlern, dann müsste man die Situation genauer klären. Gibt es einen Mitarbeiter, der nur auf Konfrontation aus ist? Ist die Führungskraft mit einzelnen Aufgaben überfordert? Oder gibt es Unstimmigkeiten zwischen Führungskräften hinsichtlich der Umsetzung von Teilzielen, die aus den strategischen Vorgaben resultieren?

Frage 122: Wenn Sie Kinder hätten oder haben: Würden Sie ihnen empfehlen, im Berufsleben Führungsaufgaben zu übernehmen?

Ungünstige Antwort auf Frage 122 Warum nicht, wer gefallen daran hat, sollte Führungsaufgaben übernehmen.

Gelungene Antwort auf Frage 122 Ich würde mir zunächst anschauen, wie die Kinder in der Schule oder im Freundeskreis auftreten. Es gibt schließlich in jeder Gruppe von Menschen automatisch Hierarchien, auch unter Kindern. Wenn ich feststellen würde, dass ein Kind einer Gruppe gerne Impulse gibt, oder auch bei Konflikten schlichten kann, würde ich das Kind auf sein Führungstalent aufmerksam machen.

Frage 123: Wie motivieren Sie Ihre Mitarbeiter?

Ungünstige Antwort auf Frage 123 Ich sehe mich nicht als Motivator meiner Mitarbeiter, Sie wissen schon, der Mythos Motivation, dem gerade junge Führungskräfte unterliegen. Die Mitarbeiter sind meiner Ansicht nach selbst dafür verantwortlich, dass sie ihre Aufgaben lösen, ich stehe da mehr ordnend im Hintergrund.

Gelungene Antwort auf Frage 123 Motivation heißt für mich nicht, dass ich in der Abteilung permanent für gute Stimmung sorgen muss. Als Führungskraft sehe ich mich eher in der Verantwortung, die Handlungsspielräume der Mitarbeiter so zu organisieren, dass sie an ihrem jeweiligen Arbeitsplatz täglich ihren Teil zu den definierten Abteilungszielen beitragen können. Nachhaltige Motivation stellt sich meiner Überzeugung nach nämlich dann bei den Mitarbeitern ein, wenn sie selbst wissen, welchen Beitrag sie zu den Unternehmens- und Abteilungszielen leisten können. Wer sich mit seinen Aufgaben identifizieren kann, ist auch motiviert.

Frage 124: Wie bringen Sie erfolgreiche Mitarbeiter dazu, noch mehr zu leisten?

Ungünstige Antwort auf Frage 124 Mit Prämien oder Bonuszahlungen lassen sich sicherlich auch erfolgreiche Mitarbeiter zu noch mehr Leistungen antreiben.

Gelungene Antwort auf Frage 124 Prämien oder Bonussysteme sind natürlich eine Möglichkeit, solche monetären Anreize verpuffen aber schnell. Ich würde schauen, was den erfolgreichen Mitarbeiter antreibt. Manche erfolgreiche Mitarbeiter benötigen einfach Anerkennung für ihre Leistungen durch den Vorgesetzten und lassen sich dadurch anspornen. Andere treibt der Wettbewerbsgedanke, dann wäre eine regelmäßige Rückmeldung darüber, wie der erfolgreiche Mitarbeiter im Vergleich zu anderen dasteht, sinnvoll.

Frage 125: Was hätten Sie in der Position Ihres momentanen Vorgesetzten anders gemacht als er?

Ungünstige Antwort auf Frage 125 So einiges, sonst müsste ich nämlich nicht heute hier sitzen. Mir wurde ständig eine Beförderung in Aussicht gestellt, aber dann kam immer jemand anderes zum Zug. Tja, wer kein Gespür für gute Leute hat, muss eben sehen, wo er bleibt.

Gelungene Antwort auf Frage 125 Im Wesentlichen hätte ich die Dinge ähnlich gemacht. Mein momentaner Vorgesetzter leistet eine gute Informationsarbeit, ist bei getroffenen Entscheidungen verlässlich und steht seinen Mitarbeitern bei Bedarf als Ansprechpartner zur Verfügung. Was mir manchmal fehlte, war die Kraft für Innovationen. Sicherlich erfordert es zusätzliche Anstrengungen, wenn man Dinge ändern möchte und andere erst davon überzeugen muss. An der einen oder anderen Stelle hätte ich mir diese Innovationskraft aber durchaus gewünscht.

Frage 126: Wie vermeiden Sie beim jetzt anstehenden Stellenwechsel eine Fehlentscheidung?

Ungünstige Antwort auf Frage 126 Fehlentscheidungen lassen sich nie ausschließen, aber ich denke, das klappt schon.

Gelungene Antwort auf Frage 126 Für mich ist der Stellenwechsel eine komplexe Entscheidung. Ich habe mich umfassend über Ihr Unternehmen und Ihre Dienstleistungen am Markt informiert und mich auch mit Kollegen aus der Branche unterhalten. Die zu bewältigenden Arbeitsaufgaben kenne ich im Wesentlichen aus meiner aktuellen Position. Wichtig ist mir auch, dass der Faktor Mensch stimmt. In unseren Gesprächen hatte ich bisher den Eindruck, dass hier im Unternehmen an einem Strang gezogen wird, was mir sehr wichtig ist. Auf Basis dieser Fakten werde ich meine Entscheidung treffen, aber auch mein Bauchgefühl sagt mir, dass mit dem Stellenwechsel wohl beide Seiten eine gute Wahl treffen werden.

13. Kernkompetenz 6: Wie steht es um Ihre kommunikative Kompetenz?

Führungskräfte sind permanent damit beschäftigt, neue Kontakte aufzubauen und bestehende zu halten, sich und andere zu informieren und situationsangemessen zu motivieren und zu kritisieren. Daher möchte die Firmenseite im Vorstellungsgespräch feststellen, wie es um die kommunikative Kompetenz des potenziellen neuen Mitarbeiters bestellt ist. Kann er oder sie konstruktiv, effektiv und zielführend kommunizieren? Damit es hier zu einem Abgleich zwischen dem Selbstbild des Bewerbers und der Fremdwahrnehmung durch die Firmenseite kommen kann, wird gezielt nach dem Umgang mit Konflikten, der Fähigkeit, Kritik zu geben und zu empfangen, und oft auch ganz direkt nach den Stärken und Schwächen gefragt.

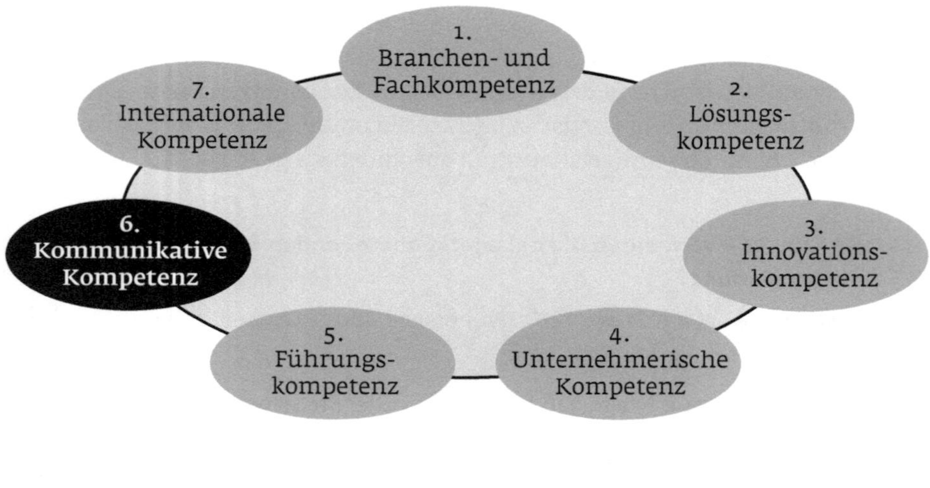

Typische Fehler: Vorzeitiges Aus!

Nicht emotional werden

Wer von sich behauptet, kontaktstark zu sein, sollte dies exemplarisch begründen können. Passenderweise mit Rückbezug auf Situationen, die einen beruflichen Kontext haben, hierzu zählen beispielsweise Messen, Tagungen, Meetings oder Projektarbeit. Wenn es um Konflikte, Auseinandersetzungen und Krisen geht, sind Bewerber dann im Nachteil, wenn die üblicherweise dazugehörigen negativen Emotionen die Oberhand über sie gewinnen. Besonders gefürchtet sind hier diejenigen Bewerberinnen und Bewerber, die die Gründe für berufliche Fehlentwicklungen stets zuerst bei anderen und zuletzt bei sich selbst suchen. Und wer Fragen nach seinen individuellen Schwächen und Stärken nicht taktisch glaubwürdig beantworten kann, lässt Zweifel daran aufkommen, ob der gewünschte Reflexionsfaktor in Sachen konstruktiver Selbstkritik überhaupt vorhanden ist.

Negativbeispiel Mängel in der kommunikativen Kompetenz würden einem Bewerber unterstellt, wenn er auf die Frage »Wie gehen Sie mit schwierigen Zeitgenossen um?« folgendermaßen antwortet:

»Ich lasse sie gegen die Wand laufen, dann merken sie schon, dass sie bei mir keinen Blumentopf gewinnen können. In meiner alten Firma hatte ich so ein paar renitente Außendienstmitarbeiter, die waren schon so lange dabei, dass sie fast Beamtenstatus hatten. Die haben vielleicht genervt.«

Kommentar zum Negativbeispiel Der Bewerber hinterlässt mit seiner Antwort den Eindruck, dass er bei Meinungsverschiedenheiten am Arbeitsplatz nur eine Lösungsmöglichkeit kennt, nämlich die »Holzhammer«-Methode. Statt zu signalisieren, dass er die Gründe für Konflikte erkennen kann und zunächst nach konstruktiven Lösungen sucht, wählt er gleich den Weg der Konfrontation. Mit der Bemerkung »Ich lasse sie gegen die Wand laufen« lässt er ernsthafte Zweifel an seinen Fähigkeiten in Sachen Konfliktmanagement aufkommen. Vermutlich werden die Gesprächspartner auf der Firmenseite zu dem ungünstig gewählten Beispiel der »renitenten Außendienstmitarbeiter« noch gründlich nachfragen. Die dann sicherlich thematisierte destruktive Stimmung einschließlich der dazugehörigen Kampfemotionen dürfte dafür sorgen, dass der Bewerber endgültig den Stempel »Gießt bei jedem Streit Öl ins Feuer« aufgedrückt bekommt. Damit hätte er seine Chancen auf eine Einstellung endgültig verspielt.

Antwort-Strategie: Das bringt Sie in den Job!

Mit abstrakten Formulierungen diplomatisch antworten

Wenn wir Führungskräfte - so wie Sie - auf Vorstellungsgespräche vorbereiten, arbeiten wir die ganze Zeit darauf hin, dass sie ihre Antworten mit konkreten Beispielen aus dem Berufsalltag verknüpfen. So stellt sich die von den Firmen gewünschte konstruktive und ergebnisorientierte Grundhaltung ein. Zu einem Themenblock im Vorstellungsgespräch wünschen wir uns aber tatsächlich einmal keine(!) konkreten Beispiele, sondern vorzugsweise abstrakte Formulierungen. Und dieser Themenblock kreist um Konfliktthemen. Wenn es um Konflikte und Krisen geht, helfen Ihnen eher allgemein formulierte Statements nämlich dabei, die nötige innere Distanz zu emotional aufwühlenden Themen zu halten. Antworten Sie auf entsprechende Fragen also lieber diplomatisch. Und wenn sich die Darstellung eines Konflikts ganz und gar nicht vermeiden lässt, liefern Sie auf jeden Fall auch eine Lösung dazu.

Positivbeispiel
Und so könnte eine überzeugendere Antwort auf die Frage »Wie gehen Sie mit schwierigen Zeitgenossen um?« klingen:

»Auch mit schwierigen Zeitgenossen muss man umgehen können. Gerade im Umgang mit Mitarbeitern oder Kunden erwarte ich von mir, dass ich auch die schwierigeren in den Griff bekomme. Oftmals erscheinen diese Menschen auch nur auf den ersten Blick als problematisch, denn meistens gibt es doch einen Ansatzpunkt, durch den man einen Zugang zu ihnen findet. Schwierige Kunden habe ich oft über technische Features, das Markenimage oder ein gutes Aktionsangebot besänftigt. Und schwierige Mitarbeiter sind häufig über- oder unterfordert. Da habe ich mir als Führungskraft immer etwas einfallen lassen, um sie wieder einzubinden.«

Kommentar zum Positivbeispiel Im Positivbeispiel verfolgt der Bewerber von Anfang an eine ganz andere Strategie als im Negativbeispiel. Mit der Einleitung »Auch mit schwierigen Zeitgenossen muss man umgehen können« verdeutlicht er, dass er bei zwischenmenschlichen Spannungen immer erst versucht, eine Lösung zu finden. Statt Konflikte zu verhärten und an starren Haltungen festzuhalten, die für noch mehr Spannungen sorgen, erläutert er seine ausgefeilten kommunikativen Fähigkeiten. Der Bewerber weiß, wie man mit schwierigen Zeitgenossen umgehen und sie einbinden kann. Geschickt wählt er allgemein gehaltene Beispiele für seinen konstruktiven Umgang mit »schwierigen Kunden« oder »schwierigen Mitarbeitern«. Diesem Bewerber traut man zu, dass er geschickt auf die persönlichen Eigenarten seiner Kunden und Mitarbeiter eingehen kann und so für ein konstruktives Miteinander sorgt.

Beispielfragen und -antworten: Kommunikationskompetenz

Bitte beantworten Sie zunächst die Fragen, bevor Sie einen Blick auf unsere Beispielantworten werfen. Gleichen Sie Ihre Antworten ab. Modifizieren Sie bei Bedarf Ihre Antworten anhand unserer gelungenen Beispiele. Überlegen Sie sich zusätzlich individuelle Belege mit Praxisbezug, mit denen Sie Ihre Antworten plausibel ausgestalten können.

Frage 127: Wie gehen Sie auf Ihnen unbekannte Menschen zu?

Ungünstige Antwort auf Frage 127 Ich stelle mich vor und komme dann meist ins Gespräch.

Gelungene Antwort auf Frage 127 Ich finde Menschen grundsätzlich spannend, daher lerne ich immer wieder gerne neue Menschen kennen. Ein Anlass ist schnell gegeben, beispielsweise ein Vortragsthema, interessante Produkte auf einer Messe oder eine berufliche Aufgabenstellung. Gespräche beginne ich dann nach dem üblichen Vorstellen mit passenden Fragen, auf diese Weise bekomme ich weitere Ansatzpunkte, um ein Gespräch richtig in Schwung zu bringen.

Frage 128: Was ist aus Ihrer Sicht besonders wichtig, damit die Kommunikation innerhalb der Abteilung funktioniert?

Ungünstige Antwort auf Frage 128 Ein regelmäßiger Informationsaustausch und Klarheit bei den Zielen, dann klappt das innerhalb der Abteilung auch.

Gelungene Antwort auf Frage 128 Grundvoraussetzung ist für mich ein regelmäßiger Informationsaustausch, beispielsweise in Meetings, aber auch in informellen

Gesprächen beispielsweise in der Cafeteria. Darüber hinaus finde ich es als Führungskraft wichtig, bei auftretenden Problemen rechtzeitig informiert zu werden. Manche Mitarbeiter verbeißen sich regelrecht in Aufgabenstellungen, benötigen aber eigentlich kurzfristig fachliche Unterstützung. Eine Teamkultur, die Freiräume lässt, aber auch auf gegenseitige Unterstützung setzt, muss meiner Meinung nach von der Führungskraft gezielt aufgebaut werden. Dann können die Mitarbeiter mit ihren Aufgaben wachsen und die Unternehmensziele effektiver erreichen.

Frage 129: Gibt es Menschen, mit denen Sie nur schwer zurechtkommen? Wo sehen Sie die Gründe dafür?

Ungünstige Antwort auf Frage 129 Ich komme mit allen Menschen gut zurecht.

Gelungene Antwort auf Frage 129 Grundsätzlich habe ich den Anspruch an mich, mit allen Menschen gut zurechtzukommen. Schwer wird es, wenn Menschen keinen konstruktiven Weg mehr kennen und nur noch emotional mit Vorwürfen oder Schuldzuweisungen reagieren. Ich bemühe mich dann besonders, die sachliche Ebene deutlich in den Vordergrund zu stellen und die Dinge zu betonen, die auch in der Vergangenheit geklappt haben. Dann kochen die Emotionen nicht so über.

Frage 130: Fällt es Ihnen leicht, mit Menschen in Kontakt zu kommen?

Ungünstige Antwort auf Frage 130 Ja, das fällt mir leicht, ich lerne immer Menschen kennen.

Gelungene Antwort auf Frage 130 Mit Menschen in Kontakt zu kommen ist eigentlich leicht. Eine größere Herausforderung ist für mich, Menschen dazu zu bringen, ihre Meinungen und Vorstellungen zu äußern. Erst dann gewinnt ein Kontakt ja an Tiefe, und dann wird es interessant.

Frage 131: Auf welche Weise zeigen Sie Gesprächspartnern, dass Sie sie akzeptieren?

Ungünstige Antwort auf Frage 131 Ich glaube, dass Gesprächspartner das im Verlauf des Gesprächs einfach merken.

Gelungene Antwort auf Frage 131 Es gibt für mich viele Möglichkeiten, Akzeptanz zu signalisieren. Das fängt schon mit der Art und Weise an, wie ich Menschen begrüße und auf sie zugehe. Ich frage dann auch gerne einmal zu Themen nach, von denen ich weiß, dass mein Gesprächspartner Experte darin ist. Wertschätzung lässt sich auch gut körpersprachlich durch Zustimmungsgesten signalisieren, beispielsweise in Verhandlungen, wenn mein Gesprächspartner konstruktive Vorschläge macht.

Frage 132: Was sind typische Rückmeldungen, die Sie in Bezug auf Ihr Auftreten und Verhalten von Kollegen bekommen?

Ungünstige Antwort auf Frage 132 Zu meinem Auftreten und zu meinem Verhalten, tja, ich würde sagen, meine Kollegen finden das grundsätzlich in Ordnung.

Gelungene Antwort auf Frage 132 Ich höre öfter von Kollegen, dass sie die offene Art, mit der ich auf Menschen zugehe und ihnen zuhöre, schätzen. Ich gelte auch als verlässlich, wenn es um Zusagen und Vereinbarungen geht, das höre ich immer wieder.

Frage 133: Was stört Sie an anderen Menschen am meisten?

Ungünstige Antwort auf Frage 133 Mich stören diese Heckenschützen, die alles, was sie stört, in sich hineinfressen und dann über Dritte kommunizieren oder sogar Gerüchte in die Welt setzen. Das ist doch hinterhältig.

Gelungene Antwort auf Frage 133 Problematisch finde ich Menschen, die ihre eigenen Interessen einerseits nicht klar artikulieren, andererseits aber jeden konstruktiven Vorschlag abwürgen. Dann kommt man nicht weiter und tappt im Dunkeln. Allerdings gibt es für so ein Verhalten meist auch Gründe, die oft in der Vergangenheit liegen, weil beispielsweise schlechte Erfahrungen mit Vorgesetzten gemacht wurden. In solchen Fällen gilt es, erst einmal Vertrauen aufzubauen.

Frage 134: Mit welchen Menschen arbeiten Sie am liebsten zusammen?

Ungünstige Antwort auf Frage 134 Mit denjenigen, die konstruktiv mitarbeiten.

Gelungene Antwort auf Frage 134 Am liebsten arbeite ich mit den Menschen zusammen, die konstruktiv sind, also Vorschläge machen, wie sich gemeinsam besprochene Ziele erreichen lassen. Wichtig ist mir dabei auch, dass bei etwas Gegenwind nicht gleich aufgegeben wird. Mich fordern Schwierigkeiten eher, dann suche ich verstärkt nach alternativen Lösungen, die ich üblicherweise auch finde.

Frage 135: Wann ist Ihnen das letzte Mal der Kragen geplatzt, und aus welchem Anlass?

Ungünstige Antwort auf Frage 135 Heute Morgen im Hotel war die Kaffee- und Espressomaschine defekt, da habe ich mich mit klaren Worten beschwert. Das geht doch nicht, dass morgens kein Kaffee da ist.

Gelungene Antwort auf Frage 135 Also wirklich gestört hat mich vor kurzem die nachlässige Erstellung eines Pflichtenhefts im Rahmen eines Bauleitungsprojekts, das ich zu verantworten hatte, dann sind doch weitere Konflikte programmiert. Mit dem Architekten hatte ich schon häufiger Probleme zu diesem Themenkreis. Ich habe dann einmal richtig Klartext mit ihm geredet und ihn auf seine Verantwortung hingewiesen, seitdem sind die Pflichtenhefte deutlich besser ausformuliert.

Frage 136: Wenn Sie bei uns das Projekt »Optimierung der internen Unternehmenskommunikation« leiten sollten: Welche Maßnahmen würden Sie für wichtig halten?

Ungünstige Antwort auf Frage 136 Kommunikation braucht Zuhörer, Zuhörer brauchen Zeit, um zu verstehen. Ich würde also alle an einen runden Tisch setzen und versuchen, eine Diskussion zur Unternehmenskommunikation durchzuführen.

Gelungene Antwort auf Frage 136 Zunächst würde ich jede Abteilung einzeln aufsuchen und klären, zu welchem wichtigen Projekt, zu welcher Aufgabe oder zu welchem Problem sich die jeweilige Abteilung eine besser abgestimmte Kommunikation gewünscht hätte. Dann würde ich mir beschreiben lassen, wer in der Abteilung sich von wem in welchem Umfang mehr Kommunikation gewünscht hätte, um die Schnittstellen herauszuarbeiten. Ein Abgleich der Abteilungsmeinungen macht dann sicherlich schnell klar, was künftig besser gemacht werden kann. Die Ergebnisse würde ich dann in einem Workshop präsentieren und mit den Abteilungen klären, wer dafür verantwortlich ist, dass künftig schneller und intensiver kommuniziert wird.

Frage 137: Worüber können Sie sich bei anderen Menschen richtig ärgern?

Ungünstige Antwort auf Frage 137 Es bringt mich auf die Palme, wenn die Bedenkenträger anfangen, ihre Erbsen zu zählen. Große Projekte kommen dann doch nie in Gang.

Gelungene Antwort auf Frage 137 Ärgerlich wird es dann, wenn Ziele gemeinsam besprochen worden sind, aber plötzlich Bedenken angemeldet oder ausführlich Schwierigkeiten thematisiert werden. Oft hilft es dann, noch einmal einen Schritt zurückzugehen und nachzuzeichnen, dass die Diskussionsphase ja bereits stattgefunden und zu einer Einigung geführt hat, und dass die Umsetzungsphase aktuell bereits läuft. Beruhen die Bedenken allerdings auf neuen Fakten, gilt es, sich damit konstruktiv auseinanderzusetzen.

Frage 138: Was machen Sie, wenn Sie nicht weiterwissen?

Ungünstige Antwort auf Frage 138 Ich hole mir Rat. Aber das kommt selten vor, mir fällt eigentlich immer etwas ein.

Gelungene Antwort auf Frage 138 Oft hilft es mir, wenn ich etwas Abstand zu einem Problem aufbaue, beispielsweise indem ich abends eine Runde joggen gehe. Dann bekomme ich fast immer neue Ideen dafür, wie es am nächsten Tag weitergehen könnte. Hilft das nicht, suche ich mir Rat von versierten Kollegen. Ich habe mir im Lauf der Jahre ein gut funktionierendes Netzwerk an Ansprechpartnern aufgebaut. Auf die kann ich mich verlassen.

Frage 139: Wie würde Ihr momentaner Chef Sie beschreiben?

Ungünstige Antwort auf Frage 139 Mein momentaner Chef würde sagen, dass ich verlässlich, engagiert und leistungsstark bin.

Gelungene Antwort auf Frage 139 Mein momentaner Chef würde sicherlich mein Engagement für berufliche Aufgaben schätzen. Ganz gleich, ob eine wichtige Präsentation ansteht, ein Schlüsselkunde besucht werden muss oder die Vorbereitungen für ein dringendes Projekt anlaufen, mein Chef weiß, dass ich ihm den Rücken freihalte und er sich voll auf mich verlassen kann.

Frage 140: Dann darf ich Ihren momentanen Chef morgen anrufen und mir Ihre Selbsteinschätzung von ihm bestätigen lassen?

Ungünstige Antwort auf Frage 140 Nein, er weiß doch nicht, dass ich heute hier bin.

Gelungene Antwort auf Frage 140 Theoretisch ja, aber er soll ja nicht wissen, dass ich mich wegbewerben möchte. Allerdings kann ich Ihnen meine Arbeitszeugnisse zeigen, meine Selbsteinschätzung wurde in dieser Form auch schon von anderen Vorgesetzten schwarz auf weiß bestätigt.

Frage 141: Wo sehen Sie Ihre Stärken und welche Schwächen haben Sie?

Ungünstige Antwort auf Frage 141 Meine Stärken sehe ich in meinem konzeptionellen Denken und meiner Zuverlässigkeit. Als Schwäche würde ich Ungeduld nennen.

Gelungene Antwort auf Frage 141 Eine meiner Stärken ist sicherlich mein konzeptionelles Denken. Gerade umfangreiche technische Projekte benötigen doch eine klare Planung und Zielsetzung. Wichtig ist mir dabei auch die regelmäßige Erfolgskontrolle, insbesondere dann, wenn ich Projekte international steuere, dann gilt es, lieber einmal zu früh als zu spät Zwischenergebnisse einzufordern. Eine weitere Stärke ist meine Lernbereitschaft, ich lerne eigentlich immer dazu. Beispielsweise wenn ich auf Kollegen aus angrenzenden Fachbereichen treffe. Als Leiter IT ist es für mich sicherlich hilfreich, dass ich mich auch in den Grundzügen mit den juristischen

Aspekten der IT-Materie auskenne. Als Schwäche würde ich sehen, dass ich nicht mehr jedes Fachdetail der Programmierung kenne. Aber ich bin ja letztendlich auch mehr für strategische Aufgabenstellungen und deren Umsetzung verantwortlich.

Frage 142: Wo sehen Sie bei sich Defizite, an denen Sie noch arbeiten müssen?

Ungünstige Antwort auf Frage 142 Vielleicht an meinem Zeitmanagement, das könnte manchmal etwas besser sein.

Gelungene Antwort auf Frage 142 Echte Defizite sehe ich nicht, die Kenntnisse und Erfahrungen, die ich für die Erledigung meiner Aufgaben benötige, habe ich mir im Lauf der Jahre angeeignet. Im Bereich der Fremdsprachen kann ich natürlich immer noch etwas dazulernen. Mein Englisch ist zwar verhandlungssicher, aber spezielle Fachvokabeln müssen von Zeit zu Zeit wiederholt werden, sonst geraten sie in Vergessenheit.

Frage 143: Was war für Sie die bisher größte berufliche Enttäuschung?

Ungünstige Antwort auf Frage 143 Dass mein vorletzter Arbeitgeber in Insolvenz gegangen ist, das war ein herber Schlag. Damit hatte ich einfach nicht gerechnet.

Gelungene Antwort auf Frage 143 Es war für mich eine große berufliche Enttäuschung, dass mein vorletzter Arbeitgeber in Insolvenz gegangen ist. Ich hatte eine Zeit lang ordentlich damit zu tun, zu akzeptieren, dass meine persönlichen Arbeitsleistungen im Bereich Qualitätssicherung und Fertigungsüberwachung damit nichts zu tun hatten. Die Finanzierung des Unternehmens war dadurch in Schieflage geraten, dass die Erbengemeinschaft der neuen Eigentümer in kurzer Zeit viel Kapital abgezogen hatte. Letztendlich habe ich mich dann aber der neuen Realität gestellt und nach einiger Zeit auch einen neuen Arbeitsplatz gefunden.

Frage 144: Wie gehen Sie mit beruflichen Enttäuschungen um?

Ungünstige Antwort auf Frage 144 Die gehören zum Berufsalltag nun einmal dazu, es geht aber immer weiter.

Gelungene Antwort auf Frage 144 Berufliche Enttäuschungen gehören zum Arbeitsalltag dazu. Wenn einmal etwas nicht so klappt wie gewünscht, setze ich mich mit den Gründen dafür intensiv auseinander. In welchen Bereichen gab es Fehleinschätzungen? Was genau stimmte an der Strategie nicht? Und vor allem: Was würde ich das nächste Mal in gleicher Situation anders machen? Rückblickend würde ich sagen, dass ich berufliche Enttäuschungen zwar nicht schätze, aus ihnen aber viel gelernt habe. Beispielsweise auch, dass ich bei komplexen Projekten von meinen Mitarbeitern noch zügiger erste Rückmeldungen einfordere als früher.

Frage 145: Glauben Sie, dass Ihr momentaner Chef Ihr berufliches Potenzial voll erkannt hat?

Ungünstige Antwort auf Frage 145 Ich denke schon. Aus seiner Sicht gab es wohl keine weiteren Karriereoptionen für mich, weil er damit seinen besten Zuarbeiter verloren hätte. Das wird sowieso noch ein böses Erwachen für ihn geben, wenn er die Aufgaben selbst bewältigen muss, die ich für ihn erledigt habe.

Gelungene Antwort auf Frage 145 Ich bin meinem momentanen Chef sehr dankbar dafür, dass er mein Potenzial früh erkannt und ausgebaut hat. Er hat mich im Lauf der Zeit mit immer anspruchsvolleren Projektleitungen betraut, in der Anfangszeit mit zwei bis drei Teammitgliedern, zuletzt waren es sogar bis zu 15. Ich habe mit ihm auch immer offen über meine Karrierewünsche gesprochen und denke daher nicht, dass er von meinem Wechsel völlig überrascht sein wird. Im Unternehmen sind die für mich interessanten Positionen ja leider für die nächsten Jahre definitiv besetzt.

Frage 146: Was hat Sie gelegentlich an Ihrem bisherigen Vorgesetzten gestört?

Ungünstige Antwort auf Frage 146 Wenn er seinen Kontrollwahn bekommen hat. Dann mussten über Nacht alle möglichen Zahlen vorgelegt und präsentiert werden. Da hätte er auch etwas mehr Geduld für die Erfordernisse meines Tagesgeschäfts aufbringen können.

Gelungene Antwort auf Frage 146 Gestört hat mich nichts, wir haben gut zusammengearbeitet. Manchmal waren seine kurzfristigen Wünsche sehr arbeitsintensiv, beispielsweise weil Präsentationen vor Treffen mit den Investoren noch mehrmals überarbeitet und aktualisiert werden mussten. Dafür war er an anderer Stelle wieder großzügig. Als Betroffener wünscht man sich natürlich immer etwas mehr Vorlauf, aber aus Sicht der Führungskraft kann man dringende Aufgaben eben nicht ignorieren. Dann muss sofort gehandelt werden.

Frage 147: Woran merken Ihre Kollegen, dass Ihre Geduld erschöpft ist?

Ungünstige Antwort auf Frage 147 Dann wird mein Ton etwas einsilbiger und schärfer.

Gelungene Antwort auf Frage 147 Ich finde es wichtig, rechtzeitig zu signalisieren, wenn meine Geduld erschöpft ist. Zunächst mache ich mit Argumenten deutlich, was mich stört, und warum es mich stört. Stellt sich keine Veränderung ein, wiederhole ich das Ganze noch einmal sachlich. Allein diese Wiederholung sorgt meist für die gewünschte Aufmerksamkeit bei Kollegen. Wenn diese beiden Versuche nicht fruchten, kann mein Ton auch etwas an Schärfe gewinnen, dann wird meine Botschaft sicherlich verstanden.

Frage 148: Wie gehen Sie mit Kritik um?

Ungünstige Antwort auf Frage 148 Zu kritisieren ist ja immer leichter, als zu handeln. Ich kann mich aber wehren.

Gelungene Antwort auf Frage 148 Kritik ist zwar unangenehm, aber wichtig, damit es weitergeht. Mein erster Chef hat mir Kritik immer so gegeben, dass ich anschließend wusste, was ich künftig anders machen oder ausprobieren könnte. Davon habe ich oft profitiert und gebe meinen Mitarbeitern häufig in ähnlicher Form kritische, aber konstruktive Rückmeldung.

Frage 149: Würden Sie uns bitte schildern, wie Sie einmal kritisiert wurden und was Sie anschließend anders gemacht haben?

Ungünstige Antwort auf Frage 149 In meinem letzten Projekt habe ich die Budgetgrenzen gesprengt, dass gab richtig Ärger mit dem Vorstand. Aber dieses Klein-Klein führt doch nie zum Ziel. Wer etwas bewegen will, muss sich doch selbst auch bewegen. Mittlerweile habe ich die Diskussionen aufgegeben. Ich suche deshalb ja auch die neue Herausforderung bei Ihnen.

Gelungene Antwort auf Frage 149 Ich hatte seinerzeit das Protokoll einer Teamsitzung gleich per E-Mail-Verteiler an alle Teilnehmer verschickt, weil ich zeigen wollte, wie schnell ich Aufgaben erledigen kann. Mein damaliger Chef war damit allerdings nicht einverstanden, da es üblich war, zuerst ihm das Protokoll vorzulegen, seine Änderungswünsche einzupflegen und es dann zu verschicken. Diese Rückmeldung habe ich aufgenommen und meine Vorgehensweise entsprechend geändert.

Frage 150: Wie reagieren Sie, wenn Sie ungerechtfertigt kritisiert werden?

Ungünstige Antwort auf Frage 150 Ich lasse den Kritiker einfach stehen. Es lohnt sich nicht, mit jedem zu diskutieren.

Gelungene Antwort auf Frage 150 Zunächst überlege ich mir, ob die Kritik tatsächlich ungerechtfertigt war, oder ob der Kern der Kritik berechtigt, aber der Ton unangemessen war und mich eher der Ton gestört hat. War der Kern der Kritik berechtigt, suche ich später noch einmal das Gespräch, um darauf hinzuweisen, dass ich mir das nächste Mal eine eher sachliche Form der Kritik wünsche. Ich finde aber auch nicht, dass jedes Wort auf die Goldwaage gelegt werden muss, Auseinandersetzungen gehören auch für mich zum Arbeitsleben dazu, weil ich Dinge bewegen möchte.

Frage 151: Wenn Sie an Ihren Berufseinstieg denken und dann die Jahre bis heute noch einmal reflektieren: Wo sehen Sie bei sich persönliche Veränderungen?

Ungünstige Antwort auf Frage 151 Ich bin ganz zufrieden. Trotz der schleppenden wirtschaftlichen Entwicklung habe ich doch eigentlich Karriere gemacht. Ich bin heute Gruppenleiter und kann deshalb mehr gestalten als früher.

Gelungene Antwort auf Frage 151 Ich glaube, ich bin flexibler geworden als früher. Heute kann ich mit cholerischen Zeitgenossen lockerer umgehen als damals. Das Arbeitsleben funktioniert eben nicht wie ein Ratgeber zur Kommunikationstheorie. Wo gehobelt wird, fallen im Eifer des Gefechts eben auch Späne. Hauptsache, man sucht nach einiger Zeit immer wieder den Weg aufeinander zu und arbeitet unter dem Strich nicht gegen-, sondern miteinander.

Frage 152: Wie gelingt Ihnen der Ausgleich zwischen dem Beruf und den Wünschen aus Ihrem persönlichen Umfeld?

Ungünstige Antwort auf Frage 152 Das ist nicht leicht, viele Beziehungen überleben das nicht. Aber ich denke, dann war da auch vorher schon der Wurm drin.

Gelungene Antwort auf Frage 152 Meine Lebensgefährtin weiß, dass ich meinen Beruf sehr ernst nehme. Sie ist ebenfalls beruflich sehr engagiert. Schön ist es, wenn man die Urlaubspläne gut miteinander abstimmt, aus diesen Erholungszeiten schöpfe ich viel Kraft. Und auch ein Wochenende in den Bergen oder im Wellness-Hotel kann so manche Überstunde wieder ausgleichen.

Frage 153: Unter welchen Umständen würden Sie unsere Firma wieder verlassen?

Ungünstige Antwort auf Frage 153 Wenn meine Ideen sich nicht verwirklichen lassen.

Gelungene Antwort auf Frage 153 Mir ist es sehr wichtig, dass ich mit der Arbeit in meiner Abteilung die Unternehmensziele nachhaltig unterstützen kann. Problematisch wäre es für mich, wenn ich feststellen würde, dass meine Arbeit blockiert oder nicht gewürdigt wird. Ich trete natürlich auch selbst für die Aufgaben und Interessen meiner Abteilung und für meine Mitarbeiter ein. Aber auf Dauer brauche ich auch die Rückmeldung, dass meine Einsatzbereitschaft gesehen und gewürdigt wird.

14. Kernkompetenz 7: Was bringen Sie an internationaler Kompetenz mit?

Wir möchten Sie in diesem Kapitel dafür sensibilisieren, dass Sie Ihre internationale Kompetenz ebenfalls inhaltlich belegen müssen. Denn zum Tagesgeschäft vieler Führungskräfte gehört beispielsweise die Leitung von internationalen Projekten, die Betreuung von ausländischen Niederlassungen oder das Führen von Einkaufsverhandlungen mit Zulieferern aus Asien, den USA oder Osteuropa. Beispiele und Formulierungshilfen dafür, wie Sie direkt auf Englisch antworten können, finden Sie im anschließenden Kapitel »Das Job-Interview auf Englisch« (Seite 178). Dieses Kapitel ist als Vorübung zu verstehen. Gewöhnen Sie sich daran, Ihre internationale Kompetenz für Ihre Gesprächspartner auf der Firmenseite anhand von Beispielen aus Ihrer Berufspraxis nachvollziehbar und glaubwürdig zu erläutern.

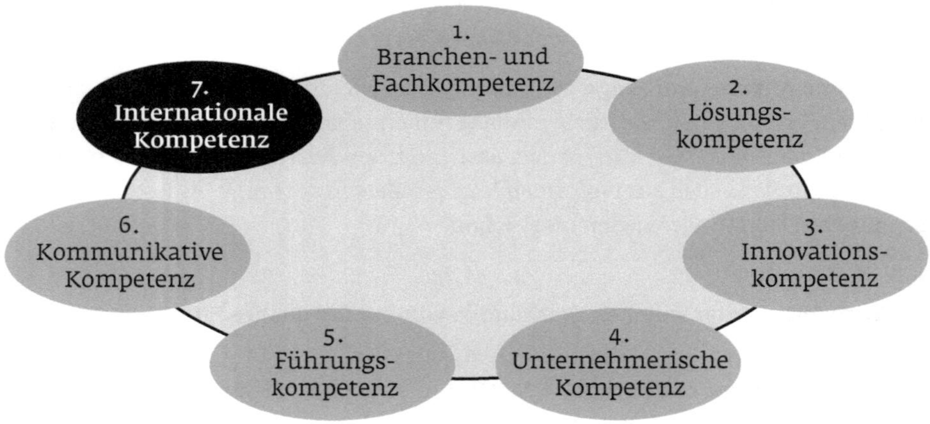

Typische Fehler: Vorzeitiges Aus!

Mehr als Sprachkenntnisse

Zum einen scheitern Führungskräfte in diesem Fragenblock, wenn sie den Eindruck entstehen lassen, dass es um die Aktualität ihrer Sprachkenntnisse nicht besonders gut bestellt ist. Zum anderen machen sie es sich unnötig schwer, wenn das Vorhandensein von Sprachkenntnissen lediglich abstrakt in den Raum gestellt wird, ohne dass deutlich wird, wie diese Sprachkenntnisse in der beruflichen Praxis eingesetzt worden sind. Internationale Kompetenz meint insgesamt natürlich weitaus mehr als Sprachkenntnisse. Es geht auch darum, ob ein Grundverständnis für die Besonderheiten anderer (Arbeits-) Kulturen vorhanden ist. Der Erfolg internationaler Projektarbeit steht und fällt letztendlich damit, wie die über die ganze Welt verstreuten Projektmitglieder über Ziele informiert, bei Fehlern kritisiert und zu Höchstleistungen motiviert werden. Führungskräfte, die den Eindruck erwecken, von Herausforderungen dieser Art überfordert zu sein, lassen Zweifel an ihrer internationalen Kompetenz aufkommen.

Negativbeispiel Auf die Frage »Was bringen Sie an internationaler Kompetenz mit?« sollte eine Bewerberin nicht so antworten:

»Ich fand andere Kulturen schon immer spannend. So habe ich während des Studiums ein Praktikum in Italien bei einer Bank gemacht und habe auch in den USA ein Jahr lang studiert. Dann bekommt man eine ganz andere Vorstellung davon, wie es im Ausland zugeht. Mit unserer deutschen Gründlichkeit aktivieren wir ja manchmal ungewollt Vorurteile. Dann steht man als Erbsenzähler da und hat schon verloren.«

Kommentar zum Negativbeispiel Die Bewerberin hat sicherlich interessante Erfahrungen im Ausland gesammelt, macht aber nicht klar, inwiefern ihr künftiger Arbeitgeber davon profitieren könnte. Sie verfällt darüber hinaus noch auf den Fehler der Problemkommunikation. Statt ein Beispiel dafür zu geben, wie sie in einem internationalen Umfeld erfolgreiche Arbeit geleistet hat, thematisiert sie Schwierigkeiten. Mit dieser Vorgehensweise wird die gestellte Frage nicht beantwortet. Es werden im Gegenteil eher Zweifel an der Bewerberin geweckt.

Antwort-Strategie: Das bringt Sie in den Job!

Konkrete Beispiele im internationalen Kontext

Liefern Sie ein plastisches Beispiel dafür, wie Sie erfolgreich international gearbeitet haben. Wenn es sich um internationale Projekte gehandelt hat, können Sie beschreiben, wie Sie Abstimmungsprozesse vorangetrieben, Schwierigkeiten aufgelöst und beharrlich an der termingetreuen Zielerreichung gearbeitet haben. Geht es eher um die Erschließung neuer Märkte im Ausland, können Sie erläutern, wie Sie zusammen mit Experten vor Ort den Markt analysiert, Zielgruppen identifiziert und erfolgreich Markteinführungskampagnen realisiert haben. Und wenn es um Einkaufsverhandlungen im fernen Asien geht, berichten Sie, wie Sie Kontakte zu Zulieferern aufgebaut, Qualitäten definiert und verbindliche Verträge fixiert haben.

Positivbeispiel Mit einer geschickteren Gesprächsstrategie klingt die Antwort auf die Frage »Was bringen Sie an internationaler Kompetenz mit?« wesentlich überzeugender:

»Ich habe umfassende Erfahrungen in der internationalen Zusammenarbeit. Für meinen aktuellen Arbeitgeber habe ich für 15 europäische Staaten geklärt, welche Hürden unser Unternehmen bei der Zulassung der in Deutschland bereits zertifizierten Medizinprodukte zu nehmen hat. Zu diesem Zweck habe ich mit den jeweils zuständigen Behörden, beispielsweise in der Türkei, in Spanien und auch in Polen, Kontakt aufgenommen. In einigen Ländern gab es sehr schnelle Rückmeldungen, die Unterstützung war professionell und die Freigabe erfolgte zügig. In anderen Ländern musste ich mehrmals nachhaken. Da habe ich mir Unterstützung durch die deutschen Handelskammern vor Ort geholt und konnte so die passenden Ansprechpartner bei Behörden und externen Dienstleistern herausfinden.«

Kommentar zum Positivbeispiel Mit dem Positivbeispiel verdeutlicht die Bewerberin, wie sie konkrete berufliche Herausforderungen in einem internationalen Kontext erfolgreich meistert. Sie schildert eine komplexe Aufgabe, die sie für ihren momentanen Arbeitgeber Schritt für Schritt gelöst hat. Gerade weil sie die von ihr zu überwindenden Hürden bei der Aufgabenerfüllung deutlich macht, gewinnt ihre Antwort noch an Aussagekraft. Die internationale Kompetenz dieser Bewerberin ist damit bestätigt.

Beispielfragen und -antworten: Internationale Kompetenz

Bitte beantworten Sie zunächst die Fragen, bevor Sie einen Blick auf unsere Beispielantworten werfen. Gleichen Sie Ihre Antworten ab. Modifizieren Sie bei Bedarf Ihre Antworten anhand unserer gelungenen Beispiele. Überlegen Sie sich zusätzlich individuelle Belege mit Praxisbezug, mit denen Sie Ihre Antworten plausibel ausgestalten können.

Frage 154: Können Sie Kundengespräche auf Englisch führen?

Ungünstige Antwort auf Frage 154 Ja, das traue ich mir zu, schließlich war ich auch einmal eine Zeit lang im Ausland.

Gelungene Antwort auf Frage 154 Ja, ich war eine Zeit lang im Ausland und habe dort meine Englischkenntnisse in der Praxis ausgebaut. Mit etwas Smalltalk auf Englisch kann ich schnell das Eis brechen und dann in das eigentliche Kundengespräch einsteigen. Auch momentan erstelle ich Angebote für Kunden im asiatischen Raum auf Englisch, versende die Angebote per E-Mail und hake dann in direkten Telefongesprächen nach.

Frage 155: Wann haben Sie zuletzt einen englischen Fachartikel gelesen?

Ungünstige Antwort auf Frage 155 Einen richtigen Fachartikel habe ich in letzter Zeit nicht gelesen, aber im Internet stoße ich immer wieder auf englische Artikel.

Gelungene Antwort auf Frage 155 Ich habe mir Ihre Homepage angesehen, die ja im Produktbereich zweisprachig ist. Das war gleich eine gute Übung für mich, um mich mit Ihren Produktlinien detaillierter vertraut zu machen und ein paar spezielle technische Fachtermini aufzufrischen. Wenn ich mit dem Flieger unterwegs bin, nutze ich auch immer die Möglichkeit, englischsprachige Zeitungen zu lesen.

Frage 156: Was haben Sie in den letzten zwei Jahren getan, um Ihre Englischkenntnisse zu verbessern?

Ungünstige Antwort auf Frage 156 Mein momentaner Arbeitgeber hat leider wenig in Weiterbildung investiert. Englischkurse wurden nicht angeboten.

Gelungene Antwort auf Frage 156 Ich arbeite bei jeder passenden Gelegenheit daran, meine Englischkenntnisse auszubauen. Als Projektleiter für Softwareprogrammierungen hatte ich Teams in der Slowakei und in China zu steuern. Die Teams habe ich per E-Mail, in direkten Telefongesprächen und durch Telefonkonferenzen gesteuert und gelegentlich auch persönlich vor Ort besucht. Die jeweiligen Arbeitsanweisungen, die spezielle Fachtermini von mir erforderten, habe ich entsprechend vorbereitet. Mit den Möglichkeiten, die das Internet heutzutage bietet, ist es ja eigentlich leicht, seine Sprachkenntnisse auch in Spezialgebieten auf dem neuesten Stand zu halten. Man muss es nur wollen.

Frage 157: Trauen Sie sich zu, Verhandlungen auf Englisch zu führen?

Ungünstige Antwort auf Frage 157 Nun ja, wenn es um rechtliche Details geht, muss ich leider passen. Dafür reichen meine Englischkenntnisse leider nicht.

Gelungene Antwort auf Frage 157 Ja, das traue ich mir zu, auch für meinen momentanen Arbeitgeber habe ich auf Englisch Verhandlungen geführt. Als verantwortlicher Einkäufer ist es wichtig, sich vor Ort selbst ein Bild von der Qualität der Zulieferer zu machen und persönliche Kontakte aufzubauen. Ich habe es bisher so gemacht, dass ich als Leiter Einkauf im Vorfeld von Verhandlungen die Roadmap mit der Produktion und dem Vertrieb aufgestellt habe. Dann habe ich die definierten Kernpunkte mit den Zulieferern auf Englisch verhandelt. Wenn es um juristische Details wie die Haftung bei Lieferverzögerungen oder Ähnliches ging, habe ich vor Ort Juristen hinzugezogen.

Frage 158: Haben Sie Erfahrungen in der Leitung von internationalen Projekten?

Ungünstige Antwort auf Frage 158 Hier habe ich leider nicht so viel Erfahrung, bin mir aber sicher, dass ich das hinbekomme.

Gelungene Antwort auf Frage 158 Ich habe Erfahrungen in der Leitung komplexer Projekte. Mein letztes größeres Projekt umfasste bis zu 22 Teammitglieder, die aufseiten der Partnerfirmen teilweise immer wieder ausgetauscht wurden, also neu informiert und an das Projekt herangeführt werden mussten. Vom beruflichen Hintergrund her kamen die Teammitglieder aus den verschiedensten Bereichen, es waren promovierte Physiker, Vertriebs- und Controllingspezialisten und Ingenieure dabei. Das vorgegebene Ziel, die Durchführung von Risikobeurteilungen für komplexe verfahrenstechnische Anlagen, habe ich als Teamleiter erreicht. Meine Englischkenntnisse sind ebenfalls aktuell, ich präsentiere häufiger auf Englisch, werde also auch internationale Projekte zielorientiert für Sie leiten können.

Frage 159: Wie würden Sie mit Konflikten in internationalen Projektgruppen umgehen?

Ungünstige Antwort auf Frage 159 Nun, irgendwann ist es auch gut mit der ewigen Wiederholung von einer interkulturellen Führungskultur, die sensibel auf die Bedürfnisse aller eingeht. Dann muss man in Leitungsfunktionen zeigen, dass man leiten kann. Dann werden Konflikte auch gelöst.

Gelungene Antwort auf Frage 159 Konflikte gehören in Projektgruppen dazu. Allein schon der unterschiedliche fachliche Hintergrund und die knappen Ressourcen führen immer wieder zu Abstimmungsnotwendigkeiten. In internationalen Projektgruppen sind dann noch weiter die regionalen Besonderheiten zu berücksichtigen. In China sollte es beispielsweise niemals dazu kommen, dass man einen Vorgesetzten vor seinen Mitarbeitern kritisiert. Dann verliert er sein Gesicht. In derartigen Konstellationen habe ich immer diplomatisch, aber dennoch deutlich den Weg über die »rechte Hand« des Verantwortlichen gesucht. So habe ich Konflikte gelöst.

Frage 160: Wenn Sie an Ihre internationalen Projekte denken: Wo gab es die größten Reibungsverluste? Was würden Sie heute anders machen?

Ungünstige Antwort auf Frage 160 Meine Erfahrung ist, dass internationale Projekte eigentlich immer anders verlaufen als geplant. Es lohnt sich kaum, sich vorher zu viele Gedanken zu machen. Es sind dann doch mehr die Fähigkeiten eines Krisenmanagers als die eines Projektmanagers gefragt.

Gelungene Antwort auf Frage 160 Ein internationales Projekt, das mich sehr gefordert hat, war der Aufbau eines Qualitätssicherungssystems für einen Auftraggeber aus dem arabischen Raum. Es war für mich eine völlig neue Erfahrung festzustellen, wie lange manche Dinge dort brauchen können. Anderes ging dann sehr schnell, weil eine Hands-on-Mentalität herrschte. Ich habe zähneknirschend lernen müssen, dass ich nicht alles so beschleunigen konnte, wie ich es mir gewünscht hätte. Im Nachhinein habe ich dann aber erfahren, dass mein Vorgänger das Projekt vollständig abbrechen wollte, weil er überhaupt nicht vorwärtskam. Also war meine Leistung im Vergleich durchaus gut. Heute würde ich bei einem ähnlichen Projekt die Verantwortlichkeiten noch stärker und detaillierter bereits im Vorfeld definieren, um über die Pflichtenhefte mehr sanften, aber wirksamen Druck ausüben zu können.

Frage 161: Könnten Sie sich vorstellen, für uns eine Zeit lang im Ausland zu arbeiten?

Ungünstige Antwort auf Frage 161 Ja, warum nicht. Ich lerne gerne fremde Kulturen kennen und bin auch mobil.

Gelungene Antwort auf Frage 161 Ja, ich bin auf Auslandseinsätze vorbereitet. Bereits im Studium habe ich die Möglichkeit genutzt, ein Semester in Spanien zu studieren. Als Vertriebsleiterin Deutschland habe ich auch die Vertriebsniederlassung in den USA mit aufgebaut, war dort also mehrmals länger vor Ort. Mir fällt es leicht, auf andere Menschen zuzugehen, daher habe ich in den USA viele spannende Kontakte aufgebaut, von denen ich heute noch profitiere.

Frage 162: Haben Sie Erfahrung im Einkauf von Vorprodukten in China?

Ungünstige Antwort auf Frage 162 Ja, ich habe in China, Taiwan und Vietnam Vorprodukte eingekauft.

Gelungene Antwort auf Frage 162 Ja, ich habe in China, Taiwan und Vietnam Vorprodukte eingekauft. Wichtig ist dabei zu wissen, dass die Einkaufsmuster üblicherweise nicht der Serienfertigung entstammen, also Einzelanfertigungen sind. Wer hier nicht aufpasst, kann die gesamte Produktion wegen mangelhafter Vorprodukte gefährden. Ich habe gute Erfahrungen damit gemacht, die Verträge so auszugestalten, dass vorab Teillieferungen per Express mit dem Flugzeug an mich versandt wurden. Dann habe ich eine gründliche Qualitätskontrolle durchführen lassen und erst dann die gesamte Tranche für den Schiffstransport freigegeben. So habe ich erreicht, dass die gelieferte Containerware einwandfrei war und in der Produktion alles glatt lief.

Frage 163: Was muss beachtet werden, wenn Sie für uns neue Märkte in den USA erschließen sollen?

Ungünstige Antwort auf Frage 163 Wichtig ist die richtige Strategie, man sollte auch wissen, was die Leute vor Ort wollen. Wenn dann noch die Etats für Marketing und Vertrieb stimmen, sollte das auch klappen. Ich sage immer, wer den Vertrieb im Blut hat, kann alles verkaufen, egal ob hier oder in den USA.

Gelungene Antwort auf Frage 163 Es passiert leider immer wieder, dass die USA in ihrer Größe unterschätzt werden und deshalb Vertriebsstrategien europäischer Firmen nicht aufgehen. Die letzte erfolgreiche Markteinführung, an der ich mitgearbeitet habe, funktionierte nach dem Flagship-Store-Prinzip. Im Rahmen der Markteintrittsstrategie wurden repräsentative Filialen in ausgewählten Städten in den USA in bevorzugter Lage angemietet. Mithilfe dieser Vorzeigeobjekte gelang es, die Presse zu interessieren und so den Markenaufbau wesentlich zu unterstützen. Die Qualität und das Lifestyle-Design der Produkte gaben dann mittelfristig den Ausschlag für einen erfolgreichen Eintritt in den Markt.

Frage 164: Was ist Ihnen bei der Erschließung ausländischer Märkte wichtiger: eine überzeugende Strategie oder eine kontinuierliche Aufbauarbeit?

Ungünstige Antwort auf Frage 164 Natürlich beides, ohne Strategie geht es nicht, aber ohne Aufbauarbeit auch nicht.

Gelungene Antwort auf Frage 164 Bei der Erschließung ausländischer Märkte steht sicherlich die kontinuierliche Aufbauarbeit etwas mehr im Vordergrund. Überzeugende Strategien sind meiner Erfahrung nach bereits auf nationaler Ebene schneller definiert als umgesetzt. Als Führungskraft sehe ich es als meine Hauptaufgabe an, die Umsetzung internationaler Strategien kontinuierlich zu beobachten, bei Fehlentwicklungen rechtzeitig gegenzusteuern und den einzelnen Mitarbeitern immer wieder klarzumachen, welchen wichtigen Anteil sie in ihrem Aufgabenbereich für den gemeinsamen Erfolg leisten können.

15. Das Job-Interview auf Englisch

Immer häufiger erreichen uns in unserer Beratungspraxis Anfragen von Führungskräften, die sich auf Job-Interviews in englischer Sprache vorbereiten wollen. In Zeiten globalisierter Arbeitsprozesse ist dies auch kaum verwunderlich. Ob Sie sich nun bei deutschen Tochterunternehmen US-amerikanischer Konzerne bewerben, für asiatische Konzerne oder Firmen in Europa tätig werden möchten oder eine Führungsposition im Ausland anstreben – als Führungskraft müssen Sie sich im internationalen Geschäftsleben sicher bewegen können, und entsprechende Englischkenntnisse sind dabei von nicht zu unterschätzender Bedeutung. Außerdem gibt es auch in Deutschland Unternehmen, die sich für Englisch als Geschäftssprache entschieden haben und deshalb bei ihrer Bewerberauswahl englische Job-Interviews einsetzen.

Englische Job-Interviews in Deutschland

Job-Interviews auf Englisch haben in den letzten Jahren stark zugenommen. Betraf dies früher hierzulande überwiegend (deutschsprachige) Bewerber, die in den USA, in Großbritannien, Kanada, Australien oder Neuseeland arbeiten wollten, ist es mittlerweile anders geworden. Die ursprüngliche Gruppe der Auslandsbewerber gibt es natürlich immer noch. Aber zusätzlich gibt es heutzutage eine weitere Gruppe von Bewerbern, die sich englischen Job-Interviews stellen muss, allerdings direkt in Deutschland oder Europa. Festzuhalten bleibt also, dass der Einsatz der englischen Sprache bei der Personalauswahl in dem Maße zugenommen hat, in dem die Personalgewinnung internationaler geworden ist.

Welche Unternehmen setzen englische Job-Interviews ein?

Europaweit tätige Personalberatungen führen daher Auswahlgespräche mit deutschen Kandidaten auf Englisch. Auch international tätige deutsche Unternehmen wollen sicherstellen, dass ihre zukünftigen Führungskräfte sich auf Englisch verständigen können. Tochterunternehmen amerikanischer

Konzerne, die in Deutschland angesiedelt sind, benutzen zwar im Arbeitsalltag häufig die deutsche Sprache. Bei direkten Kontakten zum US-Headquarter oder bei internationalen Meetings ist dann aber ebenfalls Englisch gefragt. Da also Englisch im Arbeitsalltag eine immer größere Rolle spielt, werden mittlerweile englische Job-Interviews in Deutschland viel häufiger als früher eingesetzt.

Die wichtigsten Fragenkomplexe im Überblick

Mit welchen englischen Fragen müssen Sie rechnen?

Es ist wichtig, mit genügend Material in das englische Job-Interview zu gehen. Eine gut ausgearbeitete Selbstpräsentation auf Englisch ist auch hier ein hervorragender Sicherungsanker. Darüber hinaus sollten Sie sich schon vorab mit typischen Fragen intensiv beschäftigen. Die folgende Übersicht zeigt Ihnen die verschiedenen Themenbereiche, die in englischen Job-Interviews angesprochen werden.

Fragen zur beruflichen Qualifikation:

→ Why should we give you the job?
(Warum sollten wir gerade Sie einstellen?)
→ What can you do for us?
(Was können Sie für uns leisten?)
→ Are you customer-oriented?
(Verfügen Sie über Kundenorientierung?)
→ How good are your PC skills?
(Wie gut sind Ihre PC-Kenntnisse?)

Fragen zum Unternehmen:

→ What do you know about our company?
(Was wissen Sie über unsere Firma?)

Fragen zur persönlichen Qualifikation:

→ How do you cope with change?
(Wie gehen Sie mit Veränderungen um?)
→ How do you motivate yourself for work duties?
(Wie motivieren Sie sich für berufliche Aufgaben?)
→ Do you have a realistic self-image?
(Ist Ihr Selbstbild realistisch?)
→ How do you deal with conflict?
(Kennen Sie Ihr Konfliktverhalten?)

Fragen zur Führungserfahrung:

→ What kind of people manager are you?
(Wie führen Sie Ihre Mitarbeiter?)

Im Folgenden stellen wir Ihnen nun zu jedem dieser Themenbereiche jeweils zwei englische Fragen und entsprechende ungünstige und gelungene Antworten vor.

Englische Beispielfragen und -antworten

Bitte beantworten Sie zunächst die Fragen, bevor Sie einen Blick auf unsere Beispielantworten werfen. Gleichen Sie Ihre Antworten ab. Modifizieren Sie bei Bedarf Ihre Antworten anhand unserer gelungenen Beispiele. Überlegen Sie sich zusätzlich individuelle Belege mit Praxisbezug, mit denen Sie Ihre Antworten plausibel ausgestalten können.

Frage 165: What made you apply for this job in particular?

Ungünstige Antwort auf Frage 165 I read your job advertisement, and I'm very interested in the position.

Gelungene Antwort auf Frage 165 When I read your job advertisement, I realized it was describing me. My present duties include calculating costs and soliciting quotations. I worked on a project where we achieved better supply chain integration through the selection of suppliers. I have several years experience in the areas of billing control, scheduling and data administration. I was particularly interested in the close liaison with field staff that you mentioned in the advertisement.

Frage 166: Could you summarize your background in a few sentences?

Ungünstige Antwort auf Frage 166 Well, after finishing Hauptschule I was unhappy with the situation, so I went back to school and did my Realschule leaving certificate. Then I did an apprenticeship as an electrical engineer. When I finished my apprenticeship, the firm didn't keep me on. I was able to get a service job with another firm. Now I'm responsible for service tasks and also have to travel a bit.

Gelungene Antwort auf Frage 166 After completing Realschule I decided to do an apprenticeship as an electrical engineer. Even as a trainee I took on service contracts independently. I realized that I was good at fault spotting and problem analysis in clients' systems. With my current employer I'm in charge of PLC programming for machines and preparing documentation and manuals. Also, my work includes commissioning machines for clients. I have a talent for building a good relation-ship with clients' operating crews, so lately I've taken over responsibility for briefing clients on site, too.

Frage 167: What are your strengths?

Ungünstige Antwort auf Frage 167 I'm highly motivated, flexible and a team player.

Gelungene Antwort auf Frage 167 I can produce good work under pressure - for example, I was able to keep on top of day-to-day work during the changeover to a new computer system. Our customers weren't even aware of the huge restructuring task that was under way. Another of my strengths is my knowledge of different aspects of the company's work. Alongside my usual office duties I frequently took on special interdepartmental tasks like product optimisation.

Frage 168: What can you do to take our company forward?

Ungünstige Antwort auf Frage 168 I can work hard and produce good results.

Gelungene Antwort auf Frage 168 I'm keen to give you the benefit of my experience in interdepartmental liaison. Through discussions with colleagues I have been able to reduce processing times in my company. My keen market awareness will also be useful to you.

Frage 169: What contribution can you make in your field of work to help us win more customers?

Ungünstige Antwort auf Frage 169 I think I would advocate price reductions.

Gelungene Antwort auf Frage 169 In production it's very important that no products leave the hall with defects of any kind. In previous jobs I've been involved in quality assurance groups. So I know that we in production have to report back if manufacturing stages become so complicated that errors can occur. If we in production take care, the quality and reliability of our products can be improved - and then more customers will want them.

Frage 170: In your view, what do customers value about our products/services?

Ungünstige Antwort auf Frage 170 Well, people can't do their own tax re-turns these days, it's all too complicated. People need a tax adviser.

Gelungene Antwort auf Frage 170 That they feel they're thoroughly taken care of. You offer a comprehensive service in your tax consultancy. Not just taxation advice, but also bookkeeping, company start-ups, help with inheritance issues and even property management. Clients get a complete package.

Frage 171: Which applications do you use for which tasks?

Ungünstige Antwort auf Frage 171 The ones that are appropriate - a word-processing application for letters and other suitable software.

Gelungene Antwort auf Frage 171 I work with Microsoft Office on a daily basis - Word for correspondence, Excel for statistics and Power-Point for presentations. On top of that, I also use specialist measuring and calculating software.

Frage 172: How did you acquire your software knowledge?

Ungünstige Antwort auf Frage 172 As I went along, by trial and error. I would have liked more support from my company. I'm sure I could do a lot more with the software if only I knew how.

Gelungene Antwort auf Frage 172 I taught myself to use Word with the help of tutoring CDs in my free time. The same goes for Power-Point. To learn Excel, I did an advanced course at evening school. To learn my company's specialist software, I did in-house training.

Frage 173: What impression do you have of our company?

Ungünstige Antwort auf Frage 173 A very good one so far. But I'll be working in the field, in any case.

Gelungene Antwort auf Frage 173 A very professional impression. There's an efficient, friendly atmosphere here. If I were a prospective customer, I would feel I was in good hands.

Frage 174: Where did you hear of our company?

Ungünstige Antwort auf Frage 174 From the job advert. That was the first time I heard of you.

Gelungene Antwort auf Frage 174 I've known of your company for several years. My first contact with you was at a trade fair. After that I often came across articles about you. I've been impressed time and again by your company's spirit of innovation.

Frage 175: Have you ever experienced budget cuts in your own workplace? How did you cope with them?

Ungünstige Antwort auf Frage 175 Budget cuts are a fact of life, even if they do cause a lot of disruption.

Gelungene Antwort auf Frage 175 It isn't easy when your budget is cut time after time. In my department we lost two out of ten jobs. The remaining colleagues had to divide up the work between them. Of course, that meant more work for every-one, but the workload was still manageable. Our advertising budget was cut as well. Together with the rest of the team I made sure that the remaining budget was only used for selected advertising channels with a high attention value.

Frage 176: Could you please give me two examples of your professional flexibility?

Ungünstige Antwort auf Frage 176 I had to relocate for my last employer, and I even had to cancel my leave once.

Gelungene Antwort auf Frage 176 I've often covered for colleagues, once for an extended period. And I've taught myself to use new software more than once.

Frage 177: What prompted your choice of training/university course?

Ungünstige Antwort auf Frage 177 I wasn't sure what I wanted to do. School doesn't really help you to make those kinds of decisions about your future career. So my choice was a bit random.

Gelungene Antwort auf Frage 177 At school I always had a strong interest in technical subjects/creative subjects/languages/science. I used my work placements to get a taste of different careers that might interest me and get my first real-world experience. I made my final decision after finding out about the career possibilities that training/a degree in ... would open up to me.

Frage 178: What motivates you in your daily work?

Ungünstige Antwort auf Frage 178 I tell myself that I have to pay the rent one way or another.

Gelungene Antwort auf Frage 178 I find it motivating to see things progressing. I like to set myself goals in my work. So I worked together with the customer service team to respond better to customers' wishes. It was a difficult task, but the positive feedback from customers encouraged me.

Frage 179: What are your strengths and weaknesses?

Ungünstige Antwort auf Frage 179 I have a good sense of what is achievable. My particular strengths are positive thinking, optimism without naivety and commitment. My weaknesses include the fact that I can be direct and stubborn. I'm always honest, but sometimes I'm not diplomatic enough.

Gelungene Antwort auf Frage 179 My strengths include teamwork. I have a good understanding of the processes involved in product management and know how I can best use the talents of the people involved. When there's a heavy workload, I can motivate others by making sure they understand how important their contribution is to the team's results. In addition, my good head for figures has always helped me to draw the right conclusions from market research. My weakness is that I'm a bit too direct, sometimes. I need to learn that departmental diplomacy is important to get a project started.

Frage 180: How will you approach your new colleagues?

Ungünstige Antwort auf Frage 180 I hope that my new colleagues will like me and won't be difficult.

Gelungene Antwort auf Frage 180 I'll try to establish a personal connection with each of my colleagues. That leads to better teamwork. Everyone has their favourite subjects that they like to talk about. I'll find out how things work and then help to get the job done.

Frage 181: What would the people in your present team criticise about you?

Ungünstige Antwort auf Frage 181 Not a lot, I hope. But you never really know what your colleagues think of you.

Gelungene Antwort auf Frage 181 Perhaps that I don't like to discuss the same point ten times. I know that it's important to consult people, but I do like things to keep moving forward.

Frage 182: How do you deal with criticism?

Ungünstige Antwort auf Frage 182 In an open-minded, honest way. That's what's expected.

Gelungene Antwort auf Frage 182 I listen to the criticism carefully. It can be helpful. It needs to be given in a constructive way, though. If I think the criticism isn't justified, I try to discuss the matter with the person in private. Most ill-feeling can be diffused in that way.

Frage 183: What management principles do you apply?

Ungünstige Antwort auf Frage 183 I think that humanity, expressed through intuition and empathy, is the key factor in situational management. Strong leadership needs to take a back seat to flexibility. Knowledge of human nature isn't entirely something you can learn, though. You still need a certain amount of natural leadership talent.

Gelungene Antwort auf Frage 183 I've achieved good results with management by objectives. Employees appreciate having clear goals to work towards, but freedom in how they achieve them. It's also important to back up your staff and get involved yourself, so as to keep things going in the right direction.

Frage 184: What positive comments would your present staff make about you? What negative comments would they make?

Ungünstige Antwort auf Frage 184 It would depend on which staff members you asked. There's always a troublemaker in the team. I think most of them would be very pleased with me, a few of them less so, but you have to put up with that as the manager.

Gelungene Antwort auf Frage 184 My staff would say that I'm always ready with advice and practical assistance, that I give them sufficient autonomy, and that they can rely on me. Sometimes, they grumble when I want results quickly. But they know that I won't set unattainable goals.

Weitere Fragen für Ihre Vorbereitung, einschließlich ausgearbeiteter Selbstpräsentationen und 400 misslungener und gelungener Beispielantworten, finden Sie in unserem Ratgeber *Das überzeugende Vorstellungsgespräch auf Englisch. Die 200 entscheidenden Fragen und die besten Antworten.*

16. Stress- und Fangfragen, unzulässige und unsinnige Fragen

Stressfragen, Fangfragen, unzulässige Fragen und unsinnige Fragen werden in Vorstellungsgesprächen mit Führungskräften gerne als »kleiner Kommunikationstest« eingestreut. Die unmittelbaren Reaktionen der Bewerberinnen und Bewerber zeigen nämlich direkt, wie es um deren angeblich vorhandene Kommunikationsstärke steht, beispielsweise in den kommunikativen Teildimensionen Belastbarkeit, Konfliktfähigkeit oder Sachorientierung. Stress- und Fangfragen dienen dazu, gezielt bei vermeintlichen Brüchen und Krisen im beruflichen Werdegang nachzuhaken. Unzulässige Fragen sind Fragen zur privaten Lebenssituation oder zu den beruflichen Ambitionen des Partners oder der Partnerin. Und unsinnige Fragen zielen darauf, die Schlagfertigkeit und das Selbstbewusstsein der Führungskraft zu überprüfen. Gemeinsam ist allen diesen Fragen, dass die Firmenseite sehen möchte, wie Bewerber auf ungewöhnliche Fragen reagieren oder mit zusätzlichem Druck umgehen.

Typische Fehler: Vorzeitiges Aus!

Bewahren Sie Ruhe!

Wer auf Stress- und Fangfragen seinerseits mit patzigen Gegenfragen reagiert, einsilbig antwortet oder womöglich nur noch trotzig schweigt, stellt sich selbst ins Abseits. Denn von Führungskräften wird erwartet, dass sie mit kommunikativ fordernden Situationen, beispielsweise in hitzigen Diskussionsrunden in Meetings oder in unfair geführten Einkaufsverhandlungen, zurechtkommen. Arbeitsrechtlich eigentlich unzulässige Fragen aus dem Themenkreis des Allgemeinen Gleichbehandlungsgesetzes (AGG), die die private Lebenssituation, die Familienplanung, das Lebensalter und ähnliche Dinge betreffen, sollten von Führungskräften dennoch diplomatisch und souverän beantwortet werden. Wer hier in seiner Antwort damit kontert, dass der Firma doch bekannt sein müsse, dass die Frage unzulässig sei, lässt eine unproduktive Kampfstimmung aufkommen. Und auch von unsinnigen Fragen sollten sich Führungskräfte nicht aus der Ruhe bringen lassen, wie das folgende Beispiel erläutert.

Negativbeispiel Wird eine Führungskraft gefragt »Was war in Ihrem Leben Ihr größter Fehler?«, wäre diese Antwort sicherlich kein Beleg für Belastbarkeit und Konfliktfähigkeit:

»Also meine größten Fehler werde ich mal lieber für mich behalten, ich bin ja hier nicht beim Seelendoktor auf der Couch. Wie kommen Sie bloß darauf, dass ich so eine Frage hier, in dieser Runde, offen beantworten würde?«

Kommentar zum Negativbeispiel Der Bewerber aus dem Negativbeispiel hat inhaltlich zwar Recht, aber das nützt ihm in der Situation Vorstellungsgespräch wenig. Er hätte eine diplomatischere Antwort geben können. Mit seiner arroganten Antwort erweckt er den Eindruck, dass er auf kommunikative Angriffe nur eine Reaktion kennt, nämlich den Gegenangriff. Auch der vermeintliche Kunstgriff, seine Antwort mit der Gegenfrage »Wie kommen Sie bloß darauf ...?« abzuschließen, wird sich letztendlich als Bumerang erweisen, der ihn selbst trifft.

Antwort-Strategie: Das bringt Sie in den Job!

Mit Charme zurück auf die Sachebene

Lassen Sie unfaire Angriffe seitens der Firmenseite ins Leere laufen. Reagieren Sie auf Provokationen, Unterstellungen oder Suggestivfragen nicht mit Kampfrhetorik, sondern lieber mit einem charmanten Lächeln. Antworten Sie dann geduldig und freundlich, um Ihren Gesprächspartnern zu zeigen, dass Sie sich nicht verunsichern lassen. Stressfragen, Fangfragen und unsinnige Fragen meistern Sie, indem Sie einen Bezug zu Ihrem beruflichen Profil herstellen, also selbst dafür sorgen, dass das Gespräch die Konfliktebene verlässt und wieder auf die Sachebene zurückfindet. Unzulässige Fragen zur privaten Lebenssituation, zur Familienplanung, zu einer Schwangerschaft, zu Vorstrafen, Lohnpfändungen, Ihrer Konfessions-, Partei- oder Gewerkschaftszugehörigkeit müssen Sie in der Regel nicht wahrheitsgemäß beantworten. Diese Fragen dürfen nur dann gestellt werden, wenn sie für die zukünftige Arbeit unabdingbar sind. Beispielsweise ist die Frage nach einer bestehenden Schwangerschaft ausnahmsweise erlaubt, wenn mit fruchtschädigenden Substanzen im Labor gearbeitet werden soll. Und nur wenn der Arbeitgeber ein sogenannter Tendenzbetrieb ist – also ein kirchlicher Träger, ein Arbeitgeberverband oder ein Gewerkschaftsbund –, sind Fragen nach einer entsprechenden Mitgliedschaft zulässig.

An dieser Formulierung können Sie sich orientieren

Positivbeispiel Eine Führungskraft, die die Frage »Was war in Ihrem Leben Ihr größter Fehler?« nach unseren Empfehlungen beantworten würde, könnte so formulieren:

»Da muss ich erst einmal nachdenken. Grundsätzlich sehe ich es so, dass Fehler und Rückschläge zum Leben ja dazugehören und man im Nachhinein oft feststellt, dass man für die Zukunft etwas dazugelernt hat. Ein Fehler war sicherlich in meinem Studium, dass ich keinen Auslandsaufenthalt eingeplant hatte. Meine Englischkenntnisse waren dann nach dem Studium nicht so flüssig, wie ich es mir gewünscht hätte. Da ich aber bei einem internationalen Konzern angefangen habe, konnte ich mir dort im Rahmen internationaler Projekte die entsprechenden Fachtermini on the Job aneignen. Das war zwar mühseliger, aber im Nachhinein habe ich festgestellt, dass mir das Erlernen einer Sprache in einer konkreten beruflichen Situation leichter fällt, da ich dann viel motivierter bin, weil ich das neu erlernte Wissen gleich anwenden kann.«

Kommentar zum Positivbeispiel Statt die Frage nach dem größten Fehler im Leben wie im Negativbeispiel schroff zurückzuweisen, macht der Bewerber deutlich, dass er die Gesprächssituation steuert. Er hütet sich davor, aktuelle Probleme oder Krisen an seinem Arbeitsplatz zu thematisieren, denn damit würde er immer riskieren, dass Zweifel an seiner Eignung für den neuen Führungsjob aufkommen würden. Stattdessen liefert er ein Beispiel aus der weit zurückliegenden Studienzeit und zeigt anhand des gewählten Beispiels, dass das geflügelte Wort, dass in jeder Krise auch eine Chance liegt, für ihn nicht bloß ein Lippenbekenntnis ist. Er hat offensichtlich eine grundsätzlich positive Einstellung zum Berufsleben einschließlich der dazugehörigen Rückschläge, eine wichtige Eigenschaft, die bei Führungskräften gerne gesehen wird.

Beispielfragen und -antworten: Stress- und Fangfragen, unzulässige und unsinnige Fragen

Bitte beantworten Sie zunächst die Fragen, bevor Sie einen Blick auf unsere Beispielantworten werfen. Gleichen Sie Ihre Antworten ab. Modifizieren Sie bei Bedarf Ihre Antworten anhand unserer gelungenen Beispiele. Überlegen Sie sich zusätzlich individuelle Belege mit Praxisbezug, mit denen Sie Ihre Antworten plausibel ausgestalten können.

Frage 185: Was denkt Ihr Lebenspartner/Ihre Lebenspartnerin über Ihre beruflichen Pläne?

Ungünstige Antwort auf Frage 185 Das ist alles abgesprochen, mein Lebenspartner/meine Lebenspartnerin zieht mit.

Gelungene Antwort auf Frage 185 Wichtige berufliche Entscheidungen treffe ich mit meinem Lebenspartner/meiner Lebenspartnerin gemeinsam. Das habe ich auch in der Vergangenheit so gemacht. Wenn berufsbedingt Umzüge anstanden, brauchte das doch einen gewissen Vorlauf. Außerdem finde ich es persönlich gut, wenn ich bei so einer wichtigen Entscheidung noch eine zusätzliche Meinung von außen bekomme.

Frage 186: Abgesehen von den beruflichen Dingen, die Sie uns beschrieben haben, was macht den privaten Menschen dahinter aus?

Ungünstige Antwort auf Frage 186 Wenn Sie jetzt auf mein Privatleben abzielen, da bleibt eigentlich wenig Zeit für Hobbys. Ich lebe mich voll im Beruf aus.

Gelungene Antwort auf Frage 186 Ich habe schon früh festgestellt, dass ich gerne organisiere und anderen dabei helfe, sich auf Veränderungen einzustellen. So habe ich im Studium in der Fachschaft mitgearbeitet und Erstsemesterwochenenden organisiert oder Firmen in die Hochschule eingeladen. Auch privat ist meine Meinung bei Freunden oder Bekannten geschätzt. Ich habe eine sachlich-konstruktive Art, die offensichtlich Menschen hilft, die meinen Rat benötigen.

Frage 187: Sie haben in der letzten Stelle nur ein knappes Jahr gearbeitet, daher wäre Ihre Einstellung für mich ein Risiko. Können Sie dieses Risiko entkräften?

Ungünstige Antwort auf Frage 187 Die Gründe für diese kurze Zeit liegen definitiv nicht bei mir. Wenn Sie meinen momentanen Chef auch nur eine Woche als Vorgesetzten erleben müssten, würden Sie verstehen, warum ich dort weg muss. Ich bin mir sicher, dass es bei Ihnen besser laufen wird.

Gelungene Antwort auf Frage 187 Sie haben Recht, auch mich stört dieser Wechsel nach so kurzer Zeit. Aktuell ist es so, dass die Firma umstrukturiert wird und Stellen abgebaut werden, einige Mitarbeiter aus meinem Team sind schon von Bord gegangen. Ich selbst habe in meiner vorhergehenden Stelle vier Jahre gearbeitet und wurde wegen der von mir gezeigten guten Leistungen auch vom Gruppen- zum Teamleiter befördert. Auch mein Studium habe ich zügig absolviert und dann im Einstiegsjob ebenfalls vier Jahre gearbeitet und in dieser Zeit meinen Aufgabenbereich auch erweitert. Meine berufliche Entwicklung ist also, abgesehen von der momentanen Stelle, durchaus kontinuierlich.

Frage 188: Sind Sie nicht zu jung für eine derart verantwortungsvolle Position?

Ungünstige Antwort auf Frage 188 Wenn ich zu jung wäre, hätten Sie mich sicherlich nicht eingeladen, oder? Machen Sie sich keine Sorgen, ich komme auch mit Ihren älteren Mitarbeitern klar.

Gelungene Antwort auf Frage 188 Sie haben Recht, es gibt ältere Mitarbeiter, die im ersten Moment weniger sehen, was ich bisher geleistet habe, sondern mehr auf mein Alter schauen. Für meine berufliche Entwicklung und meinen Aufstieg habe ich aber viel getan. Wenn diese älteren Mitarbeiter dann feststellen, wie meine Ideen die Abteilung insgesamt nach vorne bringen, werden sie sicherlich mitziehen. Diese Erfahrung habe ich zumindest bei meinem momentanen Arbeitgeber gesammelt. Wer aktiv und vertrauensvoll auf Menschen zugeht, unabhängig davon, welchen fachlichen Hintergrund sie haben, wie lange sie in der Firma sind oder wie alt sie sind, der kann sie auch überzeugen mitzuziehen.

Frage 189: Sie haben sehr lange, über zehn Jahre, bei ein und derselben Firma gearbeitet: Glauben Sie wirklich, dass Sie sich an den Stil, der hier gepflegt wird, anpassen können?

Ungünstige Antwort auf Frage 189 Das klappt schon, mit den Firmen ist es wie mit den Autos. Wenn man eins fahren kann, kann man eigentlich alle fahren.

Gelungene Antwort auf Frage 189 Ich habe zehn Jahre bei meinem momentanen Arbeitgeber gearbeitet, allerdings in drei unterschiedlichen Positionen und Abteilungen. Zunächst habe ich die Produktentwicklung einschließlich Liefer- und Beschaffungsplanung sowie die Lieferantenauswahl verantwortet. Dann habe ich vorwiegend in der Entwicklung von Produkt- und Marktstrategien gearbeitet und war für die Qualitätspolitik einschließlich Zertifizierung nach DIN ISO 9001 verantwortlich. Dann kam es zu einem Merger, nämlich zur Eingliederung der Tochterfirma eines US-Konzerns. Hier habe ich für die Geschäftsführung das Produktportfolio vollkommen neu gestaltet und die branchenspezifischen Marketingaufgaben zusammengeführt. Die Arbeitsweisen und Arbeitsaufgaben in diesen drei Positionen waren sehr unterschiedlich. Auch meine Mitarbeiter und Ansprechpartner hatten einen ganz unterschiedlichen Background, insbesondere die Mitarbeiter der übernommenen US-Tochter. Mit der richtigen Mischung aus Kooperationsfähigkeit und Durchsetzungsvermögen habe ich mich an die jeweilige Situation gut angepasst und meine Aufgaben gelöst.

Frage 190: Nun mal ganz unter uns: Warum suchen Sie wirklich eine neue Stelle?

Ungünstige Antwort auf Frage 190 Ganz ehrlich, in der alten Firma werde ich blockiert. Mit meinen Veränderungsvorschlägen renne ich gegen Wände. Ich könnte mich auch zurückziehen und Dienst nach Vorschrift machen. Aber dafür bin ich einfach nicht der Typ. Ich muss bei der Arbeit etwas bewegen können. Sonst gehe ich wieder.

Gelungene Antwort auf Frage 190 In meiner beruflichen Entwicklung habe ich stets Herausforderungen gesucht, deshalb habe ich bei Firmen gearbeitet, die neue Technologien vermarkten und Wachstumschancen nutzen wollten. Persönlich treibt es mich an, wenn ich sehe, dass meine Arbeit für eine Firma Früchte trägt. Bei meinem momentanen Arbeitgeber ist dieser dynamische Aspekt nach einem Eigentümerwechsel im letzten Jahr eher zum Stillstand gekommen. Ich möchte meinen Arbeitsbereich aber kontinuierlich weiterentwickeln und einem Unternehmen dabei helfen, seine Marktstellung zu halten und auszubauen. Deshalb habe ich mich bei Ihnen beworben. In der Stellenausschreibung und auch in diesem Gespräch hat sich mein Eindruck bestätigt, dass Sie ziel- und ergebnisorientierte Führungskräfte schätzen.

Frage 191: Sie waren drei Jahre im Ausland, in Asien. Hier gehen die Uhren doch völlig anders. Sind da nicht Probleme programmiert?

Ungünstige Antwort auf Frage 191 Ich habe ja auch vorher in Deutschland gearbeitet. Da wird doch in der Zwischenzeit nicht alles auf den Kopf gestellt worden sein. Außerdem habe ich den Menschen hier doch meine vielfältigen Erfahrungen voraus. Da kann sicherlich der eine oder die andere noch etwas von mir lernen.

Gelungene Antwort auf Frage 191 Ich war im Ausland, allerdings habe ich dort für einen deutschen Konzern gearbeitet, war also weiter in die Informations- und Entscheidungspolitik eingebunden. Die Dynamik, die in Asien herrscht, lässt sich sicherlich nicht eins zu eins nach Deutschland übertragen. Ich denke aber, dass Sie von meiner Tatkraft auch hier profitieren werden. In meiner vorhergehenden Stelle habe ich darüber hinaus bei einem Mittelständler gearbeitet. Ich bin also insofern sowohl mit den komplexeren Konzernstrukturen als auch mit den flachen Hierarchien im Mittelstand bestens vertraut.

Frage 192: Die Stelle ist doch ein Abstieg für Sie, Sie waren früher einmal Bereichsleiter. Glauben Sie wirklich, dass Sie als Abteilungsleiter mit so wenig Gestaltungsspielraum bei uns glücklich werden?

Ungünstige Antwort auf Frage 192 Da sprechen Sie einen wunden Punkt an. Aber die wirtschaftliche Entwicklung ist nun einmal so, es kann nicht immer weiter nach oben gehen. Ich stelle mich der Realität, und wenn Sie sich erst einmal ein Bild von meinen Fähigkeiten gemacht haben, ist ja vielleicht noch ein Aufstieg möglich.

Gelungene Antwort auf Frage 192 Für mich steht die Aufgabe im Vordergrund. Als Abteilungsleiter kann ich bei Ihnen in den Bereichen Vertriebscontrolling, Bestandscontrolling und Liquiditätssteuerung arbeiten. Auch bisher habe ich in diesem Aufgabenspektrum mit Wirtschaftsprüfern, Banken und Rechtsanwälten erfolgreich zusammengearbeitet. Besonders reizvoll finde ich die Möglichkeit, für Sie das unternehmensweite Berichtswesen einschließlich der ausländischen Niederlassungen aufzubauen. Da werde ich sicherlich mit glücklich.

Frage 193: Sie wirken etwas bedrückt, nicht wahr?

Ungünstige Antwort auf Frage 193 Sie haben aber feine Antennen. Ja, die letzten Vorstellungsgespräche verliefen nicht so gut. Es muss jetzt einfach einmal wieder klappen, sonst weiß ich nicht mehr weiter.

Gelungene Antwort auf Frage 193 Das höre ich ab und an, wenn ich konzentriert nachdenke. Tatsächlich ist es aber so, dass ich mich freue, heute hier bei Ihnen zu sein. Die Möglichkeit, Ihnen im persönlichen Gespräch meine Fähigkeiten und Erfahrungen detailliert näher zu bringen und mehr über Ihr Unternehmen zu erfahren, motiviert mich.

Frage 194: Duschen Sie oder baden Sie lieber?

Ungünstige Antwort auf Frage 194 Was ist das denn für eine Frage? Habe ich in meinem künftigen Arbeitszimmer etwa ein Bad?

Gelungene Antwort auf Frage 194 Ich dusche morgens lieber, weil das schneller geht.

Frage 195: Wie kommen Sie heute nach Hause?

Ungünstige Antwort auf Frage 195 Mit dem Auto.

Gelungene Antwort auf Frage 195 Ich fahre mit dem Auto/mit dem Zug nach Hause. Für mich ist das eine gute Gelegenheit, das Gespräch noch einmal zu reflektieren.

Frage 196: Was müssten wir Ihnen erzählen, damit Sie die neue Tätigkeit auf keinen Fall annehmen?

Ungünstige Antwort auf Frage 196 Dass in Ihrem Unternehmen die Pest ausgebrochen ist.

Gelungene Antwort auf Frage 196 Wenn Sie mir sagen würden, dass die Gestaltungs- und Entscheidungsspielräume nicht so sind, wie Sie es mir im Gespräch geschildert haben, wäre dies für mich problematisch. Ich sehe Führungsaufgaben nämlich in erster Linie nicht formal, sondern inhaltlich. Es befriedigt mich, Arbeitsprozesse zu optimieren, Impulse für die Unternehmensentwicklung zu geben und zu sehen, welche Erfolge meine Arbeit zeigt. Wenn Sie mir diese Möglichkeit nehmen würden, würde ich sicherlich nicht bei Ihnen anfangen.

17. Welche Informationen erfragen Sie?

Ein gut verlaufenes Vorstellungsgespräch ist kein Verhör, sondern ein Dialog. Führungskräfte, die keine eigenen Fragen stellen, wirken passiv und desinteressiert. Dagegen zeigt es der Firma, dass Sie sich gut vorbereitet haben, wenn Sie geeignete Fragen stellen. Wenn deutlich wird, dass Sie sich ein detailliertes Bild über die künftigen Aufgaben in der Position, die neuen Vorgesetzten, Kollegen und Mitarbeiter und das Arbeitsumfeld machen möchten, betonen Sie damit ein weiteres Mal, dass Sie Ihre berufliche Entwicklung nicht dem Zufall überlassen möchten. Ihre eigenen Fragen sind daher unverzichtbar.

Ihre Fragen sind wichtig

Notieren Sie Ihre Fragen vorab

Überlegen Sie sich einige eigene Fragen vor dem Gespräch, die Sie stichwortartig auf einem Blatt Papier fixieren sollten. Denn sonst kann es passieren, dass Ihre Fragen im Eifer des Gefechts untergehen. Der richtige Zeitpunkt für Ihre Fragen hängt davon ab, ob mit Ihnen ein strukturiertes oder eher ein unstrukturiertes Vorstellungsgespräch geführt wird.

In strukturierten Vorstellungsgesprächen werden aus Gründen der Vergleichbarkeit der Bewerberinnen und Bewerber komplexe Fragenkataloge systematisch abgearbeitet. Dann gibt es bestimmte Zeitfenster, in denen Sie aufgefordert werden, eigene Fragen zu stellen. In freier geführten Job-Interviews sollten Sie Ihre Fragen stellen, wenn das Gespräch bereits in Schwung gekommen ist. Wir finden es günstiger, wenn Sie zunächst Informationen über sich liefern, idealerweise als Selbstpräsentation. Dann bekommt ein unstrukturiertes Vorstellungsgespräch die richtige inhaltliche Basis. Die Entscheider auf der Firmenseite werden mit ihren Fragen an Ihren Gesprächsinput anknüpfen. Und dann fragen Sie nach.

Jede Frage zu ihrer Zeit

Achten Sie darauf, zunächst Fragen zu den neuen Aufgaben, zu den neuen Vorgesetzten, Mitarbeitern oder Kollegen zu stellen. Fragen zu Urlaubstagen, zu Sozialleistungen oder zum Gehalt gehören an das Ende des Vorstellungsgesprächs. Spezielle Hinweise zum Umgang mit dem Thema Gehalt bekommen Sie im anschließenden Kapitel »Wo liegen Ihre Gehaltsvorstellungen?« (Seite 199).

Anregungen für Ihre Fragen finden Sie in der folgenden Infobox.

ÜBERSICHT

Ihre Fragen, bitte!

- → Wie groß ist der Bereich/die Abteilung/das Team, das ich leiten werde?
- → Wie lange hat mein Vorgänger den Bereich/die Abteilung/das Team geführt?
- → Welche Aufgaben hat mein Vorgänger jetzt?
- → Hat er das Unternehmen verlassen?
- → Wurde die Stelle neu geschaffen?
- → Wer ist in der Einarbeitungsphase mein Ansprechpartner?
- → Wer ist mein direkter Vorgesetzter?
- → Welchen fachlichen Hintergrund hat mein Vorgesetzter?
- → Seit wann ist mein Vorgesetzter im Unternehmen?
- → Welchen prozentualen Anteil haben Forschung und Entwicklung am Gesamtbudget?
- → Kann ich meinen neuen Arbeitsplatz sehen?
- → Gibt es für meine Mitarbeiter Fortbildungs- oder Entwicklungsprogramme?
- → Welche Altersstruktur gibt es in meinem Bereich/meiner Abteilung?
- → Wie lang ist die durchschnittliche Firmenzugehörigkeit?
- → Wie ist die Stelle in die Firmenorganisation eingebunden?
- → Mit welchen Abteilungen arbeite ich vorrangig zusammen?
- → Welchen Abteilungen/Vorgesetzten gegenüber bin ich berichtspflichtig?
- → In welchen zeitlichen Anteilen stehen meine hauptsächlichen Aufgaben zueinander?
- → Welchen Anteil nimmt die Reisetätigkeit in der Stelle ein?
- → Werde ich für das Unternehmen auch im Ausland auf Reisen sein?
- → Gibt es Weiterbildungsmöglichkeiten?

- → Gibt es Aufstiegsmöglichkeiten?
- → Gibt es einen Firmenwagen? Wenn ja: Wie ist die private Nutzung geregelt?
- → Gibt es besondere Sozialleistungen (Altersvorsorge)?
- → Wie sieht die Urlaubsregelung aus?
- → Wie viel Urlaub wird von den Führungskräften meiner Hierarchieebene tatsächlich genommen?

Wann Sie härter nachfragen sollten

Häufig wird nach neuen Führungskräften gesucht, weil das neue Unternehmen, ein Bereich oder eine Abteilung kurz vor einer Restrukturierung stehen. Oder es wird ein neuer Impulsgeber für die Geschäfts-, Bereichs- oder Abteilungsleitung gesucht, weil die Firma oder Teile davon sich bereits seit Längerem in einem Veränderungsprozess befinden, der nicht richtig vorwärtsgeht. Wird von Ihnen also unmissverständlich erwartet, dass Sie die notwendigen und unausweichlichen Veränderungen einleiten und umsetzen sollen, sollten Sie im Vorstellungsgespräch gründlich nachhaken, wie Veränderungen in der Vergangenheit bewältigt wurden. Klären Sie, welche Bereiche und Abteilungen mitgezogen haben. Und erfragen Sie vor allem, wo und von wem neue Maßnahmen schon einmal blockiert und boykottiert wurden.

Restrukturierer, Sanierer und Veränderer

Erfahrene Führungskräfte wissen, dass die von der Firmenseite vordergründig thematisierten Probleme oft viel komplexer sind, als es zunächst den Anschein hat. Werden Sie also als Restrukturierer, Sanierer oder ganz allgemein als Veränderer ins Unternehmen geholt, ist es unverzichtbar, im Vorstellungsgespräch gründlicher und härter nachzufragen, um die zu lösenden Probleme in ihrer Vielschichtigkeit erst einmal zu erfassen. Weiter wichtig sind die Gestaltungs- und Handlungsspielräume. Es reicht nicht aus, dass man Ihnen signalisiert, im Konfliktfall hinter Ihnen zu stehen. Fragen Sie auch hier ganz konkret nach bewältigten Veränderungen in der Vergangenheit. Welche Abteilungen und welche Führungskräfte zählten dabei zum Kreis der Unterstützer? Und welche haben sich eher aufs Abblocken von Veränderungswünschen beschränkt?

Wir haben in unserer Beratungstätigkeit hin und wieder Führungskräfte kennen gelernt, die stolz auf ihren Ruf als »rollende Dampfwalze« waren. Allerdings wussten diese Führungskräfte auch, dass sie am Ende ihrer Sanierungsarbeit so viel Porzellan zerschlagen hatten, dass sie die Leitungstätigkeit in neue unbelastete Hände übergeben und sich auf die Suche nach einem neuen Problemunternehmen machen mussten. Da absehbar war, dass der Härteeinsatz überaus fordernd, aber zeitlich beschränkt sein würde, wurden die Arbeitsverträge in diesen Fällen finanziell entsprechend ausgestaltet. Die monetären Leistungen des Unternehmens hatten dann eher den Charakter eines Schmerzensgeldes.

Führungskräfte auf Zeit

Wenn Sie ausdrücklich als Veränderer in ein Unternehmen geholt werden, sollten Sie das Minenfeld, in dem Sie sich bewegen müssen, vorab so gründlich wie möglich erkunden. Die in der Infobox aufgeführten Fragen helfen Ihnen dabei, im Vorstellungsgespräch gründlich nachzubohren.

Gründlich nachgefragt

ÜBERSICHT

- → Welche Veränderungen wurden in den letzten 12/24 Monaten von der Geschäftsleitung initiiert?
- → Wurden Abteilungen zusammengelegt?
- → Wurden Abteilungen verkleinert?
- → Wurden Arbeitsbereiche zu externen Dienstleistern hin ausgegliedert?
- → Wurden feste Stellen durch Zeitarbeitsstellen ersetzt?
- → Wurden Mitbewerber übernommen?
- → Welche Abteilungen waren von diesen Veränderungen betroffen?
- → Welche Abteilungen haben bei den Veränderungsprozessen mitgezogen?
- → Welche Abteilungen haben eher blockiert?
- → Was sind die Gründe dafür, dass notwendige Veränderungen nicht mitgetragen wurden?
- → Welche Rolle spielt der Betriebsrat bei Veränderungsnotwendigkeiten?

- → Kam es im Topmanagement in den letzten Jahren zu häufigen Wechseln?
- → Wie wurden die Mitarbeiter in der Vergangenheit über Veränderungen informiert?
- → Wie haben die Mitarbeiter auf die Vorschläge von externen Unternehmensberatern reagiert?
- → Gab es häufig Beratungsmandate für unterschiedliche Unternehmensberatungen?
- → Wurden die Mitarbeiter gebeten, eigene Vorschläge zu machen?
- → Wurden schon einmal Veränderungsworkshops durchgeführt?
- → Welche Erfahrungen hat das Management mit externen Moderatoren?
- → Wie geschlossen steht die Eigentümerseite (Inhaberfamilie, Hedgefonds, Banken, private Gruppe von Eignern, Erbengemeinschaft) hinter der Geschäftsleitung?
- → Wie vielen Mitarbeitern wurde in der Vergangenheit gekündigt?

18. Wo liegen Ihre Gehaltsvorstellungen?

Je nach Verantwortungsumfang des neuen Führungsjobs können die damit verbundenen Gehaltssprünge erheblich sein. Deshalb wechseln manche Bewerber die Stelle auch, um finanziell deutlich besser dazustehen als bisher. Dies gilt insbesondere dann, wenn sie sich aufgrund der krisenhaften Entwicklung am Arbeitsmarkt vorübergehend »unter Wert« verkaufen mussten und diese Einbußen nun wieder ausgleichen möchten. Andere Bewerber wären froh, wenn sie in der nächsten Führungsposition noch genauso viel Gehalt bekommen würden wie im letzten gut bezahlten Job. Die Firmen selber haben beim Thema Gehalt verständlicherweise ein ureigenstes Interesse daran, gute Führungskräfte möglichst günstig »einzukaufen«. In jedem Fall gibt es einen Verhandlungsspielraum, den die Bewerber optimal ausnutzen sollten.

Typische Fehler: Vorzeitiges Aus!

Kennen Sie Ihren Marktwert?

In Gehaltsverhandlungen machen es sich Bewerberinnen und Bewerber unnötig schwer, wenn sie ihren Gesprächspartnern auf der Firmenseite abstrakte Zahlen »an den Kopf werfen«, ohne dabei eine inhaltliche Begründung für den Gehaltswunsch zu liefern. Eine Gehaltsverhandlung gelingt ebenfalls nicht, wenn gebetsmühlenartig beschworen wird, dass man ja in der letzten Stelle bereits genauso viel verdient habe und ein Stellenwechsel schließlich immer auch mit einem Gehaltssprung verbunden sein müsse. Wer nicht verdeutlichen kann, wie er in nächster Zeit an seinem Arbeitsplatz die Firma weiter nach vorne bringen kann, macht es sich auch unnötig schwer. Frühere Erfolge spielen zwar eine wichtige Rolle im Gehaltsgespräch, aber vom neuen Leistungsträger wird darüber hinaus erwartet, dass er glaubwürdig herausarbeitet, auf welche Weise er als Führungskraft künftig Erfolge erzielen wird. Ein weiterer Kardinalfehler ist die Unkenntnis über üblicherweise gezahlte Gehälter in vergleichbaren Branchen und Positionen. Gewinnt die Firmenseite hier den Eindruck, dass ein Bewerber seinen »Marktwert« nicht kennt, wird ihm unterstellt, dass er auch im künftigen Berufsalltag Schwierigkeiten damit haben wird, anspruchsvolle Aufgabenstellungen präzise zu analysieren, um auf einer sicheren Faktenbasis realistische Lösungen zu entwickeln und zu verhandeln.

Negativbeispiel Auf die Frage »Wo sehen Sie Ihre Gehaltsvorstellungen?« sollten Führungskräfte weder zu passiv mit »Da bin ich flexibel, was bieten Sie mir denn an?« noch zu forsch mit »In der alten Position hatte ich 90 000 brutto, die 100 000 möchte ich jetzt schon endlich überspringen« reagieren.

Kommentar zum Negativbeispiel Weder zu abwartende Antworten noch rein formale Argumentationen helfen dabei, die Gehaltsfrage überzeugend zu beantworten. Wer nicht weiß, welche finanzielle Gegenleistung seinem beruflichen Engagement entspricht, zeigt sich schlecht vorbereitet. Ebenso ungünstig ist es, abstrakte Zahlen in den Raum zu stellen, ohne dabei inhaltlich zu argumentieren. Hier wird eine vorhandene positive Stimmung fahrlässig getrübt, der Bewerber läuft Gefahr, den bereits sicher geglaubten Sieg noch auf der Zielgerade zu vergeben.

Antwort-Strategie: Das bringt Sie in den Job!

Gute Gründe für Ihr Wunschgehalt

In den Zeiten des Internets ist es wesentlich leichter geworden, sich vorab über die in Ihrer Branche üblichen Gehälter zu informieren. Geben Sie in eine Suchmaschine Ihre Position, das Stichwort Gehalt und eine Jahreszahl ein, beispielsweise »Vertriebsleiter Gehalt 2014«. Sollten Sie zu wenig Treffer erzielen, verändern Sie die Jahreszahl, indem Sie zeitlich rückwärts gehen oder ganz darauf verzichten. Nutzen Sie die Chance, der Firma im Themenkomplex Gehalt Ihr berufliches Profil noch einmal zu erläutern. Verknüpfen Sie die künftigen Aufgaben mit Ihren bisherigen Erfolgen, um Ihr Profil ein weiteres Mal stärkenorientiert, passgenau und glaubwürdig zu präsentieren. Liefern Sie Belege dafür, wie Sie Aufbauarbeit geleistet, Restrukturierungen durchgeführt, Arbeitsprozesse effizienter organisiert, Qualitätsverbesserungen herbeigeführt, Produktionsstätten ausgelagert oder Vertriebsziele erreicht haben.

Es geht bei Gehaltsverhandlungen immer auch darum, dass beide Seiten ihr Gesicht wahren können. Maximalziele lassen sich daher kaum in einem Schritt durchsetzen. Planen Sie daher einen ausreichenden Verhandlungsspielraum ein, damit Sie Ihren Gesprächspartnern etwas entgegenkommen können.

Positivbeispiel
Wunschkandidaten lassen sich von der Frage »Wo sehen Sie Ihre Gehaltsvorstellungen?« nicht aus der Ruhe bringen, weil sie konkret werden und inhaltlich antworten, beispielsweise so:

»Meine Gehaltsvorstellung beträgt 70 000 Euro Jahresbrutto fix zuzüglich einem Erfolgsanteil, der bei 100 Prozent Zielerreichung 30 000 Euro betragen sollte. Ich habe aber in der Vergangenheit immer zwischen 120 und 150 Prozent der vorgegebenen Zielgrößen erreicht, sie also deutlich übertroffen, dies hat sich dann auch entsprechend in der Erfolgsprämie niedergeschlagen.«

Kommentar zum Positivbeispiel Auch die Gehaltsfrage nutzt dieser Bewerber, um seine Leistungsorientierung ein weiteres Mal zu betonen. Zum einen weiß er, dass in seiner Branche grundsätzlich feste und variable Gehaltsanteile gezahlt werden. Diese Vorgabe lässt er in seine Antwort einfließen und macht so deutlich, dass er die Branchengegebenheiten kennt. Zum anderen steuert er das Gehaltsgespräch geschickt auf die Klärung der Frage zu, wie im neuen Unternehmen Kennzahlen für variable Erfolgsanteile definiert, und wie deutlich übertroffene Kennzahlen honoriert werden. Dieser Bewerber zeigt anschaulich, dass er über die von Führungskräften geforderte Fähigkeit zur ziel- und ergebnisorientierten Verhandlungsführung verfügt, und zwar auch dann, wenn es um die Durchsetzung eigener Interessen geht.

Beispielfragen und -antworten: Gehaltsvorstellungen

Bitte beantworten Sie zunächst die Fragen, bevor Sie einen Blick auf unsere Beispielantworten werfen. Gleichen Sie Ihre Antworten ab. Modifizieren Sie bei Bedarf Ihre Antworten anhand unserer gelungenen Beispiele. Überlegen Sie sich zusätzlich individuelle Belege mit Praxisbezug, mit denen Sie Ihre Antworten plausibel ausgestalten können.

Frage 197: Was möchten Sie bei uns verdienen?

Ungünstige Antwort auf Frage 197 Mein letzter Arbeitgeber hat doch eher unterdurchschnittlich bezahlt. Sie stehen als Marktführer ja deutlich besser da, daher strebe ich ein Jahresbruttogehalt von 70 000 Euro an.

Gelungene Antwort auf Frage 197 Sie haben in den beiden Gesprächen, die wir ja sehr offen und konstruktiv miteinander geführt haben, betont, dass Sie einen Human Resources Manager suchen, der neben dem Tagesgeschäft, bestehend aus der Umsetzung von HR-Strategien, Definition von Personalplanungsprozessen und der engen Zusammenarbeit mit dem Betriebsrat, auch umfangreiche Erfahrungen in der Organisationsentwicklung und dem Change-Management mitbringt. Hier kann ich auf meine mehrjährige erfolgreiche Arbeit in einem internationalen Industrieunternehmen mit gleichen HR-Zielsetzungen verweisen. Daher liegt mein Gehaltswunsch bei 74 000 Euro Jahresbruttogehalt.

Frage 198: Sind Sie Ihr Gehalt wert?

Ungünstige Antwort auf Frage 198 Das müssen letztendlich Sie selbst entscheiden. Ich bin mir aber sicher, dass ich ein Gewinn für Ihr Unternehmen wäre. Ich bringe ja einiges an Erfahrungen mit und kenne mich gut aus. Günstiger geht natürlich immer, aber man weiß ja, wohin das letztendlich führt.

Gelungene Antwort auf Frage 198 Ich denke schon. Schließlich bewegt sich mein Gehaltswunsch im üblicherweise gezahlten Rahmen für Positionen mit diesem Verantwortungsbereich. Die Aufgaben eines Leiters Produktion kenne ich gründlich und bin auch in der Lage, Abläufe unter den Aspekten Qualität, Kosten, Arbeitssicherheit und Umweltverträglichkeit zu optimieren. Für Sie von Vorteil wird auch sein, dass ich Abweichungen im laufenden Produktionsprozess sehr schnell erkennen, analysieren und auflösen kann. Das Unternehmen wird sicherlich von meiner zielorientierten und eigenständigen Arbeitsweise profitieren können.

Frage 199: Die Bewerberin, die gestern auf diesem Stuhl saß, hat 20 Prozent weniger als Sie verlangt. Ich glaube, Sie verlangen zu viel, oder?

Ungünstige Antwort auf Frage 199 Da muss ja etwas nicht stimmen, wenn jemand versucht, sich unter Wert zu verkaufen. Sicherlich konnte sie nicht so umfangreiche und praxiserprobte Erfahrungen vorweisen wie ich. Gerade im Bereich der gelebten Kundenorientierung kann ich einiges bieten.

Gelungene Antwort auf Frage 199 Ich weiß, dass mein Gehaltswunsch im oberen Drittel dessen liegt, was für vergleichbare Positionen gezahlt wird. Es ist allerdings so, dass ich als Leiter Konstruktion für die termin- und qualitätsgerechte Konstruktion der Messmaschinen verantwortlich bin. Hier ist permanent eine Abstimmung mit externen Kunden und Zulieferern nötig, die ich sowohl als Teamleiter im Sondermaschinenbau als auch als Abteilungsleiter im allgemeinen Maschinenbau nachweislich erfolgreich geleistet habe. Darüber hinaus sind mir nicht nur die technischen, sondern auch die betriebswirtschaftlichen Faktoren für erfolgreiches Arbeiten vertraut, ich habe mich in kaufmännischen Themen permanent weitergebildet. Sie bekommen für das, was Sie mir zahlen, also eine Menge zurück.

Frage 200: Was haben Sie in Ihrer bisherigen Position verdient?

Ungünstige Antwort auf Frage 200 Ich habe in meiner bisherigen Stelle ganz gut verdient, aber in mehreren Gesprächen wurde mir schon signalisiert, dass mein Gehaltswunsch wohl zu hoch ist.

Gelungene Antwort auf Frage 200 Bisher habe ich 55 000 Euro brutto im Jahr verdient. Hinzu kamen noch Prämien, die Finanzierung von Weiterbildungsmaßnahmen und natürlich auch der Firmenwagen.

Frage 201: Sie waren doch länger freigestellt, da können wir uns das lange Taktieren sparen und gleich in eine realistischere Gehaltsdiskussion einsteigen, nicht wahr?

Ungünstige Antwort auf Frage 201 Ich weiß, dass meine Position schlecht ist. Naja, als Firma würde ich auch die Gelegenheit nutzen, wenn ich einen guten Bewerber zum Schnäppchenpreis bekommen kann. Früher waren das doch andere Zeiten, aber so ist es eben heute.

Gelungene Antwort auf Frage 201 Grundsätzlich bin ich beim Thema Gehalt natürlich verhandlungsbereit, allerdings in einem realistischen Rahmen. Da ich für Sie als Projektmanager in der Healthcare-IT permanent neue Projekte initiieren, definieren, planen und bis zum termingerechten Abschluss steuern werde, ist meine volle Einsatzbereitschaft jeden Tag aufs Neue gefragt. Für die gelegentlichen Einsätze im Ausland bringe ich die gewünschten sicheren Englischkenntnisse mit. Darüber hinaus bin ich auch vertraut mit dem Projektcontrolling, was sich für Sie sicherlich auch unter wirtschaftlichen Gesichtspunkten schnell auszahlen wird. Von daher halte ich meinen Gehaltswunsch in Höhe von 75 000 Euro Jahresbrutto für realistisch.

Frage 202: Wir können Ihnen definitiv weniger zahlen als Ihr momentaner Arbeitgeber. Warum wollen Sie die Stelle trotzdem haben? Hat man Ihnen die Kündigung nahegelegt?

Ungünstige Antwort auf Frage 202 Ehrlich gesagt, läuft es schon länger nicht mehr so rund bei meinem momentanen Arbeitgeber. Einigen hat man die Kündigung nahegelegt, andere sind von sich aus gegangen. Das sieht schon sehr düster aus.

Gelungene Antwort auf Frage 202 Für mich ist es wichtig, dass ich mit voller Kraft weiter arbeiten kann. Die von Ihnen ausgeschriebene Stelle deckt sich sehr gut mit meinen bisherigen beruflichen Erfahrungen. Mir ist es wichtiger, bei Ihnen voll einzusteigen, als mit einem etwas höheren Gehalt in einer unsicheren Perspektive zu arbeiten. Ich möchte Sie mit meiner engagierten, strukturierten und ergebnisorientierten Arbeitsweise auf jeden Fall überzeugen.

Frage 203: Also, wenn es nach mir ginge, würde ich Ihnen natürlich zahlen, was Sie sich wünschen. Aber die Branche läuft nicht mehr so gut wie vor einigen Jahren. Ich kann Ihnen nicht weiter entgegenkommen, was soll ich tun?

Ungünstige Antwort auf Frage 203 Ach, Sie wissen es, ich weiß es, das sind doch alles taktische Spielchen. Nun geben Sie sich einen Ruck, wir liegen nur noch ein wenig auseinander. Legen Sie noch 10 000 Euro drauf, und dann kann ich für Sie loslegen.

Gelungene Antwort auf Frage 203 Grundsätzlich freue ich mich, dass wir Einigkeit darüber herstellen konnten, dass ich als Abteilungsleiterin Finanzbuchhaltung für Sie die richtige Wahl wäre. Auch bisher habe ich ja schon als Projektleiterin Teams von Fachspezialisten geführt, um die quartals- und monatsweisen Abschlussarbeiten der Konzernunternehmen sicherzustellen. Auf der anderen Seite ist mir ebenfalls bewusst, dass die Branche tatsächlich nicht mehr ganz so glänzend dasteht wie früher. Wenn wir eine Gehaltssteigerung nach Ablauf der Probezeit schriftlich fixieren, komme ich Ihnen an diesem Punkt entgegen.

Frage 204: Sie scheinen Ihren Marktwert nicht realistisch einschätzen zu können, oder?

Ungünstige Antwort auf Frage 204 Sie wissen doch so gut wie ich, dass es hier große Unterschiede im Markt gibt. Wir hätten uns die ganze Mühe sparen können, so viel Zeit damit zu verbringen, über die neue Aufgabe zu reden, wenn Sie von Anfang an klargemacht hätten, dass es Ihnen nur auf den Preis ankommt. Es ist doch kein Geheimnis, dass immer irgendein Bewerber billiger zu bekommen ist.

Gelungene Antwort auf Frage 204 Ich kenne das Gehaltsgefüge für Leitungsfunktionen im Controlling sehr gut. Zum einen, weil ich seit Jahren in diesem Bereich tätig bin, und zum anderen, weil ich mich vor dem Gespräch durch Nachfragen bei ehemaligen Studienkollegen noch einmal auf den aktuellen Stand gebracht habe. Mein Gehaltswunsch begründet sich aus dem komplexen Aufgabenfeld heraus. Dass ich für Sie die operative Kosten- und Ergebnisrechnung unterteilt nach Sparten verantworten werde, ist selbstverständlich. Mein Gehaltswunsch, der im oberen Drittel des Möglichen liegt, fußt aber insbesondere darauf, dass ich nachweislich erfolgreich komplexe energiewirtschaftliche Geschäftsfeldanalysen unter dem Aspekt Wertschöpfungsstufen habe durchführen lassen und auch weiß, wie man dem Finanzausschuss beziehungsweise dem Aufsichtsrat effektiv zuarbeitet.

Frage 205: Sie verlangen mehr Gehalt als andere für diese Stelle geeignete Bewerber, warum?

Ungünstige Antwort auf Frage 205 Ich habe auch schon befürchtet, dass ich etwas zu hoch gepokert habe. Vielleicht sollte ich etwas weniger verlangen. Am Gehalt soll es ja schließlich nicht scheitern, dass wir uns einig werden.

Gelungene Antwort auf Frage 205 Ich sehe meine Gehaltswünsche im Mittelfeld des üblicherweise gezahlten Gehalts. Durch meine sofort einsetzbaren Kenntnisse in der Erstellung von Kalkulationen und Wirtschaftlichkeitsprüfungen, meine Erfahrungen in der effektiven Mitarbeitersteuerung und meine mehrjährige erfolgreiche Tätigkeit in ähnlicher Funktion sehe ich meinen Gehaltswunsch gerechtfertigt. Dabei bin ich schon im Vorfeld etwas nach unten gegangen, weil mir bewusst ist, dass hier in der Region insgesamt etwas weniger gezahlt wird.

Frage 206: Sie können sicherlich damit leben, dass wir uns jetzt auf 15 Prozent Abschlag auf Ihren Gehaltswunsch einigen. Wenn Sie wirklich so gut performen, wie Sie sagen, finden wir bestimmt einen Weg nach der Probezeit, ist das okay für Sie?

Ungünstige Antwort auf Frage 206 Das hatte ich mir eigentlich anders vorgestellt. Aber Sie sitzen hier ja am längeren Hebel. Dann stimme ich Ihnen eben zu, aber nicht, dass das nach dem Ende der Probezeit dann in Vergessenheit gerät, dann hätten wir ein ernsthaftes Problem.

Gelungene Antwort auf Frage 206 Ich komme Ihnen noch etwas entgegen, aber 15 Prozent Abschlag ist definitiv zu viel. Wenn wir uns darauf einigen können, dass ich nach der Probezeit 10 Prozent mehr bezogen aufs Jahresbrutto in Höhe von 85 000 Euro bekomme, würde ich einen Abschlag von 5 Prozent zähneknirschend akzeptieren. Lassen Sie uns die spätere Erhöhung aber gleich im Arbeitsvertrag fixieren. Damit vermeiden wir, dass es womöglich später Unruhe gibt, weil jeder etwas anderes verstanden hat. Mit dieser transparenten Verhandlungsführung habe ich auch in der Vergangenheit immer gute Erfahrungen gemacht.

Frage 207: Das Leben ist kein Wunschkonzert, auch das Arbeitsleben nicht, also: Wo liegt das untere Limit Ihrer Gehaltsvorstellungen?

Ungünstige Antwort auf Frage 207 Wie ich gesagt habe, liegt meine Gehaltsvorstellung zwischen 72 000 und 78 000 pro Jahr. 72 000 Euro wären damit das absolute untere Limit. Darunter gehe ich nicht, dann können wir gleich aufhören weiterzureden.

Gelungene Antwort auf Frage 207 Wie ich gesagt habe, liegt meine Gehaltsvorstellung zwischen 72 000 und 78 000 pro Jahr. 72 000 Euro wären damit das untere Limit. Ich glaube auch, dass dieses Gehalt absolut gerechtfertigt ist, schließlich habe ich einige Schlüsselprojekte verantwortet, die durch besondere Komplexität und besonders hohe Volumina definiert waren - hin bis zu einem Projektvolumen in Höhe von etwa 3 Millionen Euro pro Jahr.

Frage 208: Sind Ihre Gehaltswünsche nicht stark überzogen?

Ungünstige Antwort auf Frage 208 Nein, das denke ich nicht.

Gelungene Antwort auf Frage 208 Ich sehe es so: Die von mir gewünschte Entlohnung ist die Kehrseite meiner umfangreichen und praxiserprobten konzeptionellen und operativen Führungserfahrungen. Die für Ihr Unternehmen wichtige künftige strategische Ausrichtung der Produkt- und Vertriebspolitik, die Weiterentwicklung des Marketinginstrumentariums und die Führung der Vertriebsorganisation werde ich als unternehmerisch denkender Macher für Sie engagiert in Angriff nehmen. Marktveränderungen finden heute immer schneller statt, und nur wer diese Veränderungen rechtzeitig erkennt und darauf schnell reagiert, wird auch künftig am Markt Erfolg haben. Und die vielen Beiträge, die ich zu diesem Unternehmenserfolg in Zukunft beisteuern werde, sollen sich auch in meinem Gehalt widerspiegeln.

Schritt II: Ihre Trainingseinheiten

CHECKLISTE

- ◯ Können Sie Argumente dafür liefern, warum gerade Sie eingestellt werden sollten?
- ◯ Beantworten Sie Fragen nach Ihrer Branchen- und Fachkompetenz mit einer hohen Informationsdichte?
- ◯ Geben Sie konkrete Beispiele, um Ihre Lösungskompetenz zu belegen?
- ◯ Können Sie Ihre Innovationskompetenz überzeugend kommunizieren?
- ◯ Geben Sie in Ihren Antworten auf Fragen nach Ihrer unternehmerischen Kompetenz Beispiele für strategischen Weitblick und fachliches Know-how?
- ◯ Wird in Ihren Antworten deutlich, dass Sie über ein umfangreiches, flexibles und vor allem reflektiertes Arsenal an Führungsmethoden verfügen?
- ◯ Können Sie durch Beispiele und Ihr Antwortverhalten im Vorstellungsgespräch Ihre kommunikative Kompetenz untermauern?
- ◯ Verfügen Sie über internationale Kompetenz? Können Sie diese nachvollziehbar und glaubwürdig anhand von Beispielen aus Ihrer Berufspraxis erläutern?
- ◯ Haben Sie sich auch auf ein englisches Vorstellungsgespräch vorbereitet?
- ◯ Reagieren Sie souverän auf Stress- und Fangfragen? Können Sie dafür sorgen, dass das Gespräch bei unzulässigen und unsinnigen Fragen wieder sachlich wird?
- ◯ Haben Sie sich informiert, welche Gehälter in Ihrer Branche üblich sind? Können Sie überzeugende Gründe für Ihr Wunschgehalt liefern?

Schritt III

Nach dem ersten und vor dem zweiten Gespräch

19. Zwischenbilanz: Was spricht für und was gegen die neue Stelle?

Unabhängig davon, ob Sie nach dem ersten Vorstellungsgespräch von der Firma eine Einladung für die nächste Gesprächsrunde oder einen anderen Auswahlschritt bekommen, sollten Sie eine erste Zwischenbilanz ziehen: Was spricht für die neue Stelle? Was dagegen? Wo zeichnen sich Entwicklungschancen und Gestaltungsspielräume ab? Und was erschien Ihnen im persönlichen Gespräch doch ganz anders als in der Stellenausschreibung beschrieben?

Werten Sie Vorstellungsgespräche systematisch aus

Bei den von uns betreuten Führungskräften ist es nach erfolgreich verlaufenen Vorstellungsgesprächen oft so, dass sich zunächst eine gewisse Euphorie einstellt. Schließlich hat man die Selbstpräsentation seiner beruflichen Stärken souverän und plausibel hinbekommen, ist mit den anspruchsvollen Fragen gut zurechtgekommen und hat verdeutlicht, dass man die mit der neuen Stelle verbundenen Entscheidungsmöglichkeiten verantwortungsvoll und im Sinne des Unternehmens nutzen wird. Ist dann auch noch zwischen den Gesprächspartnern auf der Firmenseite und dem Bewerber beziehungsweise der Bewerberin der berühmte Funke übergesprungen, möchte man am liebsten sofort loslegen.

Nach der ersten Euphorie

Ganz anders stellt sich die Situation dann einen Tag später dar: Plötzlich erscheint die Welt um einen herum nicht mehr so bunt und hoffnungsfroh wie noch vor kurzem. Vom Horizont her breiten sich die dunklen Wolken der Skepsis immer mehr aus. Auf einmal werden Schwierigkeiten, Probleme und Krisen im alten Arbeitsumfeld nicht mehr für so bedeutend erachtet wie vorher. Stattdessen werden die Karrierechancen und Erfolgsmöglichkeiten, die der neue Arbeitsplatz eigentlich mit sich bringen sollte, deutlich kritischer gesehen. Wird man mit dem neuen Fachvorgesetzten überhaupt klarkommen? Steht die Firma wirtschaftlich tatsächlich so gut da, wie sie behauptet? Und was passiert, wenn es in der Probezeit zum großen Knall kommt?

Vormals als nebensächlich eingestufte Fakten wie eine künftige Verlängerung der täglichen Fahrtzeit zum Arbeitsplatz von 30 auf 45 Minuten oder die mit dem Stellenwechsel verbundene Verkleinerung des Büroraums von 25 auf 20 Quadratmeter spielen sich als Ablehnungsgrund in den Vordergrund. So ist der Bewerber hin- und hergerissen zwischen dem dringenden Wunsch nach Veränderung und den damit immer auch einhergehenden Beharrungskräften, alles doch einfach beim Alten zu lassen.

Gründlich auswerten

Um wieder mehr Ruhe in Ihre Gedanken zu bringen, empfehlen wir Ihnen eine systematische Auswertung von Vorstellungsgesprächen. Grundsätzlich stimmen wir Ihnen zu, wenn Sie bereits eine vorläufige Entscheidung »aus dem Bauch heraus« getroffen haben. Intuition, die bei Führungskräften ja auch auf Berufs- und Lebenserfahrung beruht, ist eine wichtige Entscheidungshilfe. Dabei sollten Sie es aber nicht belassen. Unterfüttern Sie Ihre intuitive Entscheidung mit einer sauberen Analyse und arbeiten Sie die Fakten, die für Ihre Entscheidung Vorrang haben, deutlich heraus.

Zu diesem Zweck sollten Sie das letzte Gespräch in Gedanken noch einmal vom Anfang bis zum Ende durchgehen. Was hat Sie überzeugt? Was begeistert? Mit welchen Kompromissen können Sie leben? Wo wird es Schwierigkeiten geben? Und zu welchen Aspekten benötigen Sie noch weitere Informationen? Die folgenden Fragen helfen Ihnen dabei, eine gründliche Zwischenbilanz zu ziehen.

CHECKLISTE

Wichtige Fakten im Entscheidungsprozess

- → Welchen Ruf hat das Unternehmen in der Branche?
- → Ist die Stimmung in der Firma konstruktiv?
- → Wirkten meine Gesprächspartner glaubwürdig?
- → An welchen Stellen wurden sie eher einsilbig?
- → Waren mir meine Gesprächspartner sympathisch?

- → Welchen fachlichen Hintergrund hat mein künftiger Vorgesetzter?
- → Seit wann ist mein künftiger Vorgesetzter im Unternehmen?
- → Welchen ersten Eindruck hat mein künftiger Vorgesetzter auf mich gemacht?
- → Wirkt er insgesamt eher dynamisch und engagiert oder womöglich ausgebrannt und kraftlos?
- → Ist unter meinen künftigen Mitarbeitern jemand, der selbst die Führungsposition einnehmen wollte?
- → Sind die Handlungsspielräume tatsächlich so groß, wie ich sie mir wünsche?
- → An wen werde ich berichten (Vorstand/Geschäftsführung)?
- → Bekomme ich Prokura?
- → Sind mit der neuen Stelle einschneidende Veränderungswünsche verbunden (deutliches Wachstum/überdurchschnittliche Qualitätssteigerung/umfassende Neustrukturierung), die ich einleiten und umsetzen soll?
- → Gibt es regelmäßige Belastungs- und Terminspitzen in der neuen Stelle?
- → Zeichnen sich weitere Entwicklungsmöglichkeiten in der Firma ab?
- → Ist mein Arbeitsplatz/Büro ansprechend ausgestattet?
- → Wenn ich umziehen muss: Wie leicht wird meine Lebenspartnerin/mein Lebenspartner eine neue Stelle in der Region finden?
- → Wie sicher erscheint der neue Arbeitsplatz?
- → Wird der Aufstieg finanziell entsprechend honoriert?

20. Nachfass-Mail: Wie sorgen Sie für positive Stimmung?

Ist ein Vorstellungsgespräch aus Ihrer Sicht erfolgreich verlaufen, können Sie ein bis zwei Tage später eine kurze E-Mail an die Firma schicken. So signalisieren Sie dem Unternehmen, dass Sie Ihre Bewerbung nach wie vor ernst meinen. Dieser Trend zur Feedback-Mail kommt – wie so häufig – aus den USA und hat sich in den letzten Jahren auch hierzulande immer mehr verbreitet.

Betonen Sie die Ernsthaftigkeit Ihres Interesses

Nicht nur für Sie, auch für die Firmenseite ist das Bewerbungsverfahren mit erheblichem Aufwand verbunden. Es kommt häufig vor, dass interessante Kandidaten, die für die Firma erste Wahl sind, noch kurz vor der Vertragsunterzeichnung abspringen. Dies liegt beispielsweise daran, dass diese Bewerber mit mehreren interessanten Firmen parallel Gespräche führen und sich dann kurzfristig umentscheiden, also ein aus ihren Augen besseres Angebot einer anderen Firma annehmen. Oder es werden am alten Arbeitsplatz erfolgreich Bleibeverhandlungen geführt, die in der Konsequenz ebenfalls zu einer kurzfristigen Absage bei der neuen Firma führen.

Bleiben Sie im Gespräch

Diese für Firmen problematischen Konstellationen können für Sie positive Wirkungen entfalten. Nämlich dann, wenn Sie beim firmeninternen Ranking der infrage kommenden Bewerber auf Rang 2, 3 oder 4, also an vorderer, aber nicht an erster Stelle stehen. Mit jeder Absage eines vor Ihnen liegenden Bewerbers rücken Sie stärker in den Fokus der Entscheider auf der Firmenseite.

Um aus dieser Situation positives Kapital zu schlagen, ist es hilfreich, die Ernsthaftigkeit Ihrer Bewerbung an passender Stelle zu unterstreichen - beispielsweise direkt nach einem gut verlaufenen ersten Vorstellungsgespräch und ebenso nach einem produktiven und angenehmen zweiten Treffen.

Zunächst bedanken Sie sich in Ihrer E-Mail für das informative Gespräch. Idealerweise greifen Sie dann ein oder zwei wesentliche Anforderungen aus dem Vorstellungsgespräch auf und betonen außerdem in der E-Mail, dass Sie über die gewünschten Kompetenzen verfügen und sie gerne für die Firma in der Führungsposition einsetzen würden. Versenden Sie die E-Mail per CC-Funktion dann möglichst an alle Gesprächsbeteiligten. Die E-Mail-Adressen aller Gesprächspartner haben Sie entweder durch den Austausch von Visitenkarten zu Beginn des Vorstellungsgesprächs bekommen, oder Sie haben nur eine einzige E-Mail-Adresse, beispielsweise die der Personalleiterin Frau Petra Krause. Dann können Sie aus Angaben wie ***petra.krause@gmbh.de*** leicht folgern, dass der Bereichsleiter Herr Kai Dentler und der Finanzvorstand Herr Jens Ude die E-Mail-Adressen ***kai.dentler@gmbh.de*** und ***jens.ude@gmbh.de*** haben.

Sie könnten Ihre Feedback-Mail beispielsweise so formulieren:

BEISPIEL

Sehr geehrter Herr Ude, sehr geehrte Frau Krause,
sehr geehrter Herr Dentler,

zunächst möchte ich mich für das informative und angenehme Vorstellungsgespräch, das wir Mitte dieser Woche miteinander geführt haben, bedanken.

Das Gespräch hat mich in meiner Absicht bestärkt, meine Kenntnisse und mein volles Engagement in die Position »Abteilungsleiter Finance« bei Ihnen einzubringen. Ich habe die Anforderungen der Stelle noch einmal gründlich auf mich wirken lassen und bin sicher, dass meine Erfahrungen im Tagesgeschäft des Vertriebs- und Bestandscontrolling, meine erprobte Zusammenarbeit mit Wirtschaftsprüfern, Banken und Rechtsanwälten und insbesondere die Entwicklung lokaler Kennzahlen zur Umsetzung des Berichtswesens für Sie von Nutzen sein werden.

Daher würde ich mich über die Einladung zu einem – wie von Ihnen angekündigten – zweiten Gespräch mit dem CEO Herrn Schmidt sehr freuen.

Mit freundlichen Grüßen
Sven Nordmann

Nachfass-Mail nach einem Tag versenden

In unserer Beratungspraxis haben wir für unsere Kunden mit knapp und zugleich prägnant formulierten Nachfass-Mails in der hier vorgestellten Form sehr gute Erfahrungen gesammelt. Ein letzter Hinweis noch zu diesem Teilaspekt der Bewerbung: Wir sind der Überzeugung, dass Nachfass-Mails dann eine bessere Wirkung haben, wenn sie nicht unmittelbar nach dem Gespräch losgeschickt werden. Ein zeitlicher Abstand von 24 Stunden nach einem persönlichen Treffen ist durchaus sinnvoll. Damit vermitteln Sie - indirekt - ein weiteres Mal, dass Sie Ihre Entscheidung wohldurchdacht haben und kein Bewerber sind, der am alten Arbeitsplatz womöglich massiv unter Druck steht und förmlich nach jedem rettenden Strohhalm auf dem Jobmarkt greift.

21. Mit welchen weiteren Auswahlschritten müssen Sie rechnen?

Mit einem Vorstellungsgespräch allein ist es meistens nicht getan. Wir haben es bei einer von uns betreuten Führungskraft sogar schon erlebt, dass sie zu sieben Gesprächen bei einer Firma eingeladen wurde, bevor es dann endlich zu einer Entscheidung kam. Häufig reichen aber zwei bis drei Termine für eine endgültige Einstellungsentscheidung der Firma. Allerdings gilt gerade für die Einstellung von Führungskräften, dass jede Firma ihre speziellen Vorlieben hinsichtlich der inhaltlichen Ausgestaltung der einzelnen Auswahlschritte hat. Was könnte Sie also alles nach dem ersten Gespräch noch erwarten?

Auswahlhürden für Führungskräfte

Vorstellungsgespräche, Assessment-Center und Mischformen

Manche Firmen setzen ausschließlich auf Vorstellungsgespräche, allerdings in wechselnder Besetzung, andere Firmen schwören auf Assessment-Center, teilsweise als Gruppenauswahlverfahren, teilweise als Einzel-Assessment. In den letzten Jahren stellen wir als neuen Trend fest, dass man Führungskräfte zwar in Aktion erleben will, Assessment-Center aber als zu aufwändig eingeschätzt werden. Dann treffen die künftigen Führungskräfte in Runde zwei oder drei des Auswahlverfahrens auf ausgewählte Assessment-Center-Übungen, und zwar insbesondere auf Fallstudien und/oder Kundengespräche.

Vorstellungsgespräch in wechselnder Besetzung

Die meisten Führungskräfte werden sich einer Serie von Auswahlgesprächen stellen müssen. Manchmal findet das erste Gespräch mit dem beauftragten Personalberater (Headhunter) der suchenden Firma statt, Gespräch Nummer zwei dann mit künftigen Fachvorgesetzten und/oder den Firmenlenkern, die häufig auch Eigentümer sind. Ein anderes Mal kann es so sein, dass die Bewerber im ersten Gespräch sowohl auf Personalverantwortliche aus der Firma als auch auf den künftigen Fachvorgesetzten treffen und diese Konstellation für das zweite Gespräch beibehalten wird. Oder man trifft bereits beim ersten Treffen auf Mitglieder der Geschäftsleitung und andere Entscheider des oberen Managements, allerdings ohne den künftigen direkten Vorgesetzten zu treffen. In diesem Fall sollten Sie zu Ihrer eigenen Absicherung darauf bestehen, Ihren künftigen direkten Ansprechpartner beim zweiten Termin kennenzulernen. Sonst bekommen Sie womöglich zwischenmenschliche Probleme in der Probezeit.

Vorgehen in großen Gesprächsrunden

Die Gesprächsrunden, auf die Führungskräfte treffen, sind oft groß. Je nach Unternehmen, aber auch im öffentlichen Dienst sind Gruppengrößen von drei bis fünf Gesprächspartnern durchaus üblich. Manchmal müssen Sie sich sogar Fragerunden stellen, denen auf der Arbeitgeberseite sieben oder mehr Teilnehmer angehören - beispielsweise weil Betriebsrat, Personalrat, externer Personalberater und interne Personalmitarbeiter und darüber hinaus auch noch Führungskräfte aus Zweigniederlassungen und aus der Firmenzentrale sich ein eigenes Bild von Ihnen und Ihren Fähigkeiten machen wollen.

Auch wenn es in größerer Gesprächsrunde sicherlich einzelne Wortführer geben wird, sollten Sie nicht unabsichtlich in einen Dialog mit den Fragestellern einsteigen, der auf Dauer alle anderen ausschließt. Suchen Sie, so gut es geht, zu allen Gesprächspartnern abwechselnd den Blickkontakt, während Sie auf Fragen antworten.

Assessment-Center als Gruppenauswahlverfahren

Mithilfe von Assessment-Centern möchten Unternehmen, in letzter Zeit aber auch verstärkt der öffentliche Dienst, Ihre berufliche Eignung überprüfen, und zwar anhand einer Serie von Aufgabenstellungen, die Bezug zu Ihren künftigen Aufgaben haben (sollten). Assessment-Center sind üblicherweise Gruppenauswahlverfahren, das heißt, dass mehrere Kandidaten eingeladen und ein oder zwei Tage von einer Gruppe von Beobachtern begutachtet werden. Oft verstecken sich Assessment-Center hinter anderen Bezeichnungen, beispielsweise:

→ Potenzialanalyse,
→ Bewerberrunde mit individuellen Gesprächen und berufstypischen Übungen,
→ Gruppenauswahlverfahren,
→ Karriereworkshop,
→ Management-Potenzial-Analyse oder
→ Management-Audit.

Allen diesen Auswahlverfahren ist gemeinsam, dass die Übungen aus den in den 1960er Jahren für Unternehmen der Privatwirtschaft entwickelten Assessment-Centern die Basis bilden. Die Übungen wurden im Lauf der Zeit modifiziert, die Aufgabentypen sind aber weitgehend gleich geblieben.

In der folgenden Infobox »Übungen im Assessment-Center« haben wir für Sie die häufigsten Situationen, die Sie in diesem Auswahlverfahren erwarten, zusammengestellt.

ÜBERSICHT

Übungen im Assessment-Center

→ Selbstpräsentation,
→ Gruppendiskussionen
  – führerlos oder geführt
  – mit oder ohne Rollenvorgabe
→ Interviews,
→ Rollenspiele
  – Mitarbeitergespräch
  – Kundengespräch
→ Fallstudien,
→ Konstruktionsübungen,
→ Vorträge
  – mündliche Themenpräsentation mit anschließender Diskussion
  – vorgegebenes oder selbst gewähltes Thema
→ Postkorb
  – mit schriftlicher Ergebnispräsentation
  – mit mündlicher Ergebnispräsentation und Befragung

- → Aufsätze
  - schriftliche Themenpräsentation
  - vorgegebenes oder selbst gewähltes Thema
- → Tests,
- → Selbst- und Fremdeinschätzung.

Arbeitsprobe vor ausgewähltem Publikum

Da die Übungen im Assessment-Center heute stärker als früher auf künftige Einsatzfelder im Unternehmen ausgerichtet werden, hat das Assessment-Center mehr denn je den Charakter einer Arbeitsprobe vor ausgewähltem Publikum bekommen. Das reine Schaulaufen unter Laborbedingungen ist einer größeren Praxisnähe gewichen. Das bedeutet aber auch, dass Unternehmen ebenso wie der öffentliche Dienst jetzt ein ganz bestimmtes Arsenal an Methoden zur Bewältigung der Übungen verlangen. Wer bei Mitarbeitergesprächen keine Kommunikationstechniken einsetzt, Gruppendiskussionen ohne Moderationswissen und Vorträge ohne Visualisierungen angeht, verspielt ein gutes Ergebnis. Die Beobachter, also die Entscheider aus dem Firmenmanagement, wollen bereits im Assessment-Center sehen, dass die Teilnehmer sich im späteren Arbeitsalltag als Führungskraft auch bewähren werden.

Assessment-Center als Einzelauswahlverfahren

Assessment-Center werden nicht nur als Gruppenauswahlverfahren eingesetzt, manche Unternehmen überprüfen interessante Kandidaten auch im Einzel-Assessment. Ab einer gewissen Hierarchiestufe verweigern sich externe Kandidaten für Führungspositionen Gruppen-Assessment-Centern. Um diese grundsätzlich ja sehr interessanten Kandidaten nicht ungewollt zu einer Aufgabe ihrer Bewerbung zu bringen, werden dann Einzel-Assessments durchgeführt - häufig von externen Managementberatungen, die dann mit ihren Testbatterien das Leistungs- und Belastungspotenzial der Kandidaten durchleuchten sollen.

Zusätzliche Aufgaben

Die Übungen im Einzel-Assessment entsprechen überwiegend denen von Gruppen-Assessment-Centern. Verzichtet wird aber auf Gruppendiskussionen und Gruppenübungen. Dafür stehen Präsentationstechniken (Vortrag/Fallstudie) und Strategien der Gesprächsführung (Mitarbeiter-/Kundengespräch) im Vordergrund. Häufig treffen Sie dann auch auf sogenannte Ankreuztests, die dabei helfen sollen, Ihre Persönlichkeit differenzierter zu erfassen.

Trend: Fallstudien und/oder Kundengespräche

Präsentation aktueller Fragestellungen

Dass Führungskräfte zu einem zweiten Gespräch eingeladen werden und die Einladung damit verbunden ist, dass der Bewerber eine aktuelle, vom Unternehmen vorgegebene Aufgabe aus seinem künftigen Arbeitsbereich präsentieren soll, erleben wir in letzter Zeit häufiger. Das ist zwar noch nicht so häufig der Fall, dass jeder zweite Bewerber um einen Führungsposten damit rechnen muss, aber schätzungsweise jeder zehnte Bewerber muss bereits im Auswahlverfahren vor ausgewähltem Publikum zeigen, wie er komplexe Aufgabenstellungen analysiert, die Kernprobleme herausarbeitet und Lösungsansätze formuliert. Darüber hinaus hat er sich einer kritischen Fragerunde zur Präsentation zu stellen, die sich aus den Entscheidern auf der Firmenseite zusammensetzt. Üblicherweise informiert Sie die Firma im Vorfeld darüber, auf welche Weise Sie präsentieren sollen. Digitale Präsentationen mithilfe von Notebook und Beamer werden hier genauso häufig verlangt wie klassische Flip-Chart-Präsentationen mit Filzstift und Papier.

Wenn es um Führungsstellen im Vertrieb geht, werden im zweiten Vorstellungsgespräch auch gerne Kundengespräche simuliert. Dies müssen nicht immer Verkaufsgespräche mit Endkunden sein. Vielmehr haben wir es schon erlebt, dass künftige Key-Account-Manager in Rollenspielen auf – von Firmenangehörigen gespielte – Einkäufer großer Handelsketten treffen. Dann wird anhand der vorgegebenen Aufgabenstellung »live« überprüft, wie es um die Verhandlungsführung, Durchsetzungsfähigkeit und Abschlusssicherheit der Bewerber bestellt ist.

22. Fallstudie: Analysieren und präsentieren unter Stress

Fallstudien und Business-Cases werden besonders gerne in mehrstufigen Vorstellungsgesprächen und Assessment-Center eingesetzt, wenn Kandidatinnen und Kandidaten für Managementaufgaben gesucht werden. Hierbei ist eine Vielzahl von Informationen und Daten zu sichten. Anschließend sollen sie unternehmerische Entscheidungen begründet darlegen. Der Umfang reicht dabei von ein- bis zweiseitigen Problemdarstellungen bis hin zu zwanzigseitigen Unternehmens- und Marktanalysen.

Manchmal bilden Fallstudien und Business-Cases die Grundlage für weitere Übungen, beispielsweise können die Analyseergebnisse Thema für eine Gruppendiskussion, eine Präsentation oder auch ein Mitarbeitergespräch sein.

Diese Übung wird eingesetzt, um das analytische Vermögen, das unternehmerische Denken und die Entscheidungskompetenz der Teilnehmer zu überprüfen. Können sie die richtigen Schlüsse aus Unternehmensszenarien ziehen? Sind sie in der Lage, auch in einem knappen Zeitrahmen zu tragfähigen Entscheidungen zu kommen? Wie ist ihr Zeitmanagement: Können sie neben der Analyse auch zu einem schlüssigen Ergebnis kommen?

Je anspruchsvoller die zu besetzende Position ist, desto komplexer werden die Aufgabenstellungen sein. Zum Teil fragen Unternehmen dann auch spezielle Kenntnisse aus dem künftigen Arbeitsfeld ab, beispielsweise überprüfen Sie, ob die Kandidaten Businesspläne erstellen, Marktforschungsdaten auswerten oder Bilanzen interpretieren können.

Zusammenhänge und Kernaussagen erkennen

Worauf achten die Beobachter?

Bei einer Fallstudie oder einem Business-Case mit schriftlicher Ergebnisfixierung bewerten die Beobachter, ob Sie die richtigen

Kernaussagen erkannt, Zusammenhänge berücksichtigt und nachvollziehbare Entscheidungen getroffen haben. In erster Linie kommt es also auf das Ergebnis an. Fallstudien und Business-Cases dieser Art haben den Charakter einer Arbeitsprobe. Die Beobachter erwarten eine schlüssige Entscheidungsvorlage.

Folgt danach eine Ergebnispräsentation, dann berücksichtigen die Beobachter auch kommunikative Aspekte, insbesondere Ihre Überzeugungskraft und Ihre Fähigkeit, die Zuhörer zu notwendigen, oft auch unangenehmen Veränderungen zu motivieren. Auf eine ansprechende Visualisierung der Ergebnisse wird ebenfalls großer Wert gelegt. Sollte sich an die Präsentation eine Fragerunde anschließen, dann müssen die Teilnehmer beweisen, dass sie argumentationsstark und kritikfähig sind.

Typische Fehler

Zeitmanagement

Das Zeitmanagement stellt viele Kandidaten bei dieser Übung vor große Probleme. Immer wieder ist zu beobachten, dass sie viel zu viel Zeit mit einer detaillierten Auswertung verbringen, sodass sie am Ende die zu treffende Entscheidung nicht mehr fundiert darlegen können. Ferner sollten sie sich nicht zu schnell auf eine Sichtweise festlegen. Alternativen geraten dann vorschnell aus dem Blickfeld, und die Fakten werden einseitig interpretiert.

Bei der schriftlichen Ergebnisfixierung ist immer wieder zu beobachten, dass Kandidatinnen und Kandidaten auf die gestellten Fragen nur unzureichend eingehen. Wer einfach das Zahlenmaterial wiederholt, ohne daraus Schlüsse zu ziehen, lässt Zweifel an seiner unternehmerischen Kompetenz aufkommen. Bei Präsentationen fällt es den Beobachtern besonders unangenehm auf, wenn Teilnehmer auf die einzelnen Overheadfolien nicht weiter eingehen. Wer keine klare Linie bei seiner Entscheidungsfindung deutlich machen kann, fällt bei den Beobachtern durch.

Sinnvolle Strategien

Um Fehler im Zeitmanagement zu vermeiden, sollten Sie nach folgendem Schema vorgehen:

- → Unterlagen sichten,
- → Kernaussagen notieren,
- → Zusammenhänge erkennen,
- → Lösungsskizze entwerfen,
- → Auswertung schriftlich fixieren.

Ergebnisfixierung

Reservieren Sie auf jeden Fall genug Zeit, um Ihre Ergebnisse festzuhalten. Falls Sie diese im Anschluss vortragen sollen, müssen Sie zusätzlich Zeit einplanen, in der Sie die Overheadfolien und Flipchartskizzen anfertigen. Gehen Sie bei Ihrer Auswertung immer zuerst auf die Ihnen gestellten Fragen ein. Die Beantwortung dieser Fragen hat Vorrang vor weiteren Detailauswertungen.

Bei komplexen Fallstudien und Business-Cases sollten Sie auch Entscheidungsalternativen beleuchten. Mit einer Chancen-Risiken-Abwägung können Sie dann die von Ihnen bevorzugte Vorgehensweise herausarbeiten. Da sich oft nicht alle Entscheidungen ausschließlich aus dem vorliegenden Material treffen lassen, sollten Kandidaten auch auf ihr Branchen- und Fachwissen zurückgreifen. Lassen Sie Ihr Insiderwissen aufblitzen, indem Sie gezielt auch auf Branchentrends, Best-Practice-Ansätze und Marktgegebenheiten eingehen.

Machen Sie sich jetzt mit der AC-Übung »Fallstudie/Business-Case« vertraut. Bearbeiten Sie die folgende Fallstudie, um das von uns vorgestellte Bearbeitungsschema kennen zu lernen.

Fallstudie mit typischen Aufgabenstellungen

Die folgende Fallstudie enthält verschiedene Arbeitsblätter, die Informationen über die COSMETICS WORLDWIDE AG enthalten. Die COSMETICS WORLDWIDE AG agiert weltweit und hat in den zurückliegenden Jahren in den einzelnen Regionen eine unterschiedlich verlaufende wirtschaftliche Entwicklung genommen.

Praxisübung: Fallstudie

ÜBUNG

Analysieren Sie die vorliegenden Informationen und werten Sie sie aus. Entwickeln Sie dann ein präsentationsfähiges Konzept, das auf folgende Fragen eingeht:

- → Wo liegen Ihrer Meinung nach die interessantesten Wachstumsmärkte?
- → Wie lässt sich die Markt- und Technologieführerschaft auch künftig sicherstellen und ausbauen?
- → Welche zusätzlichen Geschäftsaktivitäten erscheinen Ihnen sinnvoll?

Für die Analyse der Arbeitsblätter und die Erarbeitung eines präsentationsfähigen Konzeptes haben Sie 60 Minuten Zeit.

Fallstudie Material 1:
Pressemitteilung der COSMETICS WORLDWIDE AG
Luxemburg, 8. Februar 2020: Die COSMETICS WORLDWIDE AG hat zum 20. Mal den Preis für Innovation verliehen

Innovative Produkte und Dienstleistungen haben schon seit jeher zum Markterfolg der COSMETICS WORLDWIDE AG beigetragen. Daher wird seit 20 Jahren der Preis für Innovation an kreative Forscher, einfallsreiche Entwickler, Marketingspezialisten oder Vertriebsprofis verliehen, die nachweislich dazu beigetragen haben, die Markt- und Technologieführerschaft der COSMETICS WORLDWIDE AG zu sichern und auszubauen.

Verliehen wurde der Preis an drei Teams, die mit ihren unterschiedlichen Produkten beziehungsweise Dienstleistungen auch für die Angebotsvielfalt der COSMETICS WORLDWIDE AG stehen. Mit dem Preis für Innovation ausgezeichnet wurden:

- → **Body PUR, eine komplette Pflegeserie für den Mann, Hautpflege von Kopf bis Fuß**
- → **Hair GLOSS, eine Tönungsserie für Teenager**
- → **AkuPRESS, ein Angebot zur lokalen Akupressur an Flughäfen und in Einkaufszentren**

John Smith, CEO der COSMETICS WORLDWIDE AG, stellte fest: »Der internationale Erfolg der COSMETICS WORLDWIDE AG beruhte schon immer darauf, dass wir Kunden mit zukunftsweisenden Produkten und Dienstleistungen begeistern und auf diese Weise neue Märkte erschließen konnten.«

Fallstudie Material 2:
Umsätze und Mitarbeiter der COSMETICS WORLDWIDE AG

Umsätze und Mitarbeiter in Westeuropa

Jahr	Umsatz	Mitarbeiter
2015	5 234 Millionen Euro	16 100
2016	4 655 Millionen Euro	13 200
2017	5 023 Millionen Euro	13 400
2018	5 734 Millionen Euro	14 300
2019	6 123 Millionen Euro	15 400

Umsätze und Mitarbeiter in Osteuropa (einschließlich Russland)

Jahr	Umsatz	Mitarbeiter
2015	1 674 Millionen EUR	4 200
2016	1 945 Millionen Euro	4 400
2017	2 325 Millionen Euro	4 800
2018	2 404 Millionen Euro	5 100
2019	2 823 Millionen Euro	5 300

Umsätze und Mitarbeiter in Asien

Jahr	Umsatz	Mitarbeiter
2015	1 900 Millionen Euro	3 700
2016	2 287 Millionen Euro	4 100
2017	2 827 Millionen Euro	4 900
2018	2 912 Millionen Euro	5 200
2019	3 227 Millionen Euro	5 400

Umsätze und Mitarbeiter in Lateinamerika

Jahr	Umsatz	Mitarbeiter
2015	1 455 Millionen Euro	2 700
2016	1 648 Millionen Euro	2 900
2017	1 325 Millionen Euro	3 100
2018	1 208 Millionen Euro	2 200
2019	1 578 Millionen Euro	2 400

Fallstudie Material 3:
Kennzahlen aus der Bilanz 2019 der COSMETICS WORLDWIDE AG

	2018	2019	+/–
Umsatz	12 258 Millionen Euro	13 751 Millionen Euro	12,18 Prozent
Betriebliches Ergebnis/EBIT	1 563 Millionen Euro	1 723 Millionen Euro	10,24 Prozent
Umsatzrendite/EBIT	12,75	12,53	–0,22 pp
Ergebnis je Aktie	3,21 Euro	3,15 Euro	–1,87 Prozent
Investitionen in Produktionsanlagen	424 Millionen Euro	461 Millionen Euro	8,73 Prozent
Forschungs- und Entwicklungskosten	361 Millionen Euro	301 Millionen Euro	–16,62 Prozent
Dividende je Aktie	1,21 Euro	1,30 Euro	7,45 Prozent

Fallstudie Material 4:
Unternehmensphilosophie der COSMETICS WORLDWIDE AG

Unsere Produkte und Dienstleistungen werden weltweit nachgefragt: zur Pflege und zum Wohlfühlen. Alle, die unsere Produkte und Dienstleistungen kaufen, haben einen Anspruch auf unser hohes Qualitätsniveau und auf angemessene Preise. Mit unseren Angeboten möchten wir die Lebensqualität und das Wohlbefinden unserer Kundinnen und Kunden langfristig steigern. Es ist unsere Aufgabe, auf die sich immer schneller ändernden Kundenbedürfnisse und -gewohnheiten mit passenden Angeboten zu reagieren.

Unsere Mitarbeiter sind in mehr als 130 Ländern weltweit für uns tätig. Bei uns werden Frauen und Männer mit ihrer individuellen Persönlichkeit geachtet, unabhängig von kulturellem Hintergrund, Geschlecht, Berufsausbildung und beruflicher Erfahrung. Ein respektvoller Umgang miteinander ist Voraussetzung für unseren Erfolg.
Nur die Bereitschaft zu effektiver Zusammenarbeit, überdurchschnittlichen Leistungen, außergewöhnlicher Produktivität und kontinuierlichem Lernen sichert langfristig unseren Erfolg.

Unsere Aktionäre können darauf vertrauen, dass wir uns der Verantwortung, in der wir ihnen gegenüber stehen, bewusst sind. Eine Fokussierung auf die Kostenstrukturen ist unverzichtbar. Um auch künftig angemessene Gewinne erzielen zu können, sind Prozessoptimierungen und Neuausrichtungen notwendig. Wir müssen konsequent daran arbeiten, für Aktionäre interessant zu bleiben. Es muss immer wieder deutlich gemacht werden, welches Potenzial hinter unseren geschäftlichen Aktivitäten steht, damit für sie der Kauf unserer Aktien sinnvoll erscheint.

Unsere Forschung und Entwicklung im eigenen Haus ist Garant dafür, dass auch künftig innovative Produkte und Dienstleistungen angeboten werden können. Qualität steht dabei für uns an oberster Stelle. Unser hervorragendes Image und unsere Marktführerschaft bei vielen Produkt- und Dienstleistungsangeboten beruhen nicht zuletzt auch auf der kontinuierlichen und innovativen Arbeit unserer Forschungs- und Entwicklungsabteilungen.

COSMETICS WORLDWIDE AG

Fallstudie Material 5:
Pressemitteilung der COSMETICS WORLDWIDE AG

Luxemburg, 14. März 2020: Die COSMETICS WORLDWIDE AG richtet ihre Forschung & Entwicklung für die Zukunft aus

Um künftig stärkeres Wachstum durch innovative Produkte und Dienstleistungen zu generieren, wird die COSMETICS WORLDWIDE AG ihre Forschung & Entwicklung neu aufstellen. Die neue Strategie zielt darauf ab, die Aktivitäten künftig an wenigen Orten zu bündeln. Im Fokus stehen dabei europäische Standorte. Die Konzentration auf ausgewählte Kompetenzzentren erfolgt nach den zur Verfügung stehenden Ressourcen. Auch künftig werden innovative Produkte und Dienstleistungen für die globalen Märkte entwickelt. Allerdings berücksichtigt das Unternehmen dabei stärker als bisher, wo überdurchschnittliche Wachstumschancen genutzt werden können.

Hierzu stellt der CEO der COSMETICS WORLDWIDE AG, John Smith, fest: »Die gründliche Bestandsaufnahme des Bereiches Forschung & Entwicklung hat ergeben, dass wir über erstklassige personelle Ressourcen verfügen. Um unsere Wettbewerbsvorteile künftig noch stärker nutzen zu können, ist es allerdings wichtig, unsere Aktivitäten zu bündeln. Die Fokussierung auf ausgewählte Kompetenzzentren wird helfen, dass unsere innovativen Angebote den Weg zum Kunden künftig schneller finden. Ich bin der festen Überzeugung, dass die Konzentration auf wenige Standorte zu signifikanten Synergieeffekten führen wird.«

Momentan findet die Entwicklungs- und Forschungsarbeit europaweit an 42 Standorten mit 2 100 Mitarbeitern statt. Künftig wird es acht Kompetenzzentren geben. Jedes von ihnen wird sich auf bestimmte Kernkompetenzen spezialisieren. Der größte Teil der Mitarbeiter an den bisherigen Standorten bekommt die Gelegenheit, künftig in einem der Kompetenzzentren weiterzuarbeiten. 280 Arbeitsplätze fallen weg. »Die COSMETICS WORLDWIDE AG wird mit den beteiligten Betriebsräten und Mitarbeitern in Kontakt treten, um sozialverträgliche Lösungen zu entwickeln«, sagte John Smith. Das Unternehmen ist bemüht, allen Mitarbeitern bei der Suche nach neuen Einsatzmöglichkeiten innerhalb oder außerhalb des Konzerns behilflich zu sein.

Fallstudie Material 6:
Gutachten der Investitionen Bank AG

Nach einer Prognose der Investitionen Bank AG wird sich die weltweite Kaufkraft in den kommenden Jahren folgendermaßen entwickeln (alle Angaben in Euro pro Haushalt im Monat.
Die Zahlen entsprechen dem frei verfügbaren Einkommen: Netto-Haushaltseinkommen abzüglich laufender Kosten wie Mieten, Energie, Telekom, Auto et cetera):

	2022	2023	2024	2025
Westeuropa	740	750	740	755
Osteuropa	270	280	300	310
Asien	300	320	330	340
Lateinamerika	250	240	240	250

Hinweise zur Lösung der Fallstudie

Haben Sie bei der Analyse der Informationen und Daten erkannt,

- dass die COSMETICS WORLDWIDE AG großen Wert auf innovative Produkte legt (Premiumanbieter)?
- dass laut Pressemitteilung vom 8. Februar 2020 zusätzlich zur Zielgruppe Frauen (kann noch weiter ausdifferenziert werden) verstärkt auch Männer und Teenager umworben werden sollen?
- dass es in Westeuropa im Jahr 2016 Umsatzrückgänge gegeben hat und die Mitarbeiterzahl stark reduziert wurde, sich inzwischen aber wieder erholt hat (Sättigungstendenzen, aber Wachstum durch Innovationen möglich; erstes Greifen der neuen Zielgruppenstrategie)?
- dass die Märkte in Asien und Osteuropa kontinuierlich gewachsen sind? Dies könnte bedeuten, dass sich in diesen Gesellschaften mit vielen jungen Menschen konsumfreudige Zielgruppen finden lassen.
- dass die Umsatzzuwächse in Lateinamerika von 2018 auf 2019 prozentual am größten waren?
- dass in der Aufstellung der Umsätze und Mitarbeiter Nordamerika als Region nicht auftaucht? Dieser Markt ließe sich aus Lateinamerika gut zusätzlich bedienen (NAFTA-Mitglied Mexiko!).
- dass von 2018 auf 2019 die Investitionen in Produktionskapazitäten verstärkt, die in Forschungs- und Entwicklungsaktivitäten dagegen reduziert worden sind?
- dass von 2018 auf 2019 trotz sinkendem Ergebnis je Aktie eine höhere Dividende ausgeschüttet wurde? Und dass dies mit dem in der Unternehmensphilosophie thematisierten Shareholder-Value-Ansatz zusammenhängen könnte (Spannungsfeld: Kosten für Forschung und Entwicklung gegen Dividendenausschüttung)?
- dass laut Pressemitteilung vom 14. März 2020 künftig die Forschung und Entwicklung in acht Kompetenzzentren zusammengefasst werden soll? Dabei soll die Entwicklung für die globalen Märkte weiterhin in Europa stattfinden. Eine Idee wäre, Entwicklungskapazitäten in Osteuropa aufzubauen (Personalkosten).

- → dass laut Gutachten der Investitionen Bank die Haushaltseinkommen in Osteuropa und Asien am stärksten steigen werden? Zudem ist davon auszugehen, dass in Osteuropa und Asien die Zahl der Haushalte aufgrund von Individualisierungstendenzen stark zunehmen wird, während diese Entwicklung in Westeuropa bereits vollzogen ist.
- → dass sich zur Frage der zusätzlichen Geschäftsaktivitäten in der Pressemitteilung vom 8. Februar 2020 ein Hinweis auf AkuPRESS findet? Daher ist davon auszugehen, dass der Trend, Wellness-Dienstleistungen anzubieten, Bestandteil der Geschäftsstrategie zum Cross-Selling wird.
- → Sind Sie auf die Beantwortung der drei vorgegebenen Fragen eingegangen?
- → Haben Sie in der vorgegebenen Zeit auch ein präsentationsfähiges Konzept erstellt?

AUF EINEN BLICK

Fallstudie und Business-Case

- → Behalten Sie bei der Bearbeitung Ihrer Fallstudie beziehungsweise Ihres Business-Case die Zeit im Blick. Planen Sie genügend Zeit zur Ergebnisfixierung ein.

- → Gehen Sie nach folgendem Schema vor:
  - Unterlagen sichten,
  - Kernaussagen notieren,
  - Zusammenhänge erkennen,
  - Lösungsskizze entwerfen,
  - Auswertung schriftlich fixieren.

- → Falls Sie Ihr Ergebnis präsentieren sollen: Überlegen Sie sich, welche Medien Sie wie einsetzen wollen (Flipchart, Overhead, Whiteboard, Metaplan). Reservieren Sie auch genügend Zeit für die Anfertigung Ihrer Visualisierungen.

- → Finden Sie die Kernaussagen der verschiedenen Unterlagen.

- → Achten Sie auf Zusammenhänge zwischen den einzelnen Dokumenten. Ziehen Sie zur Beantwortung der gestellten Fragen die Kernaussagen heraus.
- → Entwerfen Sie eine Lösungsskizze mit zentralen Aussagen, bevor Sie in die Details einsteigen.
- → Stellen Sie dar, welche strategischen und operativen Konsequenzen sich aus dem vorliegenden Zahlenmaterial ergeben.
- → Stellen Sie Ihre beruflichen Kompetenzen heraus, indem Sie Ihre Branchenerfahrungen und/oder Ihre Kenntnisse aus dem Tagesgeschäft beispielhaft mit in die Lösung einfließen lassen.
- → Achten Sie darauf, dass die von Ihnen dargelegten Konsequenzen aus der Analyse des Materials für die Leser/Zuhörer logisch und nachvollziehbar sind.
- → Machen Sie sich auch Gedanken über mögliche Alternativlösungen.

23. Kundengespräche: Emotionen im Griff

Reklamationsgespräche werden häufig dann im Bewerbungsverfahren simuliert, wenn Positionen mit Kundenkontakt besetzt werden sollen. Hier weht ein etwas rauerer Wind, denn wenn Kunden Produkte oder Dienstleistungen reklamieren, läuft dies in der Regel nicht sehr harmonisch ab. Um die Situation zu verschärfen, treten manchmal sogar Schauspieler als verärgerte Kunden auf, denen man vorher aufgetragen hat, sich besonders aggressiv und patzig zu verhalten.
Aber keine Sorge: Wenn Sie richtig vorgehen, lässt sich auch die emotional aufgeheizte Situation eines Reklamationsgesprächs in den Griff bekommen. Auch sehr aufbrausende Menschen kann man wieder zurück zum sachlichen Kern des Problems führen. Ihre Belastbarkeit und Stressresistenz werden Sie jedoch auf jeden Fall erst einmal unter Beweis stellen müssen.

Unternehmen sind sehr an einer engen Kundenbindung interessiert. Den Geschäftserfolg bestimmt heute nicht mehr nur das Produkt oder die Dienstleistung, sondern das Gesamtpaket aus Produkt-/Dienstleistungsnutzen, Kundenbetreuung, Schulung und Service.

Hinzu kommt, dass Unternehmen verstärkt Rückmeldungen von Kunden nutzen, um ihr Angebot zu modifizieren und zu verbessern. Daher müssen sich Mitarbeiter auch schwierigen Situationen mit dem Kunden stellen können.

Das müssen Sie beweisen

Bei einem emotionalen Reklamationsgespräch im Assessment-Center müssen Sie also zeigen: Können Sie auch mit schwierigen Kunden umgehen? Sind Sie in der Lage, den sachlichen Kern der Kundenbeschwerde auf den Punkt zu bringen? Behalten Sie bei Zugeständnissen das Unternehmensinteresse im Blick? Und schaffen Sie es, verärgerte Kunden zu zufriedenen Stammkunden zu machen?

Worauf achten die Beobachter?

Wenn Reklamationsgespräche durchgeführt werden, dann ist es für die Beobachter besonders interessant, zu sehen, wie die Kandidaten mit diesen emotional belasteten Situationen umgehen. Auf persönliche Angriffe reagieren wir instinktiv erst einmal mit einer Flucht oder einem Gegenangriff. Wer aber so bei der Reklamationsübung reagiert, fällt bei den Beobachtern durch. Diese wollen vielmehr Folgendes bestätigt sehen: Halten Sie dem Druck stand? Bleiben Sie höflich, aber bestimmt? Holen Sie den Kunden aus dem Tal der Tränen heraus? Können Sie ihn besänftigen und dem Unternehmen gegenüber wieder positiv stimmen?

Weiterhin ist den Beobachtern wichtig, dass der Kandidat deeskalierend vorgehen kann. Hier ist Ihre Flexibilität gefragt. So kann es einerseits nötig sein, dem Kunden erst einmal Raum zu geben, damit er Dampf ablassen kann. Danach muss er aber elegant ausgebremst werden, sodass das Gespräch wieder in ein sachliches Fahrwasser kommt und die knappe Zeitvorgabe eingehalten wird.

Typische Fehler

Ein Hauptfehler beim Reklamationsgespräch liegt darin, sich auf die emotional aufgeheizte Stimmung des Kunden einzulassen. Viele versuchen, dem Kunden ungeduldig zu vermitteln, dass er eigentlich Unrecht hat oder die Sache doch nicht so schlimm ist. Damit gießen Sie jedoch noch mehr Öl ins Feuer, die Situation eskaliert und droht völlig aus dem Ruder zu laufen.

Vogel-Strauß-Taktik

Andere überlassen die gesamte Gesprächsführung dem Kunden und nicken jeden Vorwurf zustimmend ab. Wenn Sie den Kopf in den Sand stecken, werden Sie aber zum Spielball des geschulten Gegenübers, das dann immer haarsträubendere Forderungen stellen wird. An der Körpersprache wird gerade im Reklamationsgespräch schnell sichtbar, welche Kandidaten unter großem Druck stehen und sich der Situation nicht gewachsen fühlen. Das reicht vom fehlenden Blickkontakt über Unsicherheitsgesten bis hin zum Zurückweichen vor dem Kunden.

Weiter vermerken die Beobachter es als negativ, wenn sich Kandidaten auf Nebenkriegsschauplätze locken lassen. Sie müssen besonders pauschale Vorwürfe des Kunden an das Unternehmen abblocken und entkräften. Leider gibt es immer wieder Kandidaten, die aufgrund des Drucks von sich ablenken wollen und daher mit einstimmen, wenn der Kunde mit einer Schmährede gegen die eigenen Kollegen oder das Unternehmen beginnt. So geht es aber nicht, schließlich tritt der Kandidat als Repräsentant des Unternehmens auf und muss es natürlich gegen Angriffe jeder Art elegant verteidigen.

Sinnvolle Strategien

Da das Reklamationsgespräch vorrangig ein Stresstest ist, sollten Sie sich darauf einstellen, dass sich der Kunde erst einmal Luft machen wird, bevor er in der Sache ansprechbar ist. Diesen Druck müssen Sie aushalten. Um dem Kunden weiterzuhelfen, sollten Sie sich bereits in der Vorbereitungsphase dieser Übung überlegen, welche Zugeständnisse sie ihm machen können. Dabei müssen Sie aber realistisch bleiben. Insbesondere sollten Sie vermeiden, dass der Kunde einen einmaligen Fehler für dauerhafte Rabatte nutzt.

Bremsen Sie den Kunden nach der heißen Anfangsphase des Gespräches freundlich, aber bestimmt. Es kann durchaus nötig sein, sich mit Stoppgesten Raum für eigene Anmerkungen zu verschaffen. Zielen Sie dann auf die bisherige gute Zusammenarbeit ab und rufen Sie dem Kunden die Vorzüge Ihres Unternehmens ins Gedächtnis.

Nicht mit dem Maximalgebot beginnen

Machen Sie lieber ein konkretes Angebot, um das aufgetretene Problem zu beheben, als dem Kunden Tür und Tor für seine Forderungen zu öffnen. Sie können davon ausgehen, dass Ihr Gegenüber alles versuchen wird, um weitreichende Zugeständnisse zu erhalten. Er wird grundsätzlich mehr fordern, als Sie ihm bieten können oder dürfen. Beginnen Sie daher auf keinen Fall mit Ihrem Maximalangebot, sondern gehen Sie mit abgestuften Angeboten auf den Kunden zu.

Auch hier müssen Sie das Gesprächsergebnis sichern. Wiederholen Sie dem Kunden gegenüber die wesentlichen Punkte der Einigung und versprechen Sie ihm, dass Sie schnellstmöglich wie vereinbart für Abhilfe sorgen werden.

Nun stellen wir Ihnen praxisnahe Aufgabenstellungen zur AC-Übung »Reklamationsgespräch« vor. Machen Sie sich mit den Szenarien vertraut, die Sie erwarten könnten.

Typische Aufgabenstellungen in Reklamationsgesprächen

BEISPIEL

Reklamationsgespräch 1: Es brennt

Sie sind Herr Schnieder, Vertriebsleiter der Versicherungs-AG. Ihre Sekretärin hat Ihnen heute morgen eine Notiz auf den Schreibtisch gelegt, dass sich der Geschäftsführer eines mittelständischen Betriebes, Herr Rosenbaum, massiv beschwert hat. Seine Firma hat über 70 Pkw bei Ihnen versichert. Einer seiner Außendienstmitarbeiter hatte einen selbstverschuldeten Unfall, den Ihre Versicherung nur teilweise regulieren will. Nun droht Herr Rosenbaum mit der Kündigung sämtlicher Verträge.

Herr Rosenbaum erwartet Sie in seinem Büro. Er räumt Ihnen 10 Minuten Gesprächszeit ein. Bis zur Abfahrt haben Sie noch 10 Minuten Zeit, um das Gespräch vorzubereiten.

BEISPIEL

Reklamationsgespräch 2: Antipathien

Sie sind Frau Stapelholz, Senior Managerin bei der Unternehmensberatung Worldwide Solutions. Einer Ihrer Projektleiter hat Ihnen mitgeteilt, dass es zu Unstimmigkeiten mit einem wichtigen Kunden gekommen ist. Der Kunde, ein renommierter Sportartikelhersteller, hat sich gegen ein wichtiges Mitglied Ihres Projektteams zum Aufbau von internationalen Vertriebsplattformen im Internet gewandt: Die Projektteilnahme von Dr. Fu Ling, Ihrem Experten für E-Commerce, ist nicht mehr erwünscht.

Eine erfolgreiche Projektdurchführung ist ohne Dr. Ling schwierig und würde den vereinbarten Zeit- und Kostenrahmen sprengen.

Sie haben gleich einen Termin mit dem Ansprechpartner auf der Kundenseite, dem Geschäftsführer Herrn Hoppe. Er hat Ihnen bereits mitgeteilt, dass er seine Haltung nicht ändern wird. Er ist jedoch bereit, Ihnen Raum zur Darstellung des weiteren Vorgehens zu geben. Herr Hoppe erwartet Sie in 30 Minuten, um Ihnen 15 Minuten seiner kostbaren Zeit zu widmen.

Auch Reklamationsgespräche laufen im Assessment-Center besser, wenn Sie sich im Vorfeld mit der Situation und ihren typischen Schwierigkeiten vertraut gemacht haben. Ausgehend vom ersten Reklamationsgespräch »Es brennt« gehen wir nun mit Ihnen die Punkte durch, die Kandidatinnen und Kandidaten im AC die meisten Schwierigkeiten bereiten. Trainieren Sie, aufgebrachte Kunden zu bremsen, wehren Sie überzogene Kundenforderungen taktisch geschickt ab, und machen Sie dann ein wirtschaftlich vertretbares Angebot. Zu guter Letzt sichern Sie das Gesprächsergebnis, indem Sie Ihr Entgegenkommen herausstellen und den Kunden auf eine weiterhin gute Geschäftsbeziehung einschwören.

Wie ein optimales Vorgehen aussehen könnte, sehen Sie im Anschluss anhand unserer Beispielformulierungen.

Übung 1: Es brennt

ÜBUNG

Aufgebrachte Kunden bremsen

Überlegen Sie sich einen Gesprächseinstieg, mit dem Sie den wütenden Kunden zurück zum Sachthema bringen können.

Ihr Gesprächseinstieg:

____

____

____

Beispielhafte Annäherung an das Sachthema: »Herr Rosenbaum, ich kann verstehen, dass Sie aufgeregt sind. Es ist ja doch immer eine schwierige Situation, wenn Mitarbeiter Unfälle haben. Wenigstens gab es keinen Personenschaden. Lassen Sie uns nun überlegen, wie wir die Sache regeln können. Ich möchte Ihnen auf jeden Fall bei der Schadensregulierung so weit wie möglich den Rücken freihalten. Ich muss mich aber auch an Verträge halten.«

Kundenforderungen diplomatisch abwehren

Wehren Sie zu weitreichende Forderungen des Kunden ab. Überlegen Sie sich, wie Sie auf diese zwei Maximalforderungen diplomatisch reagieren können.

Kundenforderung 1: »Wenn wir weiter im Geschäft bleiben wollen, muss etwas passieren. Ich erwarte eine vollständige Schadensregulierung.«

Ihre Reaktion 1:

____

____

____

Beispielhafte Reaktion auf Maximalforderung 1: »Wir müssen natürlich auch das Verhalten Ihres Mitarbeiters berücksichtigen. Den Schaden des Unfallgegners haben wir wie immer schnell und unbürokratisch reguliert, ohne Ihre Fuhrparkverwaltung zu belasten. Wir sollten vielleicht einmal ins Auge fassen, ob in Zukunft nicht eine Vollkaskoversicherung die sinnvollste Lösung für Sie wäre.«

Kundenforderung 2: »Da wir nun schon einmal im Gespräch sind: Es gibt ja auch noch andere Anbieter, die weitaus günstiger als Sie sind. Daher erwarte ich zukünftig einen 10-prozentigen Flottenrabatt für alle bestehenden Verträge.«

Ihre Reaktion 2:

____

____

____

Beispielhafte Reaktion auf Maximalforderung 2: »Natürlich möchte ich Sie als Kunden halten. Ich glaube aber auch, dass Sie mit unserer bisherigen Arbeit sehr zufrieden sein können. Mit weiteren Rabatten tue ich mich natürlich schwer. Wir kalkulieren immer sehr knapp, um unseren Kunden günstige Tarife bei vollem Service anbieten zu können. Selbstverständlich würde ich mich für Sie einsetzen, wenn Sie mir die Versicherungsverträge, die Sie bei anderen Gesellschaften abgeschlossen haben, einmal zur Prüfung überlassen. Ich bin mir sicher, dass ich Ihnen dann ein sehr interessantes Gesamtpaket schnüren kann.«

Realistisches Zugeständnis machen
Machen Sie dem Kunden ein wirtschaftlich vertretbares Angebot.

Ihr Angebot:

____

____

____

Beispielformulierung für ein wirtschaftlich vertretbares Angebot: »Ich möchte noch einmal bekräftigen, dass ich sehr an einer Weiterführung unserer Geschäftsbeziehung interessiert bin. Natürlich werde ich für Sie als langjährigen Geschäftspartner alle Möglichkeiten ausloten. Mein Vorschlag wäre ein 3-prozentiger Rabatt, wenn wir uns auf eine jährliche statt wie bisher vierteljährliche Beitragszahlung einigen. Zusätzlich kann ich Ihnen eine Vollkaskoabsicherung Ihres Fuhrparks mit einem Abschlag von 5 Prozent auf unsere üblichen Konditionen anbieten.«

Gesprächsergebnis wiederholen
Halten Sie das Gesprächsergebnis fest.

Ihr Abschluss:

____

____

____

Beispielhafte Schlussformulierung für das Reklamationsgespräch: »Schön, dass wir das Problem in den Griff bekommen haben, wobei ich natürlich sagen muss, dass ich in Ihrem Fall schon Zugeständnisse gemacht habe, die ich normalerweise nicht machen kann. Wir stellen die Zahlungsweise auf jährliche Beträge um. Im Gegenzug gewähren wir Ihnen 3 Prozent Rabatt. Ein Angebot für eine Vollkaskoversicherung lasse ich Ihnen zukommen. Sie sollten sich das ernsthaft überlegen, da Sie ja in nächster Zeit Ihre Fahrzeugflotte erneuern werden. Ich lege bei Vertragsabschluss noch ein eintägiges Fahrsicherheitstraining bei einem renommierten deutschen Rallyeprofi für Ihre Außendienstmitarbeiter drauf.«

AUF EINEN BLICK

Reklamationsgespräch

→ Überlegen Sie sich vor dem Gespräch, welche Zugeständnisse Sie machen können und wo Ihre Grenzen liegen (Unternehmensinteresse).

→ Sprechen Sie den Kunden bei der Begrüßung und während des Gesprächs mit Namen an.

→ Reklamationsgespräche sind in erster Linie ein Stresstest. Bleiben Sie auch bei persönlichen Angriffen ruhig.

- → Räumen Sie aufgebrachten Kunden die Möglichkeit ein, erst einmal Dampf abzulassen, um dann das Gespräch auf eine sachliche Ebene zurückzubringen.
- → Gebieten Sie Kunden, die ihre Emotionen nicht unter Kontrolle bekommen, durch Stoppgesten Einhalt, um überhaupt zu einem Gespräch zu kommen.
- → Weisen Sie auf die bisherige gute Zusammenarbeit (Dienstleistung) beziehungsweise Zufriedenheit (Produkte) hin.
- → Lassen Sie den Kunden eigene Vorschläge machen, wie sich das Problem aus der Welt schaffen lässt.
- → Halten Sie sich bei Ihren Zugeständnissen einen Verhandlungsspielraum offen, da der Kunde Ihr erstes Zugeständnis mit Sicherheit ablehnen wird.
- → Arbeiten Sie darauf hin, dass der Kunde den Blick wieder nach vorne richtet und sich vorstellen kann, weiter mit Ihrem Unternehmen zusammenzuarbeiten.
- → Beenden Sie das Gespräch innerhalb des vorgegebenen Zeitrahmens.
- → Halten Sie das Gesprächsergebnis fest und einigen Sie sich mit dem Kunden über die weiteren Schritte.

24. Spezielle Fragen im zweiten Vorstellungsgespräch

Die Fehlbesetzung von Stellen ist teuer, und die Fehlbesetzung von Führungsstellen ist noch teurer. Deshalb sind zweite Vorstellungsgespräche absolut üblich. Als künftiger Leistungsträger für das Unternehmen müssen Sie damit rechnen, dass Ihre außerordentliche Leistungsbereitschaft noch einmal gründlich überprüft wird. Immerhin, Ihre Bewerbungsunterlagen und Ihr Auftritt im ersten Gespräch haben bereits überzeugt, Sie können also davon ausgehen, dass Sie mit einem Vertrauensvorschuss in die zweite Runde starten. Rechnen Sie aber damit, dass noch einmal an den Punkten nachgehakt wird, die für die Firma besonders wichtig sind. Weiter gilt es zu beachten, dass neue Gesprächspartner auch neu überzeugt werden wollen, dies können beispielsweise künftige direkte Fachvorgesetzte, aber auch Fachvorgesetzte, die zwei Hierarchiestufen über Ihrer Position stehen, und ebenso Geschäftsführer oder Vorstände sein.

Typische Fehler: Vorzeitiges Aus!

Kein Bezug zum ersten Gespräch

Interessanterweise werden wir in unserer Coachingpraxis regelmäßig von Führungskräften in Anspruch genommen, die immer wieder in Runde zwei scheitern und die Gründe hierfür endlich verstehen wollen. Wir erleben dann oft, dass der unbedingte Wille der Bewerber, Kompetenz und Erfahrungen in die neue Führungsposition voll und ganz einzubringen, für Außenstehende nicht erkennbar wird. Wohldosierte Begeisterung und Leidenschaft sind aber wichtig, damit nicht der falsche Eindruck entsteht, dass hier ein durchschnittlicher Kandidat auf der Suche nach »irgendeiner« Managementaufgabe ist. Dieser problematische Eindruck verstärkt sich noch, wenn von den Bewerbern keinerlei Bezug auf die Inhalte aus dem ersten Gespräch genommen wird. Ganz wichtig ist es darüber hinaus, sich mental auf gezielte Sticheleien oder kleine Provokationen vonseiten der Top-Führungsebene einzustellen. Das obere Management simuliert auf diese Weise in Runde zwei des Frage-

und-Antwort-Spiels gerne den oft stressigen Arbeitsalltag von Führungskräften, insbesondere um neue Mitarbeiter aus der Reserve zu locken.

Negativbeispiel Eine typische Frage an künftige Führungskräfte im zweiten Vorstellungsgespräch wäre: »Angenommen, wir müssten uns zwischen Ihnen und einem weiteren Mitbewerber entscheiden: Was spräche für Sie?« Unpassend ist dann diese Replik:

»Sie können sicher sein, den Richtigen zu bekommen. Ich kenne doch meine Mitbewerber auf dem Arbeitsmarkt, die bringen auf keinen Fall die Erfahrungen mit, über die ich verfüge.«

Kommentar zum Negativbeispiel Abstrakte Antworten wie im Negativbeispiel überzeugen nicht – hier hätte der künftige Leistungsträger deutlich mehr Substanz in seine Antwort legen müssen. Die Selbsteinschätzung »Sie können sicher sein, den Richtigen zu bekommen« ist denkbar ungeeignet. Schließlich ist man sich ja unsicher und will deshalb noch einmal an Ort und Stelle vom Bewerber die wichtigsten Einstellungsargumente hören, die aus seiner Sicht für ihn sprechen. Auch die Mitbewerberschelte »Ich kenne doch meine Mitbewerber« ist ungünstig, denn niemand wird in strahlenderem Licht dastehen, wenn er versucht, andere ins Dunkle zu drängen. Was genau die »Erfahrungen« sind, über die der Bewerber zu verfügen meint, bleibt tatsächlich im Dunkeln. Hier wurde leider eine Steilvorlage für den gezielten Einsatz der Selbstpräsentation ohne Grund vergeben.

Antwort-Strategie: Das bringt Sie in den Job!

Erfüllen Sie die Wünsche der Gesprächspartner

Sie werden es im zweiten Vorstellungsgespräch besser machen als der Kandidat aus dem Negativbeispiel, wenn Sie zur Vorbereitung die Stellenausschreibung und Ihren Lebenslauf heranziehen. Berücksichtigen Sie auch die Informationen, die man Ihnen im ersten Gespräch bereits gegeben hat, und überlegen Sie sich, was für die Firma in der neuen Position Vorrang hat. Sprechen Sie die Firmenwünsche von sich aus im zweiten Gespräch an, und begründen Sie anhand von Beispielen, wie Sie die Vorgaben erfüllen werden. Wenn Sie auf neue Gesprächspartner treffen, sollten Sie auf jeden Fall eine verkürzte Version

Ihrer Selbstpräsentation liefern. So sorgen Sie für Dynamik und Substanz im Gespräch und liefern geeignete Ansatzpunkte für den weiteren Verlauf. Auch wichtige Randfragen wie Kündigungsfristen, Gehaltsdetails und Umzugspläne sollten Sie vor dem zweiten Gespräch für sich geklärt haben, um im Dialog mit der Firmenseite glaubwürdig zu zeigen, dass Sie die Führungsposition auf jeden Fall wollen.

Positivbeispiel Eine souveräne und aussagekräftige Antwort auf die Frage »Angenommen, wir müssten uns zwischen Ihnen und einem weiteren Mitbewerber entscheiden: Was spräche für Sie?« könnte so lauten:

»Ich habe das letzte Gespräch gründlich auf mich wirken lassen und mich noch einmal mit den Kernaufgaben auseinandergesetzt. Die von Ihnen angesprochene Koordination und Organisation der Produktion im China habe ich in ähnlicher Form bereits wahrgenommen. Da ich für meinen momentanen Arbeitgeber Fertigungslinien in der Slowakei konzipiert und die Einrichtung vor Ort überprüft habe, bin ich mit der Installation von Fertigungslinien im Ausland vertraut. Auch dort habe ich mit den Ansprechpartnern vor Ort auf Englisch verhandelt und in dringenden Fällen oder bei technisch sehr speziellen Problemen Fachdolmetscher hinzugezogen. Dabei halfen mir meine umfangreichen Erfahrungen im Projektmanagement und meine fundierten Kenntnisse in der Planung und Konstruktion.«

Kommentar zum Positivbeispiel Der Bewerber hat durchschaut, dass ihn der Fragesteller aufs Glatteis führen möchte, er geht aber mit keinem Wort auf seine Mitbewerber und deren vermeintliche Schwächen ein. Stattdessen verweist er auf das gut verlaufene erste Vorstellungsgespräch und spricht direkt die Dinge an, die der Firma wichtig sind. Er gibt ein konkretes Beispiel dafür, wie er im Ausland mit seinen beruflichen Aufgaben zurechtgekommen ist. Damit unterstreicht er seine Lösungskompetenz, seine Führungsstärken und seine internationale Kompetenz. Mit seiner gelebten »Hands-on«-Mentalität empfiehlt er sich als künftige Führungskraft erster Wahl.

Beispielfragen und -antworten: Das zweite Gespräch

Bitte beantworten Sie zunächst die Fragen, bevor Sie einen Blick auf unsere Beispielantworten werfen. Gleichen Sie Ihre Antworten ab. Modifizieren Sie bei Bedarf Ihre Antworten anhand unserer gelungenen Beispiele. Überlegen Sie sich individuelle Belege mit Praxisbezug, mit denen Sie Ihre Antworten plausibel ausgestalten können.

Frage 209: Zu welchen Punkten haben Sie nach unserem letzten Gespräch noch weiteren Informationsbedarf?

Ungünstige Antwort auf Frage 209 Mir ist eigentlich alles klar geworden, die Aufgaben kenne ich ja so weit aus meinem alten Job. Ich gehe davon aus, dass wir heute die Gehaltsfrage endgültig klären, und beim Thema Dienstwagen müssen wir uns ja auch noch über das Modell einigen.

Gelungene Antwort auf Frage 209 Unser erstes Treffen war ja schon sehr informativ. Sie haben mir deutlich gemacht, dass ich als Bauleiter bei Ihnen insbesondere die Auswahl der Gewerbeimmobilien in Zusammenarbeit mit der Geschäftsführung treffen, die grundbuchrechtlichen Erfordernisse in Absprache mit den Notaren abwickeln und die Firma auf Messen und Verkaufstagungen repräsentieren soll, um in der Branche den Ruf eines qualitativ hochwertigen Anbieters weiter auszubauen. Mich würde noch interessieren, ob Sie bei der Auswahl der Immobilien ganz bestimmte Regionen im Blick haben. Ich bin hier im süddeutschen Raum nämlich gut vernetzt, da würde ich, falls es passt, gerne meine Kontakte einbringen.

Frage 210: Auf welche der von uns im letzten Gespräch geschilderten Aspekte der neuen Aufgabe freuen Sie sich besonders?

Ungünstige Antwort auf Frage 210 Ich komme aus dem Vertrieb und möchte endlich wieder die Dinge vorantreiben, in der letzten Firma herrschte leider ein Klima der Stagnation. Da ich selbst aber gerne handle und meine Strategien konsequent verfolge, fühlte ich mich doch wie ausgebremst. Jetzt werde ich bei Ihnen richtig Gas geben.

Gelungene Antwort auf Frage 210 Ich komme aus dem Vertrieb und ziehe meine Motivation daraus, gute Produkte am Markt in großen Stückzahlen zu verkaufen. Als Vertriebsleiter stehe ich natürlich nicht mehr ständig im direkten Kundenkontakt, sehe mich aber als Organisator der Rahmenbedingungen für meine Vertriebsmannschaft. Ich freue mich darauf, für Sie Vertriebsstrategien zu entwickeln, an deren Umsetzung zu arbeiten und in Absprache mit der Entwicklung und Produktion neue Produktgruppen zu definieren und am Markt einzuführen. Auch die von Ihnen im ersten Gespräch angesprochenen Wachstumsmöglichkeiten durch Cross-Selling-Aktivitäten möchte ich gerne nutzen. Auch bei meinem momentanen Arbeitgeber haben wir mit Cross-Selling-Partnern sehr gute Erfahrungen gemacht.

Frage 211: Für welche der im letzten Gespräch dargestellten Aufgaben benötigen Sie längere Zeit Unterstützung von der Firmenseite?

Ungünstige Antwort auf Frage 211 Ich glaube nicht, dass ich Unterstützung von der Firmenseite benötige, schließlich weiß ich, was ich tue, ich kenne die Installation von komplexen Warehousing-Dienstleistungen bei B2B- und B2C-Kunden. Das ist ja nicht mein erster Führungsjob, Sie haben schließlich keinen Anfänger vor sich. Geben Sie mir einfach am Anfang etwas Zeit, ich werde mir die Informationen, die ich benötige, schon besorgen.

Gelungene Antwort auf Frage 211 Im letzten Gespräch hatten Sie betont, dass es in der Abteilung E-Business in den letzten zwölf Monaten sehr viel Unruhe und Fluktuation gegeben hat. Die Fachaufgaben können aber nur dann wirksam erledigt werden, wenn nicht ständig Kündigungs- und Abwanderungsgerüchte diskutiert werden. Ich möchte mir also erst einmal ein umfassendes Bild aller meiner Mitarbeiter und ihrer individuellen Stärken machen. Es könnte sein, dass ich Sie zu dem einen oder anderen Mitarbeiter auch direkt anspreche, damit ich nicht eine vorschnelle und dann möglicherweise zu negative Einschätzung treffe. Ihre Dienstleistungspalette im E-Business ist mir ja vertraut, auch in meiner letzten Position habe ich schwerpunktmäßig die Installation von komplexen Warehousing-Dienstleistungen bei B2B- und B2C-Kunden verantwortet, kenne also das Leistungsspektrum von Wareneingang, Warenlagerung, Sendungszusammenstellung bis hin zum Retourenmanagement gründlich.

Frage 212: Wenn Sie das letzte Gespräch noch einmal Revue passieren lassen: Welche Aufgaben sehen Sie als Kernaufgaben an?

Ungünstige Antwort auf Frage 212 Die Kapazitätsplanung, das Beschaffungsmanagement, die Lieferantenauswahl und die Lieferantenkontrolle. Ach ja, und auch noch der Aufbau einer Partnerlieferantenstruktur mit ausgewählten Zulieferern. Habe ich etwas vergessen?

Gelungene Antwort auf Frage 212 Sie hatten betont, dass die Kapazitätsplanung und das Beschaffungsmanagement in der neuen Stelle im Mittelpunkt stehen. Zu diesen Punkten kann ich auf mein Projekt Bestandsoptimierung verweisen, mit dem ich nachhaltig Kosten senken konnte. Weiter wichtig sind die Lieferantenauswahl und Lieferantenkontrolle. Hier habe ich in der Vergangenheit gute Erfahrungen damit gesammelt, die wichtigsten Lieferanten in sechsmonatigen Abständen persönlich zu besuchen. Im direkten Kontakt kann man vieles doch anders ansprechen und hat bei immer wieder auftretenden kurzfristigen Qualitätsschwankungen dann gleich den richtigen Ansprechpartner im Zuliefererunternehmen. Besonders interessant fand ich auch den Punkt Partnerlieferantenstruktur, der von Ihnen, Herr Müller, ja auch schon grob skizziert wurde. Hierzu habe ich mir noch weitere Gedanken gemacht. Ich bin mir sicher, dass wir dieses Projekt gut auf den Weg bringen können.

Frage 213: Bezogen auf unser erstes Treffen: Was hatten Sie sich vor dem Gespräch anders vorgestellt?

Ungünstige Antwort auf Frage 213 Ich hatte eigentlich gehofft, dass wir uns schneller einig werden können. Aus meiner Sicht brauche ich nur Ihr Okay, dann geht es los.

Gelungene Antwort auf Frage 213 Ich gehe eigentlich immer offen in Verhandlungen, schließlich geht es hier ja um ein ganzes Paket von vielen verschiedenen Aspekten. Grundsätzlich war ich angenehm davon überrascht, dass die von Ihnen in der Stellenausschreibung angesprochene zielorientierte und dynamische Grundstimmung im Unternehmen tatsächlich zu beobachten ist. Ich bin bewusst etwas früher zu dem Gesprächstermin angereist, damit ich bei Ihnen in der Kantine noch vorab einen Kaffee trinken und auch etwas die Mitarbeiter beobachten konnte. Diese Beobachtungen deute ich als repräsentativ für Ihr Unternehmen, ich konnte schon feststellen, dass man bei Ihnen offensichtlich gerne arbeitet und auch durchaus stolz auf die bekannten Markenprodukte ist. Da wäre ich schon gerne dabei.

Frage 214: Sie haben im ersten Gespräch bereits einige grundlegende Informationen von uns bekommen: Wie hat sich Ihr persönlicher Entscheidungsprozess über eine Arbeitsaufnahme bei uns seitdem verändert?

Ungünstige Antwort auf Frage 214 Ich bin noch nicht so weit, dass ich eine endgültige Entscheidung treffen könnte. Aber grundsätzlich bin ich doch sehr interessiert an der Stelle. Eigentlich bin ich ja mehr der Bauchmensch, und mein Bauchgefühl in Sachen Jobwechsel ist hier schon ganz gut. Was wollen Sie heute noch über mich erfahren? Womit kann ich Sie überzeugen?

Gelungene Antwort auf Frage 214 Auch für mich geht es bei dem anstehenden Stellenwechsel um eine ganze Menge, schließlich möchte ich mich nicht falsch entscheiden und dann am Ende in der Luft hängen. Bei früheren Stellenwechseln habe ich gute Erfahrungen damit gemacht, mir die Aufgabenstellungen in meiner künftigen Position aus unterschiedlichen Perspektiven schildern zu lassen. Damit meine ich beispielsweise die Sicht meiner künftigen direkten Vorgesetzten, also die von der Abteilungsleiterin Frau Schmidt. Genauso wichtig sind mir aber auch die Erwartungen der Geschäftsführung, also die von Herrn Müller. Da mir Frau Schmidt gründlich erläutert hat, was Sie von mir im Einzelnen erwartet, bin ich mit einer Entscheidung für diese Stelle bereits einen großen Schritt weiter. Mir wäre es wichtig, dass Sie, Herr Müller, mir heute bei unserem zweiten Termin auch Ihre Erwartungen, bezogen auf die Kernaufgaben der Position, verdeutlichen.

Frage 215: Wann werden Sie Ihren momentanen Arbeitgeber über Ihre Kündigungsabsichten informieren?

Ungünstige Antwort auf Frage 215 Sie sprechen hier ein heikles Thema an. Selbstverständlich fühle ich mich meinem alten Arbeitgeber gegenüber sehr verpflichtet, möchte aber nicht zu früh schlafende Hunde wecken. Mit anderen Worten: Sobald der Vertrag von Ihnen vorliegt und gegengezeichnet ist, werde ich meinen derzeitigen Chef informieren.

Gelungene Antwort auf Frage 215 In unserer Branche ist es doch wie auch sonst im Leben: Man sieht sich immer zweimal. Deshalb spiele ich, soweit möglich, am liebsten mit offenen Karten. Ich habe es bei früheren Arbeitgeberwechseln so gemacht, dass ich meinen damaligen Chef informiert habe, sobald ich einen neuen Arbeitsvertrag vorliegen hatte. Für die letzten Wochen habe ich ihm dann einen Plan der wichtigsten noch von mir zu erledigenden Aufgaben erstellt, und wir haben uns gemeinsam überlegt, wie mein Nachfolger in der noch verbleibenden Zeit von mir eingearbeitet werden kann.

Frage 216: Ich hatte eigentlich nicht damit gerechnet, dass Sie zum zweiten Gespräch erscheinen: Sie wirken auf mich doch überqualifiziert für die ausgeschriebene Stelle, nicht wahr?

Ungünstige Antwort auf Frage 216 Naja, ganz ehrlich, es war schon so, dass ich seinerzeit als Teamleiter doch zehn Mitarbeiter geführt habe, dann platzte aber leider die Aktienblase, und ich musste sehen, wo ich beruflich bleibe. Führungsjobs wachsen ja auch nicht an Bäumen, da muss man realistisch bleiben.

Gelungene Antwort auf Frage 216 Sie sprechen damit sicherlich einen Punkt in meinem Lebenslauf an, zu dem häufiger nachgefragt wird. Es ist richtig, seinerzeit hatte ich als Teamleiter in einem Start-up-Unternehmen eine höhere Umsatz- und Mitarbeiterverantwortung als in meiner heutigen Stelle, und auch bei Ihnen wird das Team nicht ganz so groß sein. Mir kommt es aber vorrangig auf die Aufgaben in einer neuen Stelle und bei Ihnen ganz besonders auf die Gestaltungsmöglichkeiten an. Für die von Ihnen geplante Systemneueinführung bringe ich umfassende Erfahrungen mit, da ich ein ähnlich anspruchsvolles Projekt bereits erfolgreich durchgeführt habe. Auch die angesprochene Optimierung von Ablaufprozessen in meiner künftigen Abteilung reizt mich sehr. Ich bin eigentlich immer daran interessiert, Abläufe zu verbessern. Dies kommt dann ja auch gerade Teams, die personell nicht so stark besetzt sind, sehr zugute.

Frage 217: Nennen Sie mir bitte die drei Aufgaben in Ihrer neuen Tätigkeit, mit der Sie unser Unternehmen dabei unterstützen können, weiter Marktführer zu bleiben.

Ungünstige Antwort auf Frage 217 Die Strategieentwicklung, das Projektmanagement und die Restrukturierungsanalyse sind sicherlich die drei wichtigsten Aufgaben meiner neuen Tätigkeit. Ich werde Ihnen dabei helfen, weiter Marktführer zu bleiben.

Gelungene Antwort auf Frage 217 Die drei wichtigsten Aufgaben in meiner neuen Tätigkeit sind sicherlich die Strategieentwicklung, das Projektmanagement und die Restrukturierungsanalyse. Bei der Strategieentwicklung kommen mir meine guten Kenntnisse des deutschen, polnischen und russischen Marktes zugute, ich kenne die länderspezifischen Anforderungen mittlerweile sehr gut. Für die von Ihnen im letzten Gespräch thematisierten internationalen Projekte kann ich auf meine nutzbringenden Englischkenntnisse verweisen, die ich auch in früheren Projekten ständig eingesetzt habe. Und bei der Restrukturierungsanalyse kann ich auf meine langjährigen Erfahrungen an der Schnittstelle von wirtschaftlichen und juristischen Problematiken bauen. Mit vollem Einsatz für diese Kernaufgaben, aber auch für die sonstigen operativen Tätigkeiten im Tagesgeschäft möchte ich die Marktführerschaft Ihres Unternehmens nicht nur halten, sondern weiter ausbauen.

Frage 218: Angenommen, wir müssten uns zwischen Ihnen und einem weiteren Mitbewerber entscheiden: Was spräche für Sie?

Ungünstige Antwort auf Frage 218 Für mich spräche so einiges. Wenn Sie meine Zeugnisse ausgewertet und meine Referenzgeber angerufen haben, dann wissen Sie, dass Sie mich in dem momentan schwierigen wirtschaftlichen Umfeld eigentlich zum »Schnäppchenpreis« bekommen. Andere Mitbewerber werden Sie sicherlich nicht so günstig einkaufen können.

Gelungene Antwort auf Frage 218 Als bisheriger Leiter eines Profit-Centers kann ich für Sie den notwendigen Turnaround mit vielen wirkungsvollen Maßnahmen begleiten. Ich bin mir sicher, dass ich im Einkauf die Kosten senken und Lagerkapazitäten reduzieren kann. Auch in der Produktion lassen sich sicherlich noch Prozesse verschlanken und optimieren. Die Vertriebs- und Marketingaktivitäten sehe ich eigentlich gut aufgestellt. Zu kurz kommt aus meiner Sicht oft auch das Finanz- und Rechnungswesen, hier könnte man beispielsweise mit einem neuen Forderungs- und Cash-Management noch für Verbesserung der Ertragslage sorgen.

Frage 219: Welche Fragen müssen aus Ihrer Sicht in diesem zweiten Gespräch noch geklärt werden?

Ungünstige Antwort auf Frage 219 Das meiste haben wir ja schon im letzten Gespräch intensiv besprochen. Ich habe Sie so verstanden, dass wir heute eigentlich zu einer Entscheidung kommen. Ich würde gern mein neues Büro sehen, dann möchte ich auch gerne das Lager inspizieren und bin natürlich daran interessiert, den Geschäftsführer einmal kennenzulernen.

Gelungene Antwort auf Frage 219 Beim letzten Treffen hatten Sie darauf hingewiesen, dass es in der neuen Stelle für mich viel Projektarbeit geben wird. Mich würde daher noch genauer interessieren, mit wem ich an den Schnittstellen zu tun habe, also aus welchen Abteilungen und Bereichen meine Ansprechpartner stammen. Auch der Ablauf ist mir noch nicht ganz klar. Gibt es einen regelmäßigen Austausch in Form von persönlichen Meetings? Werden immer wieder neue Projektgruppen zusammengestellt, oder werden bewährte Konstellationen auch beibehalten? Wenn dann noch Zeit bleibt, würde ich mich freuen, wenn Sie mir meinen möglichen neuen Arbeitsplatz und das neue Warenwirtschaftssystem in Aktion im Lager zeigen könnten. Sie hatten auch angekündigt, dass ich heute den Geschäftsführer kennenlernen könnte, darauf freue ich mich natürlich.

Frage 220: Jetzt mal ganz unter uns: In der Branche ist es ein offenes Geheimnis, dass Ihr Arbeitgeber in Insolvenz geht. Eigentlich ist der neue Job für Sie doch nur eine Notlösung, oder?

Ungünstige Antwort auf Frage 220 Ja, das stimmt schon, bei meinem jetzigen Arbeitgeber läuft es nicht mehr so gut, er wird wohl bald insolvent sein. Deshalb setze ich jetzt auf Sicherheit, denn Ihr Unternehmen kann ja so schnell nichts umwerfen. Ich würde mich also sehr freuen, in Zukunft bei Ihnen als leitender Ingenieur zu arbeiten.

Gelungene Antwort auf Frage 220 Aus der Insolvenz meines momentanen Arbeitgebers mache ich kein Geheimnis. Ich bin Realist und habe gute Erfahrungen damit gemacht, mich auch schwierigen Situationen zu stellen. Mir ist wichtig, dass ich Ihnen verdeutlichen kann, dass ich in meinem Arbeitsfeld immer verantwortungsvoll und ergebnisorientiert vorgegangen bin. Auch für Sie möchte ich künftig die Softwareentwicklung bei der Steuerung von Sondermaschinen als leitender Ingenieur verantworten. Meine künftigen Mitarbeiter würden sicherlich davon profitieren, dass ich ihnen bei Bedarf bei der Spezifikation von Steuerungen beim Kunden vor Ort beratend zur Seite stehen könnte. Auch die Inbetriebnahme komplexer Anlagen habe ich bis hin zum Großprojekt verantwortet.

Schritt III: Nach dem ersten und vor dem zweiten Gespräch

CHECKLISTE

- ◯ Haben Sie das Vorstellungsgespräch systematisch ausgewertet?
- ◯ Können Sie eine Zwischenbilanz ziehen?
- ◯ Haben Sie eine Nachfass-Mail verschickt, um Ihr ernsthaftes Interesse zu betonen und im Gespräch zu bleiben?
- ◯ Kennen Sie die nächsten Hürden, die im Bewerbungsverfahren auf Sie zukommen können?
- ◯ Haben Sie sich auch auf das zweite Vorstellungsgespräch umfassend vorbereitet?
- ◯ Kennen Sie die typischen Fragen, die Sie dort erwarten?
- ◯ Wissen Sie, wer Ihnen im zweiten Vorstellungsgespräch gegenübersitzen wird?

Schritt IV

Treffen Sie Ihre persönliche Entscheidung

25. Risiken minimieren, Chancen ergreifen

Wenn Sie mehrere Vorstellungsrunden bei einem Unternehmen erfolgreich hinter sich gebracht haben, wird man Ihnen einen neuen Arbeitsvertrag anbieten. Dann ist es an Ihnen, noch einmal gründlich abzuwägen, ob Sie dieses Angebot auch wahrnehmen möchten. Es gilt, sich erneut die Chancen vor Augen zu führen, die mit den neuen Arbeitsaufgaben verbunden sind, aber ebenso die damit verbundenen Risiken einzuschätzen.

Wer führt, trifft Entscheidungen

Einen perfekten Arbeitsplatz gibt es nur in den seltensten Fällen. Dennoch lohnt sich die systematische Analyse zur Frage, inwiefern Ihr neuer Arbeitsplatz von Ihrem Wunschbild abweicht. In den Kapiteln »Welche Informationen erfragen Sie?« (Seite 194) und »Zwischenbilanz: Was spricht für und was gegen die neue Stelle?« (Seite 211) haben wir Ihnen bereits mehrere Fragenkataloge vorgestellt, die Sie nun erneut für Ihre endgültige Entscheidung heranziehen können.

Dabei geht es im Wesentlichen:

- → um die reinen Arbeitsaufgaben,
- → um die Gestaltungs- und Veränderungsmöglichkeiten,
- → um die Passung zwischen dem Unternehmen und Ihnen,
- → um zwischenmenschliche Aspekte wie das Verhältnis zu den neuen Vorgesetzten, Kollegen oder Mitarbeitern,
- → um organisatorische Aspekte wie die Einbindung der neuen Position in die Firmenhierarchie,
- → um Ihre weiteren Entwicklungsmöglichkeiten,
- → um eventuelle Auswirkungen auf Lebenspartner/Lebenspartnerin oder die Familie
- → und auch um finanzielle Aspekte.

Bringen Sie Ihre Wünsche an den neuen Arbeitsplatz in eine individuelle Rangfolge. Gewichten Sie die Faktoren, die Sie für elementar halten, stärker. Arbeiten Sie heraus, wo Sie Chancen sehen. Und überlegen Sie sich auch, mit welchen Risiken Sie bei einer Vertragsunterzeichnung einfach leben müssen.

Wie ist Ihre Ausgangslage?

Wie Sie sich entscheiden werden, hängt weiter davon ab, ob Sie momentan freigestellt sind, also beruflich eigentlich in der Luft hängen, ob Sie sich ungekündigt aus einer sicheren Position heraus bewerben oder ob Sie mithilfe des Angebots eines Headhunters einen großen Karriereschritt nach oben gehen wollen.

In unserer Beratungspraxis stellen wir häufig fest, dass die ersten Weichenstellungen für einen erfolgreichen Neustart bereits beim Abgleich der letzten Vorstellungen über den zu unterzeichnenden Arbeitsvertrag vorgenommen werden. Behalten Sie Ihre souveräne und geradlinige Verhandlungslinie daher bis zum Ende bei. Es gibt manchmal Firmen, die erst an dieser Stelle ihr wahres Gesicht zeigen. Beispielsweise, weil sie mündlich großartige Zusagen gemacht haben, von denen dann im Vertrag nicht mehr viel zu finden ist. Und es gibt ab und an Unternehmen, die in letzter Sekunde noch anfangen, den zugesagten Gehaltsrahmen zu drücken, oder sich plötzlich sehr bedeckt halten, wenn es darum geht, die Kriterien näher zu definieren, die über die Höhe von vereinbarten Erfolgsprämien entscheiden.

Nicht zu früh kündigen

Daher sollten Sie Ihre Wechselabsichten beim momentanen Arbeitgeber auf keinen Fall zu früh kommunizieren. Denn aus einer Position der Schwäche heraus lässt sich erfahrungsgemäß schwer verhandeln.

Wenn Sie spüren, dass Sie sich auch nach mehreren Gesprächen nicht zu einer positiven Entscheidung durchringen können, sollten Sie vor einer endgültigen Absage noch einmal mögliche Alternativen prüfen. Benötigen Sie zu bestimmten Punkten noch weitergehende Informationen? Möchten Sie Ihren ersten negativen Eindruck von einem scheinbar schwierigen neuen Vorgesetzten noch einmal überprüfen? Oder haben Sie einen wichtigen Entscheidungsträger im Unternehmen noch gar nicht kennengelernt? Dann vereinbaren Sie doch einfach noch ein weiteres Treffen. Wenn die Firma Ihre Qualitäten erkannt hat und zu würdigen weiß, wird sie auf diesen Wunsch sicherlich zustimmend reagieren.

Bringt Sie auch die Nacharbeit in Sachen Vorstellungsgespräch nicht weiter, sollten Sie dem Unternehmen Ihre Absage diplomatisch mitteilen. Statt sich abzeichnende zwischenmenschliche Animositäten zu thematisieren, ist es günstiger darauf zu verweisen, dass man sich die Gewichtung der Aufgabenbereiche doch anders vorgestellt hatte. So kann jede Seite ihr Gesicht wahren. Schließlich ist die Welt der Führungskräfte doch sehr eng. Und in vielen Branchen sieht man sich auf jeden Fall mehr als einmal im Leben.

Wenn's nicht passt: diplomatisch absagen

Sind Sie in Ihrem Entscheidungsprozess dagegen so weit, dass Sie zusagen werden, sollten Sie Nägel mit Köpfen machen. Klären Sie, wer den Vertrag bis wann unterzeichnen wird, damit die getroffene und schriftlich fixierte Entscheidung wieder emotionale Stabilität in Ihr Berufs- und Privatleben bringt.

Nägel mit Köpfen machen

Und dann kommt endlich der Tag, an dem Sie wieder das machen können, was Sie als Führungskraft gerne machen: nämlich beruflich Verantwortung übernehmen, indem Sie für Ihre Mitarbeiter Arbeitsziele definieren und Arbeitsaufgaben strukturieren, über anstehende Veränderungen informieren, Arbeitsprozesse verbessern und das neue Unternehmen auf diese Weise voranbringen.

CHECKLISTE

Schritt IV: Treffen Sie Ihre persönliche Entscheidung

- ◯ Möchten Sie sich der neuen Herausforderung stellen?
- ◯ Kennen Sie die Chancen, aber auch die Risiken, die der neue Job mit sich bringen kann?
- ◯ Wissen Sie, was Ihnen für die Zukunft wichtig ist? Haben Sie diese Faktoren bei Ihrer Entscheidung berücksichtigt?
- ◯ Haben Sie Ihre Wechselabsichten bei Ihrem momentanen Arbeitgeber auch nicht zu früh kommuniziert?
- ◯ Haben Sie noch Fragen an Ihren neuen Arbeitgeber?

- ◯ Falls Ihnen die neue Stelle nicht gefällt: Haben Sie diplomatisch abgesagt?
- ◯ Falls Sie das Angebot annehmen: Bleiben Sie bis zur Vertragsunterzeichnung geradlinig und zielorientiert?
- ◯ Der Auswahlprozess war lang und anstrengend: Gönnen Sie sich eine kleine Belohnung?

Schritt V

Die ersten 100 Tage – überzeugen in der Probezeit

26. Machen Sie eine Gegenspieleranalyse

Nun starten Sie in Ihren neuen Job, der erste Arbeitstag liegt vor Ihnen, Ihre Probezeit als Managerin oder Manager beginnt. Sicherlich wissen Sie aus eigener Erfahrung oder aus Gesprächen mit Managementkollegen, dass die Probezeit auch für Führungskräfte kein Selbstläufer ist. Die Erwartungen, die an Sie gestellt werden, sind sehr hoch, überaus vielfältig und oft widersprüchlich.

Neue Aufgaben, neue Ziele, neue Kollegen

Insbesondere dann, wenn Sie in Ihrer neuen Position Veränderungen durchsetzen und schnell Ergebnisse vorweisen sollen, wird Ihre neue Führungsaufgabe kein Schönwetterausflug werden. Festigen Sie Ihre Position, indem Sie sich beim neuen Arbeitgeber gezielt ein Netzwerk aufbauen, Unterstützer und Mentoren identifizieren, Widerstände rechtzeitig erkennen und taktische Allianzen eingehen.

Verschaffen Sie sich zunächst ein klareres Bild von der allgemeinen Ausgangsposition des Unternehmens und der speziellen in Ihrem Bereich, Ihrer Abteilung oder Ihrem Team.

- → Vielleicht ist Ihr neues Team von Ihrem Vorgänger enttäuscht worden und wünscht sich nun eine bessere gemeinsame Abstimmung über die künftig zu erreichenden Ziele.
- → Es kommt auch vor, dass mit der Neubesetzung einer Führungsposition eine neue strategische Ausrichtung eines Unternehmens verbunden wird. Dann reagiert die Stammmannschaft häufig verunsichert und blockiert Veränderungen und Neuerungen.
- → Eventuell ist Ihr Stellvertreter in der Abteilung frustriert oder verärgert, weil man ihn bei der Besetzung nicht berücksichtigt hat.

- → Weiter kann es passieren, dass Sie beispielsweise vom CEO eingestellt worden sind, aber der CFO eine ganz andere Vorstellung vom Wunschkandidaten hatte, Ihrer Einstellung aber notgedrungen zugestimmt hat.
- → Oder Sie haben im Vorstellungsgespräch einen sehr guten Draht zum Eigentümer und Seniorchef aufgebaut, was schnell zu Spannungen mit der in den Startlöchern stehenden Juniorchefin oder dem Juniorchef führen kann.

Eine gründliche Analyse hilft

Wenn Sie aktiv darauf hinarbeiten möchten, dass Ihr Start in den neuen Managerjob gelingt, sollten Sie rechtzeitig eine gründliche Analyse möglicher Mit- und vor allem Gegenspieler im Büro durchführen.

Gehen Sie das Organigramm des neuen Arbeitsgebers Person für Person durch und überlegen Sie sich, wer aktuell welche Ziele verfolgt. Diese erste Analyse muss nicht vollständig sein, da Sie das neue Unternehmen ja noch gar nicht in seiner ganzen Breite und Tiefe kennengelernt haben. Dennoch werden Sie nach einigen Tagen eine erste Vorstellung davon haben,

- → welche vorrangigen Ziele die Geschäftsleitung insgesamt verfolgt,
- → welche Themen Ihren Managementkollegen wichtig sind,
- → welche Baustellen sich abzeichnen,
- → auf welche Themen die Mitarbeiterinnen und Mitarbeiter allergisch reagieren,
- → wo dringender Handlungsbedarf besteht
- → und bei welchen Arbeitsprozessen eine bessere Abstimmung wünschenswert ist.

Nun geht es weiter damit zu definieren, welche Aufgaben und Projekte Sie möglichst bald in Angriff nehmen werden, um sich als handlungs- und entscheidungsstarke Führungspersönlichkeit positiv in Szene zu setzen.

Vom 100-Tage-Plan zur Handlung

Auch wenn Sie als Führungskraft gestalten und Veränderungen initiieren sollen, hilft es nicht, in hektischen Aktionismus zu verfallen. Klären Sie in Gesprächen mit Vorgesetzten, Kollegen und den beteiligten Mitarbeitern, in welchen Handlungsfeldern von Ihnen eher Kontinuität, in welchen kleinere und in welchen größere Veränderung erwartet werden.

Überprüfen Sie, wie klar die Handlungsfelder voneinander abgegrenzt sind. Denn Sie wollen ja nicht unbeabsichtigt in Konflikte und Streitigkeiten mit anderen Entscheidern im Unternehmen treten. Dabei sollten Sie weiter darauf achten, die »stillen« Meinungsführer zu identifizieren, die nicht durch Lautstärke in der betrieblichen Diskussion auffallen, sondern durch eine allgemein anerkannte fachliche und menschliche Autorität.

Gegenüber Ihren Mitarbeiterinnen und Mitarbeitern sollten Sie eindeutige Antrittssignale aussenden. Je nach Unternehmen, Stellung in der Firmenhierarchie, Branche oder Position im Wettbewerb können Sie mit Ihrem Neuanfang darauf zielen, für Kontinuität, Veränderung, Optimismus, Vertrauen oder Entscheidungsstärke zu stehen.

Ihr eigentlicher 100-Tage-Plan sollte realistische, gut strukturierte und überprüfbare Ziele enthalten. Gliedern Sie Ihre 100-Tage-Ziele in Teilziele und überprüfen Sie diese systematisch, beispielsweise im 7-Tage- oder 14-Tage-Rhythmus. Achten Sie darauf, von Ihren Mitarbeitern Feedback zu Ihren Vorschlägen und Zielen zu bekommen. Hierbei bietet es sich an, das persönliche Gespräch zu suchen, bevor Sie sich womöglich ausufernden Diskussionen in größeren Gruppen aussetzen.

Um ein gutes Standing im Unternehmen zu erreichen, ist es nützlich, kurzfristig für sichtbaren Erfolg zu sorgen. Mittel- und langfristig erreichbare Ziele sind auf Dauer natürlich unverzichtbar, aber um das Team zusammenzuschweißen hilft es, bereits in der Anfangszeit gemeinsam erste Erfolge zu erzielen.

CHECKLISTE

- ◯ Arbeiten Sie mit einem Organigramm des Unternehmens, um alle relevanten Bereiche und Abteilungen systematisch kennenzulernen?
- ◯ Welche Antrittssignale sollen mit Ihrem Neuanfang und Ihrer Position ausdrücklich verbunden werden: Kontinuität, Veränderung, Disruption, Neuanfang, Optimismus, Vertrauen, Entscheidungsstärke?
- ◯ Haben Sie einen 100-Tage-Plan entwickelt, der auf Ihrer Stellenausschreibung beruht?
- ◯ Wie klar und strukturiert sind Ihre Handlungsfelder darin definiert?
- ◯ In welchen Handlungsfeldern wird von Ihnen eher Kontinuität, in welchen kleinere und in welchen größere Veränderungen erwartet?
- ◯ Welchen Stellenwert haben Change-Prozesse im Unternehmen?
- ◯ Welche Ihrer Handlungsfelder stehen mit denen von anderen Entscheidern in einem Spannungsfeld?
- ◯ Wie gehen Sie vor, um die wichtigsten Akteure der relevanten Bereiche und Abteilungen persönlich zu treffen?
- ◯ Was sind Ihre Kernbotschaften beim persönlichen Kennenlernen anderer Entscheidungsträger?
- ◯ Welcher Top-Führungskraft gegenüber sind Sie berichtspflichtig?
- ◯ Mit welchen Führungskollegen wird die Zusammenarbeit intensiver sein?
- ◯ Ist dabei mit Verteilungskämpfen zu rechnen?

- ◯ Welche Führungskräfte gehen aktiv auf Sie zu?
- ◯ Welche Führungskräfte geben sich bewusst distanziert und abwartend?
- ◯ Wie sind die Entscheidungsstrukturen im Unternehmen gestaltet?
- ◯ Haben Sie eine (sehr) kurze Selbstpräsentation Ihres Werdegangs, Ihrer Erfahrungen, Ihrer Stärken und ausgewählter Erfolge und Projekte vorbereitet, um sich Ihren neuen Führungskollegen vorzustellen?
- ◯ Enthält Ihr 100-Tage-Plan realistische, gut strukturierte und überprüfbare Ziele?
- ◯ Lassen sich Ihre 100-Tage-Ziele in Teilziele gliedern?
- ◯ Überprüfen Sie Ihre Teilziele systematisch, beispielsweise im 7-Tage- oder 14-Tage-Rhythmus?
- ◯ Mit welchen kurzfristigen Erfolgen können Sie Ihr Team positiv einstimmen und zusammenschweißen?

Schlusswort: Lassen Sie die Korken knallen!

Als künftige Führungskraft, aber auch als erfahrene Führungskraft, die den nächsten Karriereschritt in Angriff nimmt, sind Sie damit vertraut, Ziele zu definieren und die Teilschritte für die Zielerreichung konsequent zu bewältigen. Dies gilt sowohl für berufliche Projekte und Herausforderungen als auch für Ihre persönliche berufliche Entwicklung. Wir sind der festen Überzeugung, dass Sie mit dem Abschluss dieses Coachingprogramms einen wesentlichen Teilschritt auf dem Weg zum neuen Job bewältigt haben. Sie können jetzt Ihre Einstellungsargumente passgenau, stärkenorientiert und glaubwürdig präsentieren.

Jetzt kennen Sie Ihr Profil in allen sieben Kernkompetenzen

Bestens vorbereitet mit dem Kompetenzmodell für Führungskräfte

Wenn Führungskräfte neu eingestellt werden, ist der Auswahlprozess aufseiten der Firmen sehr anspruchsvoll. Dieses Vorgehen ist nachvollziehbar, denn schließlich geht es nicht darum, eine Hilfskraft auf Minijobbasis quasi »im Vorbeigehen« einzustellen, sondern darum, eine Führungsposition zu besetzen, mit der eine große Verantwortung für die zu führenden Mitarbeiter und die weitere Entwicklung des Unternehmens verbunden ist. Auch wenn sich die Anforderungen in den jeweiligen Führungspositionen unterscheiden, ist Ihnen sicherlich die Nützlichkeit der von uns beschriebenen sieben Kernkompetenzen klar geworden. Mit diesem in unserer Coachingpraxis entwickelten Kompetenzmodell für Führungskräfte und den dazugehörigen über 220 Fragen sind Sie nun bestens auf Ihre Job-Interviews vorbereitet - vorausgesetzt, Sie haben unsere Aufforderung ernst genommen und für jede Frage eine individuelle Antwort mit Bezug auf Ihre bisherigen Erfahrungen und künftigen Aufgabenbereiche entwickelt.

Genießen Sie Ihre Erfolge

Raus aus dem Hamsterrad!

Wir kennen den Druck und die Belastungen, denen Führungskräfte tagtäglich ausgesetzt sind. Aber wir wissen auch, dass Führungskräfte ihre Kraft, Motivation und Freude daraus schöpfen, dass die angestrebten Erfolge auch eintreten. Führungskräfte denken strategisch und wissen, dass der stetige Wandel heutzutage ein fester Bestandteil des Arbeitslebens ist. Sie sorgen mit ihrem hartnäckigen Engagement und ihrem überdurchschnittlichen Leistungswillen dafür, dass notwendige Veränderungen nicht verdrängt, sondern auch in Angriff genommen werden.

Zu kurz kommt aus unserer Sicht dabei oft der Genussfaktor. In vielen Unternehmen gilt - leider - der geflügelte Satz »Nicht kritisiert ist doch auch schon ein Lob!«. Das sehen wir anders, denn ohne das gelegentliche Innehalten und bewusste Wahrnehmen der eigenen Arbeit laufen Führungskräfte auf längere Sicht Gefahr, sich wie ein Hamster im Laufrad zu fühlen, der mit immer mehr Kraft immer schneller tritt, aber dabei das Gefühl hat, überhaupt nicht von der Stelle zu kommen. Auch aus diesem Grund legen wir Ihnen ans Herz, dass Sie sich auch außerhalb des Bewerbungsverfahrens von Zeit zu Zeit Ihre Erfolgsbilanz vor Augen führen sollten. Sie haben bisher schon viel geleistet und werden dies sicherlich genauso in der Zukunft tun. Und darauf können Sie durchaus stolz sein!

Wenn Sie im anstehenden Bewerbungsverfahren noch persönliche Unterstützung in Form einer Einzelberatung wünschen, finden Sie unsere Coaching-Angebote unter www.karriereakademie.de.

Wir wünschen Ihnen alles Gute und für Ihre Vorstellungsgespräche den verdienten Erfolg!

Christian Püttjer & Uwe Schnierda

www.karriereakademie.de

Register

A

Ablehnung 12
Ablehnungsgrund 212
Ablenkungsmanöver 31
Abstiegsängste 27
Abwehrhaltung 238
Amateure 24, 63, 66 f.
Anforderungen 12 f., 16, 57, 76, 87, 92, 98, 123,151, 215, 266
– **von Kunden** 95
– **länderspezifische** 249
– **Systematisierung der** 13
Angriffsverhalten 58
Angst 28, 58, 126
Antriebsmomente 12, 15
Antwort-Strategie 86 f., 97 f., 112 f., 123, 133, 148 f., 160, 172, 187, 200, 243
Arbeitsalltag 51, 98, 113, 116, 166, 179, 220, 243
Arbeitsaufgaben 18, 46, 112, 122, 157, 191, 255, 257
Arbeitsprobe 220, 223
Arbeitsprozesse 12, 31, 37, 52, 60, 73, 140, 193, 200, 257, 262
– **globalisierte** 178
Arbeitszeugnisse 44, 54, 148, 165
Argumente 15 ff., 26 f., 33, 39, 43 f., 47 ff., 56, 59, 62, 71–77, 115, 134, 167, 200, 207, 243, 266
Assessment-Center 14, 39, 217–222, 233, 237
Assessment-Center-Übungen 217–227
Aufmerksamkeit 32 f., 87, 107, 168
Aufmerksamkeitsspanne 85
Aufstieg, beruflicher 72 f., 93, 190, 192, 196, 213
Auftritt 87, 242
– **souveräner** 34–38
Aufzählungsgesten 33, 38
Auseinandersetzungen 32, 120, 159, 169
Ausgangslage 256
Auswahlhürden 217–221
Auswahlschritte 14, 217–222
Auswahlverfahren 12 f., 15, 81, 93, 217–221

B

Bauchentscheidung 212
Bauchgefühl 157, 247
Bedenken 164
Bedenkenträger 164
Begeisterung 12, 15, 36, 55, 242
Begeisterungsfähigkeit 27
Beispiel(e) 80 f., 112, 236
– **für Branchenwechsel** 72
– **für die momentane Position** 40
– **für die Position vor der vorhergehenden Position** 42
– **für die vorhergehende Position** 41
– **für Erfahrungen einbringen** 71
– **für Flexibilität** 28, 123, 152, 183
– **für Karrieresprung** 73 f.
– **für Nachfass-Mail** 215
– **für Selbstpräsentation** 55 f., 59 ff.
– **für Weiterbildungsmaßnahmen** 43
– **Skalenfrage Vorgesetzten bewerten** 79
– **Skalenfrage: Nachgehakt** 79
Beispielanschreiben 64
Beispielantworten 12, 15, 19, 57, 88–95, 99–110, 114–121, 124–130, 134–146, 150–157, 161–169, 173–177, 189–193, 202–208
– **englische** 180–185
Beispielfragen 88–95, 99–110, 114–121, 124–130, 134–146, 150–157, 161–169, 173–177, 189–193, 202–208
– **englische** 180–185
Beispiellebensläufe 64
Belastbarkeit 66, 186 f., 233

Belastungsfähigkeit 37
Berufspraxis 16, 74, 170, 207
Betriebsrat 63, 118, 197, 202, 218, 229
Bewerbungsgespräche 28, 78
Bewerbungsunterlagen 242
Blackout 58 f.
Blickkontakt 33, 38, 218, 234
Branchen- und Fachkompetenz 13, 65, 96–110, 207
Branchenkenntnisse 65, 72, 80, 97
Branchenwechsel 71 f., 77, 104
Brüche
– im beruflichen Werdegang 186
– im Lebenslauf 28, 36
Bumerang 187

C

Chancen 18, 64, 89, 160, 211, 224, 255 ff.
Changemanager 121
Charme 187
Checkliste
– Entscheidungsprozess 212 f.
– Erfolgsstrategien im Vorstellungsgespräch 67 f.
– nach dem ersten und vor dem zweiten Gespräch 251
– persönliche Entscheidung 257 f.
– Selbstmarketing 36 ff.
– Trainingseinheiten 207
– Überzeugen in der Probezeit 264 f.

D

Denken
– analytisches 16, 33, 58, 222
– betriebswirtschaftliches 131
– kaufmännisches 99
– konzeptionelles 165
– rationales 58 f.
– strategisches 131, 134, 267
– strukturiertes 33, 38
– unternehmerisches 131 ff., 206, 222
Detailinformationen 85
Dialog, körpersprachlicher 32
Durchsetzungsstärke 16, 89, 94, 102, 135
Dynamik 30, 86, 112, 191, 213, 244, 247

E

Eigenarten, persönliche 161
Einstellungsargumente 15 f., 47 ff., 134, 243, 266
Einstellungsentscheidung 76, 217
Einzel-Assessment 217, 220
Einzelauswahlverfahren 220
Elendskommunikation 24, 39
Emotionen
– negative 122, 159
– wohldosierte 54 f.
Engagement 16, 23, 31, 91, 95, 112, 148, 154, 165, 200, 215, 267
– mangelndes 12
Entscheidungshilfe 212
Entscheidungsprozess 29, 63, 67, 154, 212, 247, 257
Entwicklungschancen 117, 211
Erfahrungen einbringen 55, 71, 77, 89, 92, 106
Erfahrungsschatz 26, 36, 44, 51, 89
Erfolgsbilanz, persönliche 17, 34, 39–47, 54, 64, 67, 267
Erfolgsdruck 35
Erfolgskommunikation 24, 39 f., 56, 122
Erfolgstipps 36
Erfolgswörter 33 f., 38
Ergebnispräsentation 95, 219, 223
Ergebnisprotokolle 54, 92
Ernsthaftigkeit 97, 214, 251
Etappensieg 29

F

Fachvorgesetzte 29, 63–66, 151, 212, 217 f., 242
Faktenbasis 200
Faktenfalle 26
Fallstudien 217, 219, 221–230
Fangfragen 17, 186–193, 207
Fantasien 32
Feedback 149, 184, 263
Feedback-Mail 214 f.
Fehlbesetzung 242
Fehler
– taktische 57, 85
– typische 20, 85 ff., 97 f., 112 f., 122 f., 132 f., 148 f., 159 f., 171 f., 186 ff., 199 ff., 223, 234 f., 242 ff.,

Firmenhierarchie 64, 152, 255, 263
Flexibilität 18, 28, 31, 36 f., 63, 119, 123, 149, 152, 169, 183, 185, 207, 234
Floskeln 112
Formulierungen, abstrakte 160
Formulierungshilfe(n) 15, 170
Fremdeinschätzung 220
Fremdwahrnehmung 158
Führungsalltag 30 f.
Führungserfahrung 74, 87, 94, 150 f., 180, 206
Führungsfehler 156
Führungsideal 14
Führungskompetenz 66 f., 147 f., 150
Führungspersönlichkeit 14, 262
Führungsstil 14, 31, 37, 66, 102, 147 f., 152

G

Gedächtnisprotokolle 13
Gegenangriff 29, 187, 234
Gehaltsverhandlungen 199, 201
Gehaltsvorstellungen 199–207,
Gelassenheit 29
Gesamtpunktwert 14
Geschäftsführer/in 15, 29, 63 f., 67, 73, 75, 90, 128 f., 236, 242, 250
Geschäftssprache 178
Geschäftsverständnis 131
Gesprächspsychologie, Grundregeln der 23
Gesprächsrunden, große 218
Gesprächsstrategie 63, 172
Gestaltungsspielräume 28, 36, 95, 211
Glaubwürdigkeit 12, 25, 35 f., 39, 48, 52, 67, 70, 73 f., 76, 99, 134, 159, 170, 199 f., 207, 212, 244, 266
Grundhaltung,
– konstruktive 160
– passive 12
Gruppen-Assessment-Center 220
Gruppenauswahlverfahren 217–220
Gruppendiskussionen 219 f.

H

Headhunter 13, 16, 63 f., 66, 76, 88, 217, 256
Hektik 67
Höchstleistungen 58, 171
»Holzhammer«-Methode 159

I

Informationsaustausch 54, 67, 144, 166
Informationsdichte 54, 86, 97, 207
Innovationsdruck 126
Innovationskompetenz 65, 121, 124 f., 207
Insiderwissen 13, 224

J

Jobbörsen 44
Job-Interview 18, 23, 31, 39, 76, 98, 194, 266
– auf Englisch 17, 170, 178 f.

K

Kampfemotionen 159
Kampfrhetorik 187
Kampfstimmung, unproduktive 25, 186
Karrierechancen 211
Karrieresprung 69, 72 ff., 77
Kernkompetenzen 13–17, 229, 266
Know-how, fachliches 87, 133, 182, 207
Kommunikationsstärke 20, 186
Kommunikationsstörungen 18
Kommunikationstest, kleiner 186
Kommunikationstricks 51
Kompetenz
– internationale 65, 170–177, 207, 244
– kommunikative 66, 158–169, 207
– unternehmerische 65, 131–146, 207, 223
Kompromisse 20, 212
Konfliktfähigkeit 32, 66, 186 f.
Konfrontation 31 f., 37, 156, 159
Kontaktaufnahme 25, 65
Körpersprache 32, 38, 49, 234
Krisensitzungen 118
Kritikfähigkeit 158 f., 168 f., 223
Kundengespräch(e) 144, 173, 213, 219, 221, 233–241
Kundenorientierung 97 f., 131, 140, 142 ff., 179, 203

L

Lebenserfahrung 212
Lebenslauf 19, 28, 36, 54, 64, 93, 243, 248
Lebenssituation, private 186 f.
Leistungsorientierung 201

Leitungstätigkeit 131, 197
Lösungskompetenz 66, 89, 111–120, 207, 244

M

Macherqualitäten 30 f., 37, 66, 111
Maximalziele 201
Mindestpunktwert 14
Mind-Map(ping) 58–62, 67
Mitarbeiterführung 100, 148 f.
Mitarbeitergespräch 219 f., 222
Moderationswissen 220

N

Nachfass-Mail 17, 19, 214 ff., 251
Negativbeispiel(e) 85 ff., 97, 112, 122 f., 132, 148, 159 f., 171, 187 f., 200, 243
Neigungen 48

O

Operative Falle 132

P

Passgenauigkeit 12, 17 f., 24, 35, 39, 43, 48, 64, 67, 134, 200, 266
Passung, doppelte 11, 27, 36
Personalauswahlverfahren 12
Personalberater/-beratung 13 f., 63 f., 69, 78, 109, 178, 217 f.
»Personalerspielchen« 25
Personalprofis 11, 16, 63, 66, 69
Positivbeispiel(e) 87, 98, 113, 123, 133, 149, 160, 172, 188, 201, 244
Postkorb 219
Potenzialanalyse 88, 219
Praktikabilität 14, 52
Problembewusstsein 12
Problemkommunikation 74, 171
Profil-Methode 266
Projektberichte 44, 54
Provokationen 28, 37, 187, 242

Q

Qualifikation(en) 49, 93, 179

R

Reptilienhirn 58
Rhetorik 23, 43
Risiken 18, 64, 113, 189, 255 ff.
Rollenspiele 219, 221
Rückmeldungen 127, 140 f., 149, 151 f., 157, 163, 167 ff., 172, 233

S

Sachebene 187
Sachorientierung 186
Schaulaufen 220
Schlagfertigkeit 186
Schlagworte 26, 54, 57 f., 68
Schlüsselbegriffe 54, 57 f., 68, 97
Schlüsselfrage(n) 17, 51, 57, 87–93
Schlusszusammenfassung 51, 61 f.
Schnittstellen 13, 19, 24, 36, 49, 57, 85 ff., 98, 123, 164, 250
Schwierigkeiten 23, 39, 97, 108, 163 f., 171 f., 200, 211 f., 237
Selbstanklage 75
Selbstbewusstsein 39, 186
Selbstbild 158, 179
Selbstdarstellung 11 f., 15, 19, 35, 38, 87
Selbsteinschätzung 48, 50, 85, 165, 243
Selbstmarketing 36
– negatives 12
Selbstpräsentation 17 f., 29, 37, 44, 48–68, 85 f., 88, 179, 185, 194, 211, 219, 243 f., 265
Sicherungsanker 179
Soft-Skills 66
Sprachkenntnisse 80, 171, 174
Stammhirn 58 f.
Stellenwechsel
– Argumentationslinien für 70–74, 76 f.
– begründen 69 ff., 74, 76 f., 90, 157
Steuerungsfähigkeiten 147
Stimmung 26, 29
– destruktive 159, 234
– konstruktive 212
– negative 25, 39, 70
– positive 17, 39, 156, 200, 214 ff.
Stolpersteine 12, 24
Storytelling 24, 26, 34, 36
Stressfragen 17, 28 f., 37, 186–193, 207
Stresssituationen 58 f.
Suggestivfragen 187

Sympathie 154

T

Tagesgeschäft 24, 54, 60 f., 65, 91, 95 ff., 100, 111, 130, 167, 170, 202, 215, 232, 249
Teilschritte 32, 38, 112, 132, 266
Themenpräsentation 219 f.
Trainingseinheiten 17, 51, 83–207
Trainingsziel(e) 34 f., 67

U

Übersicht
– **Fragen** 195 f.
– **Nachfragen** 197 f.
– **Selbstpräsentation** 52 ff.
– **Übungen im Assessment-Center** 219 f.
– **Vorbereitung** 17 f.
Überzeugungskraft 39, 223
Unternehmenskultur 11
Unterstellungen 28, 187
Unterstützung 30, 72, 75, 91, 95, 133 ff., 162, 172, 246, 267
Urängste 58

V

Veränderungswünsche 213
– **abblocken** 196
Verantwortungsumfang 199
Vergangenheitsfixierung 75
Verhandlungsführung 201, 206, 221
Verhandlungsspielraum 145, 199, 201, 241
Vertragsunterzeichnung 214, 256, 258
Verunsicherung 29
Videokamera 19
Videotraining 49
Vorlieben 17, 55, 63, 68, 217
Vorstände 15, 29, 63 ff., 79, 95, 128, 168, 213, 215, 242
Vortrag/Vorträge 49, 106, 130, 161, 219 ff., 224
Vorwürfe 75, 162, 234

W

Wandel 28, 65, 121, 267
Wechselgründe 69 f., 75
Werdegang 49, 53 f., 85 ff., 91, 141, 186, 265
Wertschätzung 149, 162
»Why me?«-Frage 85
Widerstände 30 f., 37, 39, 129, 154, 261
Wortführer 32 f., 63, 218
Wunscharbeitsfeld 71 f.
Wunschbilder 32, 255
Wunschgehalt 199–207
Wunschposition 16

Z

Zeitfenster 194
Zeitrahmen 149, 222, 241
Zielgerade 200
Zielkonflikt 64
Zielvereinbarungen 149, 152
Zufall 194
Zusammenfassung 53, 61 f.
Zwischenbilanz 17, 211 ff., 251, 255